国家自然科学基金项目（51374096）
煤炭安全生产河南省协同创新中心 共同资助

含瓦斯煤动态破坏致灾机理及防治技术

袁瑞甫 著

煤 炭 工 业 出 版 社

· 北 京 ·

内容提要

本书全面、系统地阐述了含瓦斯煤破坏的危害性、危害性评价和危险性区域划分、模拟实验、力学机理分析等内容，介绍了平顶山矿区开采条件对动力灾害影响的特征分析，并从现场监测结果和实验室数据两个方面制定了煤岩瓦斯动力灾害防治技术及工程措施。

本书可供从事煤岩动力灾害、冲击矿压、煤与瓦斯共采等研究与实践的科学工作者、高校师生、工程技术人员参考使用。

前 言

含瓦斯煤破坏引发的煤矿动力现象，是煤炭开采过程中一种复杂的工程诱发灾害，是煤矿安全生产和矿业发展亟待解决的重大问题。随着矿井开采规模和深度的逐年增加，煤层瓦斯含量和地应力增大，煤炭开采强度大幅度提高，开采扰动影响更为强烈，煤岩瓦斯动力灾害的强度和危害也愈加突出。

由于含瓦斯煤自身特性及动力现象发生机制的复杂性，人们对煤岩瓦斯动力灾害的认识仍然处于定性阶段，对动力灾害发生的许多方面还不能做出科学、全面、完整的解释。由于受人力、物力和安全等因素的制约，含瓦斯煤动态破坏的现场测试工作往往受到限制。因此，以物理模拟实验、数值计算及理论分析为手段深入分析含瓦斯煤动态破坏的机理，确定动力灾害的类型、发生条件及显现特征，对于深入理解煤岩瓦斯动力灾害的发生机制并进而指导现场采取相应的防治措施具有重要的理论意义和工程实用价值。

为此，本书作者设计了煤岩瓦斯动力灾害模拟实验系统，实现了对应力—瓦斯压力—煤体强度三因素不同组合条件下含瓦斯煤动态破坏的相似模拟，记录实验过程中应力、瓦斯、声发射、破坏强度等关键参数。以瓦斯压力、垂直应力、煤体强度作为主要影响因素，确定各因素实验水平，利用正交实验方法设计了实验方案。实验研究表明：模拟实验结果很好地再现了含瓦斯煤动态破坏的全过程，得到了不同因素水平下含瓦斯煤岩的破坏

特征。应用 RFPA^{2D} – Flow 数值模拟软件对含瓦斯煤岩破坏诱发压出、突出及复合型动力现象的裂隙萌生、扩展、贯通到抛出、发展、终止的全过程进行了系统的模拟研究，分析了地应力、瓦斯压力以及煤体力学性质等综合作用下诱发煤岩动态破裂过程中应力场、变形场、渗流场的演化过程。通过各因素水平不同组合的模拟计算，得到了不同煤体强度下，诱发煤岩动力灾害发生的瓦斯、应力组合关系。

基于 Drucker – Prage 强度准则，引入有效应力理论，修正了含瓦斯煤岩的强度准则，建立了含瓦斯煤岩失稳破坏的“理想条件”判据。经模拟实验和数值计算验证，认为以“理想条件”下突出的判据来判断含瓦斯煤岩是否存在潜在动力灾害危险具有重要意义。依据矿压理论、瓦斯渗流原理分析了有卸压带（瓦斯压力释放）保护范围时突出的发生条件及判据。详细研究了中硬质煤复合型动力灾害的发生机理、破坏过程和发生条件。

以平顶山矿区为实例，分析了平顶山矿区发生复合动力灾害区域的煤体结构、围岩条件及开采技术条件，在综合指标法的基础上，引入瓦斯参数及煤岩冲击倾向参数，建立了复合型动力灾害区域划分指标体系，并以此为依据对典型复合动力灾害矿井进行了危险区域划分。探讨了导致复合型动力灾害发生的基本条件，并依据前述理论研究成果，建立了复合型动力灾害预测指标体系，提出了区域措施以保护层开采为主，局部措施以卸压增透为主的复合型动力灾害防治技术体系。

著　者

2016 年 3 月

目 次

1 绪 论

1.1 含瓦斯煤动态破坏的危害

煤炭形成过程中会伴生大量以 CH_4 为主的烃类气体，俗称瓦斯或煤层气。瓦斯的形成、存储和释放一直伴随着整个成煤过程，如图 1－1 所示。在漫长的地质年代中，随着含煤地层经受各种构造运动，瓦斯也在不断地运动和释放，仅有部分还保留在煤层和岩层中。

虽然煤层瓦斯（煤层气）是一种清洁可利用的能源，但瓦斯气体可利用能量的密度远低于煤层，目前绝大多数的矿区以煤炭为主要资源进行开采，煤层瓦斯一般作为次要资源抽采利用。

煤层开采时，滞留在煤层中的瓦斯随煤层开采的扰动而不断地释放出来，对矿井的安全生产造成危害，主要体现在三个方面：①瓦斯爆炸，如图 1－2 所示；②引发煤岩瓦斯动力灾害，如图 1－3 所示；③瓦斯窒息。由于瓦斯事故会显著改变矿井的空气环境，消耗或稀释矿井空气中的氧气含量，因此瓦斯事故常造成重大人员伤亡。这也是煤矿的自然安全生产条件普遍低于其他类矿井的主要原因之一。

进入 21 世纪以来，我国煤矿的生产条件、政策环境和技术发展都出现了很大变化，对瓦斯治理和管控的力度更加严格，瓦斯爆炸事故显著下降。相对来讲，含瓦斯煤的动力灾害已成为影响煤矿安全形势持续好转的主要灾害事故。表 1－1

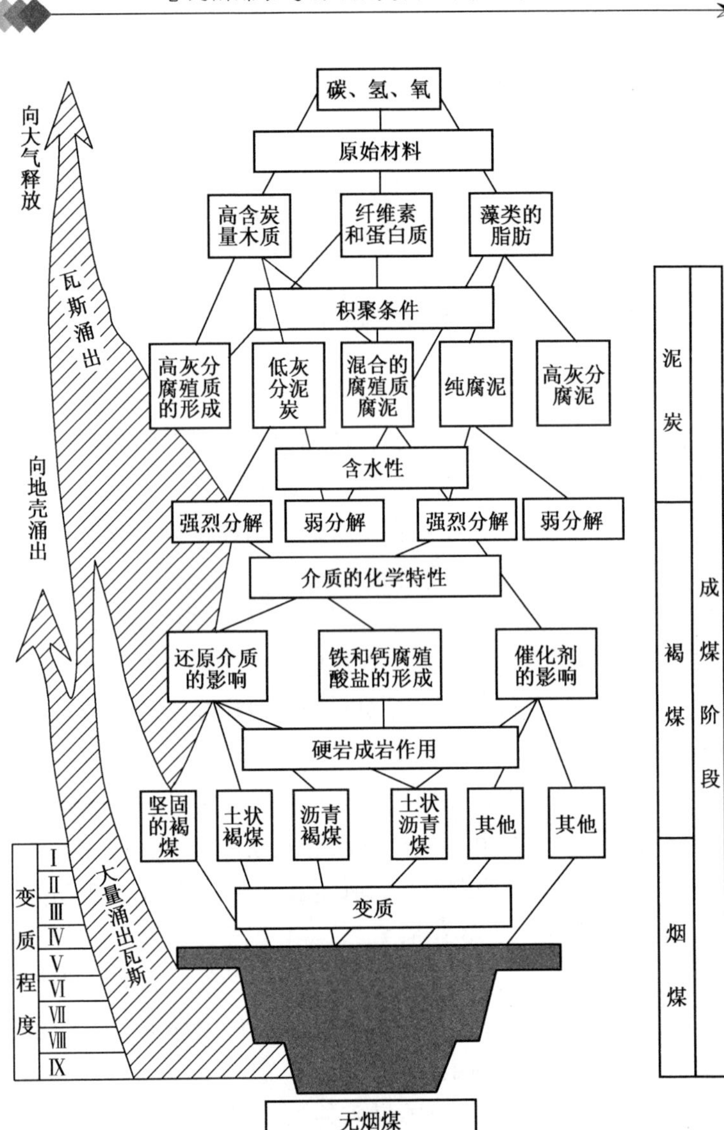

图1-1　煤及瓦斯形成示意图

(a) 地面瓦斯爆炸演示

(b) 井下瓦斯爆炸波及地表

图1－2 煤矿瓦斯爆炸

(a) 郑煤大平煤矿突出现场

(b) 平煤十二矿煤层冲击现场

图1－3 煤岩瓦斯动力灾害

表1－1 2008—2010年全国瓦斯事故统计

年份	瓦斯事故		煤与瓦斯突出事故		突出事故所占比例/%	
	事故起数	死亡人数	事故起数	死亡人数	事故起数	死亡人数
2008	63	290	25	120	39.9	41.4
2009	61	573	20	236	38.2	41.2
2010	65	419	27	218	41.5	52.0

统计了2008—2010年全国瓦斯事故，煤与瓦斯突出等动力灾害事故占到了较大比例。2010年全国煤矿共发生65起较大以上瓦斯死亡事故，死亡419人，其中煤与瓦斯突出等动力灾害事故27起，死亡218人，分别占41.5%和52.0%。

随着矿井开采规模和深度的逐年增加，煤层瓦斯含量和地应力增大，煤矿的生产强度大幅度提高，开采扰动影响更为强烈，煤岩瓦斯动力灾害将更为严重。多年来，对煤与瓦斯突出、冲击地压等动力灾害的研究取得了一些重要成果，使得人们对煤岩瓦斯动力灾害的机理有了较为清楚的认识。但总体来看，由于含瓦斯煤自身特性及动力现象发生机制的复杂性，人们对动力灾害的认识仍然处于定性阶段，对动力灾害发生的许多方面还不能做出科学、全面、完整的解释。

1.1.1 煤与瓦斯突出

煤（岩）与瓦斯突出是在地应力和瓦斯压力的共同作用下，破碎的煤、岩和瓦斯由煤体或岩体内突然向采掘空间抛出的异常的动力现象。突出发生时能够在很短的时间里由煤体向采掘空间喷出大量的瓦斯及碎煤，在煤体中留下类似椭圆形状的空洞，突出冲击波会造成较强的动力效应，如冲倒矿车、冲坏支架、伤害作业人员等。煤和瓦斯突出时，粉煤可能充填数百米长的巷道，喷出的瓦斯粉煤流有时带有暴风般的性质，可以逆风流充满数千米长的巷道。

经过长期的理论研究和实践，我国已经形成了较为完善的煤与瓦斯突出防治体系。然而由于对突出的机理还不能做出完整的解释，现有预测指标和防治措施大多依据现场经验，缺乏理论依据。例如，《防治煤与瓦斯突出规定》中规定，依据煤层最大瓦斯压力、煤的破坏类型、瓦斯放散初速度和煤的坚固性系数4个单项指标对煤层是否具有突出危险进行鉴定，并给

出了具体的临界值，见表1－2，全部4个指标达到或超过临界值时，定为突出煤层。而现场实例表明，许多矿区开采时都出现过在不满足其中的某个或某几个指标而发生突出的现象，即所谓的低指标突出。又如，《防治煤与瓦斯突出规定》要求突出煤层工作面应保留的最小超前距，煤巷掘进工作面为5 m（图1－4），采煤工作面为3 m，虽然大多数情况下保留这个范围的卸压带能够抵抗突出，但显然更合理的保护带范围应与瓦斯压力、煤层力学性质、开采深度的不同而有所调整，而不是任何突出煤层都采用同一个指标。

表1－2 突出煤层鉴定的单项指标临界值

煤 层	破坏类型	瓦斯放散初速度 Δp	坚固性系数 f	瓦斯压力（相对压力）P/MPa
临界值	Ⅲ、Ⅳ、Ⅴ	≥10	≤0.5	≥0.74

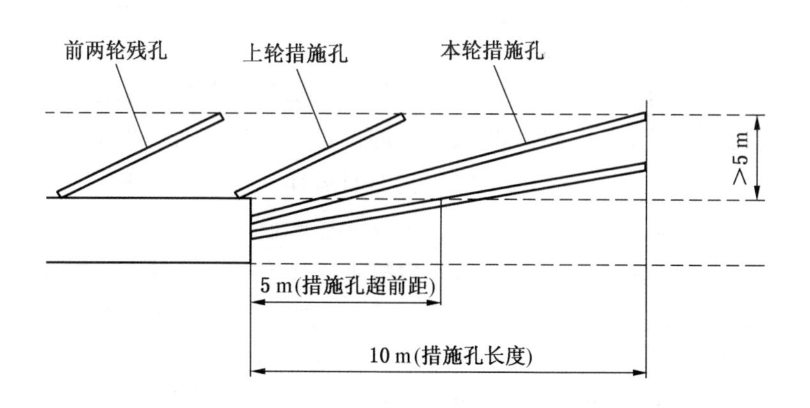

图1－4 掘进防突措施超前钻孔布置

根据现场统计资料和实验室研究，人们得到了解释煤与瓦

斯突出机理的许多假说，这些假说只能对某些现象给予解释，还不能形成完整的突出理论。作者认为，煤与瓦斯突出理论的研究应能够较完整地解释以下问题：①煤与瓦斯突出发生的条件；②形成煤与瓦斯突出的能量来源；③为何突出的瓦斯远多于突出煤本身的瓦斯含量；④突出为何停止。

1.1.2 高瓦斯煤层冲击地压

冲击地压是井巷或工作面周围岩体，由于弹性变形能的瞬时释放而产生突然剧烈破坏的动力现象。常伴有煤岩体抛出、巨响及气浪等现象。它破坏矿山工程、损坏生产设备、威胁人身安全，是矿山的一大灾害。由于冲击地压一般发生在硬质煤层，煤岩因应力调整而积聚的弹性能是冲击地压发生的主要能量，一直以来，大多研究者认为瓦斯作用对冲击地压的影响可以不予考虑。

我国煤矿全部为瓦斯矿井。其中，国有大中型煤矿50%以上为高瓦斯矿井，随着开采深度的增加，原来一些非瓦斯和低瓦斯煤层也成为高瓦斯煤层，地应力、瓦斯含量的增加，使冲击地压灾害也更趋于严重，一些中硬质煤甚至软煤也存在冲击地压现象。近几年发生的一些冲击地压现象表明，当煤层中瓦斯含量和瓦斯压力较大时，瓦斯对煤体性质及动力灾害发生的影响明显，瓦斯作用对冲击地压的影响已不能完全忽略。

目前对常规的冲击地压发生机理已经有些基本认识，冲击地压灾害的预测与防治已形成一套较完整的技术体系。但这些都没有考虑煤层瓦斯作用的影响，没有针对瓦斯含量大、压力高条件下的冲击地压发生机理、预测、防治进行专门的研究。

事实上，含瓦斯煤属于气—固两相介质，实验表明，瓦斯含量较多时，煤体强度降低，发生失稳破坏的可能性增大，就容易诱发动力灾害发生，降低冲击地压发生的阈值。同时，由

于瓦斯内能的增加，发生冲击地压时，瓦斯能量释放及其对煤岩的破坏作用也将导致冲击地压能量的增加，使灾害加重。因此，高瓦斯煤层冲击地压应从瓦斯内能、煤岩体变形储能与释放，以及相互间的物理力学作用等方面进行综合考虑。

1.1.3 复合型动力灾害

煤层冲击地压和煤与瓦斯突出是煤矿最典型的两种动力灾害。冲击地压的能量来源主要为煤岩体的弹性能释放，一般发生在较坚硬煤岩中，煤与瓦斯突出则以煤层中瓦斯内能释放为主，绝大部分发生在有构造软煤存在的煤层中。因此，这两种动力灾害一般很少在同一矿井中发生。

进入深部开采，矿井的开采环境发生了显著变化，出现了高地应力、高瓦斯、高非均质性、低渗透性的复杂现象交织的情况，矿井动力灾害的危险性越来越大。有些矿井出现了煤与瓦斯突出和冲击地压两种动力灾害并存的现象，而且两者间相互作用，互为诱因，使得煤矿动力灾害更为复杂和严重。德国的莱茵—维斯特法尔矿区（1926）、哈乌斯克矿井（1955）和鲁尔矿区（1981）曾报道过冲击地压伴随瓦斯异常涌出的案例，并曾提出了冲击地压与瓦斯涌出是否存在相互诱发关系的质疑。近几年，我国也发生多起冲击地压与瓦斯异常涌出并存的动力现象，如辽宁抚顺老虎台煤矿在采深超过 700 m 以后，常出现矿震后瓦斯大量涌出，其中 2002 年发生的 10 次 2 级以上矿震，有 9 次伴随着瓦斯大量涌出。图 1－5 所示为 2002 年 10 月 7 日 M_L3. 2 级矿震事件前后瓦斯浓度记录曲线。辽宁阜新矿区的高瓦斯矿井进入深部开采后，也常发生冲击地压伴随瓦斯突出现象，如孙家湾煤矿 2005 年 2 月 14 日由冲击地压引发瓦斯大量异常涌出，造成瓦斯爆炸事故，五龙煤矿、王营煤矿、海州立井等也有多次伴随瓦斯突出的煤岩动力灾害记录。

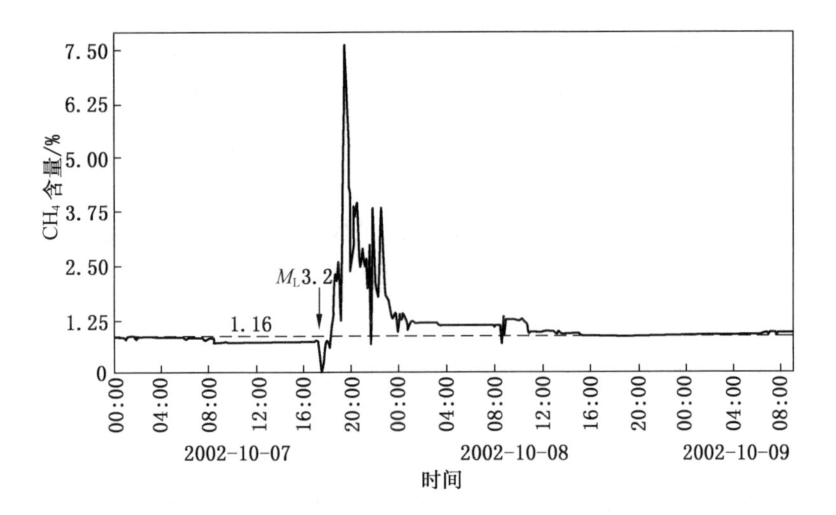

图 1-5　抚顺老虎台煤矿 2002 年 10 月 7 日 M_L3.2 级矿震事件前后瓦斯浓度记录曲线

在河南省平顶山矿区，大多数国有煤矿采深已接近或超过 1000 m，近几年发生过多次冲击地压诱发突出的复合型动力灾害，如平煤十二矿三水平回风下山（埋深 1100 m）、己$_{15}$-31010 机巷（埋深 1025 m）掘进中，发生两次“以冲击地压为主的煤与瓦斯突出”；十矿己$_{15-16}$-24110 采煤工作面，2007 年 11 月 12 日在埋深 880～1039 m 处发生一起冲击地压诱导的煤与瓦斯突出，突出煤量 2000 t，突出瓦斯量 40000 m^3，造成 12 人死亡。

因此，瓦斯突出与冲击地压互为诱因的复合型动力灾害，成为深部高瓦斯矿井又一重大安全隐患。显然，与由一种能量主导型的动力灾害（冲击或突出）不同，复合型动力灾害受

两种能量影响，两种现象可能互为诱因，互相影响而导致动力灾害发生的“阈值”比单一型下降，强度比单一型灾害增加。

上面所述的煤与瓦斯突出、高瓦斯煤层冲击地压、复合型动力灾害等从力学的角度看其基础都是一致的，都是含瓦斯煤岩系统在外界干扰下发生动态失稳破坏，都涉及气—固耦合作用下气体的流动和煤岩体的变形与破裂问题，而含瓦斯煤动态破坏机理的理论和实验是研究煤矿动力灾害的理论基础。

1.2 含瓦斯煤动态破坏的研究现状

由于煤与瓦斯突出和冲击地压是目前在我国的许多煤矿开采中所面临的一个严峻的问题，而复合型动力灾害仅在少数矿井发生过，对其进行全面深入研究的成果还不多见，因此，本部分主要对煤与瓦斯突出理论和冲击地压理论的研究现状作简要的回顾。

1.2.1 煤与瓦斯突出理论的研究现状

自1843年法国鲁阿尔煤田以萨克煤矿发生世界上第一次有记载的突出现象以来，世界各国的研究者为认识突出的机理付出了艰辛的努力。人们通过对煤矿生产实践中突出现场的观察和实验室实验的研究，逐步认识到煤与瓦斯突出是瓦斯、地应力及煤岩体的力学性质或其中的某一因素起主导作用所导致的，并提出了许多有关煤与瓦斯突出机理的假说，这些假说基本也归为瓦斯主导作用假说、地压为主导作用的假说、化学本质假说、综合作用假说四类，目前大部分学者都倾于综合治理作用假说，因此其他假说的主要内容本文不再赘述。

综合治理作用假说最早在20世纪50年代初由苏联的Я·Э·聂克拉索夫斯基提出，认为煤与瓦斯突出是在地压和瓦斯的共同作用下发生的。A·A·斯柯钦斯基根据现场开采突出

煤层的经验，结合当时对突出的实验和理论分析成果，认为突出是由于下列因素综合作用的结果：地压；瓦斯；煤的物理力学性质；煤的微结构和宏观结构及煤层构造；在急倾斜煤层中，煤层的重力。

各种综合治理作用假说都认为煤与瓦斯突出是综合因素共同作用的结果，但对各种因素在突出中所起的作用说法不一。比如，法国J·伯兰、I·耿代尔等认为瓦斯作用是主要的，苏联的B·B·霍多特及И·B·包布罗夫、日本的矶部俊郎及英国的鲍来等认为地压作用是主要的，即地压是发动突出、发展突出的因素，瓦斯是帮助突出发展的因素。

苏联的И·M·彼图霍夫等人认为突出是地压和瓦斯共同作用的结果。突出亦分为三个阶段：

（1）准备阶段。工作面附近的煤层始终处于地压作用下，造成了发生突出的条件，增加了瓦斯向巷道方向渗透的困难，促使煤层保持高的瓦斯压力，煤体强度降低，煤柱易于从煤体分离。

（2）颗粒分离波的传播阶段。突出时，颗粒的分离过程是一层一层进行的。当突出危险带表面急剧暴露时，由于瓦斯压力梯度作用使分层承受拉伸力，拉伸力大于分层强度时，即发生分层从煤体上的分离。这一阶段的破坏，不能仅仅归结为分层分离。分层分离是一切突出的重要组成部分，影响着突出的主要特征，但并没有全面反映出突出过程的多种形式。例如，分层分离波绕过部分的压碎带，通常决定于地压作用，伴随声响激发此时暴露面上的分层分离。突出常常是重复的破坏组合，一部分是瓦斯参与下的分层分离而破坏，另一部分是地压破坏。在急倾斜煤层的某些部分，则在自身重量作用下分离。总之，无论是在突出的准备阶段还是颗粒分离波的传播阶

段，地压都是重要的。

（3）瓦斯和颗粒混合物的运动阶段。从煤体分离的煤颗粒和瓦斯急速冲向巷道，随着混合物的运动，瓦斯进一步膨胀，速度继续加快。当其遇到阻碍时，速度降低而压力升高，直到增高的压力不能超过破坏条件，过程才停止。

日本的矶部俊郎等人认为，典型的冲击地压是出于应力集中所造成的突然破坏现象，而典型的瓦斯突出是瓦斯压力作用的结果。在煤矿中还有介于两者之间的现象，称为冲击地压式的突出，或叫作突出式的冲击地压。它是瓦斯压力和地应力共同作用的结果。他们认为：不论是突出还是冲击地压，首先必须破坏煤体。而煤体的破坏过程是一致的，在不均质煤内，各点强度不同，在高压力作用下，由强度最小点先发生破坏，并在其周围造成应力集中，如邻点的强度小于这个集中应力，就会被破坏形成破坏区。在这种破坏区，煤强度显著下降，变成了无应力区。此区内的吸着瓦斯由于煤破坏时释放的弹性能供给热量而解吸，煤粒子间的瓦斯使煤的内摩擦力下降，而变成易流动状态。当这种粉碎的煤瓦斯流喷射出来时，便形成了突出。

由苏联学者 B·B·霍多特提出的能量说认为突出是由煤的变形潜能和瓦斯内能引起的。当煤层应力状态发生突出变化时，潜能释放引起煤层高速破碎，在潜能和煤中瓦斯压力作用下煤体发生移动，瓦斯由已破碎的煤中解吸、涌出，形成瓦斯流，把已粉碎的煤抛向巷道。引起煤层应力状态突然变化的原因是，巷道从硬煤进入软煤带，顶板岩石对煤层动力加载，爆破时煤体突然向深部推进，石门揭开煤层，巷道进入地质破坏区。

突出过程可分为三个阶段：在静、动载荷下煤的破碎，在

煤变形潜能和瓦斯压力作用下煤的移动，瓦斯由已破碎的煤中解吸、膨胀并带出悬浮于瓦斯流中的煤。发生煤与瓦斯的突出条件，即可能造成突出或破碎的条件，由下式描述：

$$W + \lambda = A \tag{1-1}$$

式中 W——煤的弹性潜能；

λ——瓦斯膨胀能；

A——煤破碎到突出物粉煤时的能量，J。

$$W = \frac{1}{2E}\sigma^2 \tag{1-2}$$

式中 σ——煤体的平均应力，MPa；

E——煤的弹性模量，MPa。

$$\lambda = \frac{10^6 VRT}{22414(\theta-1)}\left[1-\left(\frac{P_2}{P_1}\right)^{-\frac{\theta-1}{\theta}}\right] \tag{1-3}$$

式中 V——气体瓦斯量，m^3/t；

R——气体常数，$R = 8.29$ J/(mol · K)；

T——煤—瓦斯体系的绝对温度；

θ——绝热系数，对于瓦斯 $\theta = 1.3$；

P_1、P_2——初始和最终的瓦斯压力，MPa。

该假说认为无论游离瓦斯，还是吸附瓦斯都参与突出的发展。瓦斯对煤体有三个方面的作用：全面压缩煤的骨架，增加煤抗压的强度；吸附在微孔表面的瓦斯对微孔起楔子作用，同时降低煤的强度；存在瓦斯压力梯度，引起作用于梯度方向的力。

20 世纪 80 年代后，随着对煤与瓦斯突出研究的深入开展，研究者们开始按照近代的力学理论和方法来加以研究，将煤与瓦斯突出看作一个力学现象和力学过程。从煤层瓦斯渗流的角度入手，周世宁较早地开展了煤层瓦斯的赋存及流动规律

的研究工作，并且利用近代有限元方法，对煤层瓦斯的渗动规律开展了数值模拟计算；1989 年，苏联的 Karev 和 Kovalenko 提出了煤层瓦斯渗流流动的理论模型，为煤层流动理论打下了基础。虽然这些研究没有充分考虑瓦斯与煤体变形间的相互耦合关系，但研究成果对于从深入认识开采过程中煤层瓦斯的流动规律及其诱发的煤与瓦斯突出机理，并进而采取针对性的防治措施具有重要的指导价值。

郑哲敏院士在详细收集了典型特大型煤与瓦斯突出的数据，利用量纲分析的方法，从数量级对比角度分析了煤与瓦斯突出的机理，通过对比围岩和煤层中的弹性能和瓦斯内量，得到了煤岩弹性能和瓦斯内能在数量级上的差距，从而说明了高压瓦斯内能是突出的主要能源，并且利用力学方法，简单说明煤与瓦斯突出的启动、发展和停止的过程。谈庆明等利用煤击波管在实验室进行了模拟突出实验，提出了煤与瓦斯突出的破裂间断模型。俞善炳等用理想一维煤与瓦斯突出的运动模型研究耦合渗流的恒稳推进，给出了特定条件下的定量化突出准则，得到了煤体在瓦斯作用下破坏的两种模式，即煤体的突出和层裂，但由于边界条件与现场差距较大，假设条件过于严格导致该模型无法直接用于实际突出的预测，只能对一些突出现象进行解释。余楚新、鲜学福等人认为开采导致煤体变形破坏，从而引发突出，对煤与瓦斯突出的机理进行了研究。Gray 通过研究认为，煤与瓦斯突出过程中有两种诱发的破坏机理，即煤体的拉伸破坏和煤岩体的剪切管涌破坏。

澳大利亚的 Paterson 认为突出是由于煤体中瓦斯压力梯度超过煤体的抗拉强度而导致煤体结构破坏，提出了煤层瓦斯突出的力学模型（包括煤层瓦斯流动方程、应力方程和破坏准则），并利用有限差分方法对煤层瓦斯流动进行了数值模拟。

波兰的 Litwiniszy 利用稀疏冲击波理论分析了煤与瓦斯突出时波阵面的跳跃条件，并提出了煤与瓦斯突出的数学模型，分析结果与现场突出现象比较符合，比如将煤炮作为突出的前兆信息进行预测。

进入 20 世纪 90 年代，佩图霍夫、章梦涛提出了煤岩材料的失稳理论，认为煤与瓦斯突出是在地应力和瓦斯压力共同作用下，煤体变形成应变软化材料，当煤岩—瓦斯系统的平衡状态达到非稳定条件时，在外界扰动下就会发生失稳，并认为煤与瓦斯突出和冲击地压是同一种失稳现象，煤与瓦斯突出就是有瓦斯参与的冲击地压，进而建立了煤与瓦斯突出和冲击地压统一失稳理论模型。

周世宁和何学秋进行了含瓦斯煤样的三轴受压流变实验，建立了含瓦斯煤流变特性力学模型，从煤体流变角度阐明了煤与瓦斯突出发生的机理，进而提出了煤与瓦斯突出的流变假说，认为突出是含瓦斯煤体快速流变的结果。含瓦斯煤体在外力的作用下的力学响应有三个阶段，即变形衰减阶段、均匀变形阶段和加速变形阶段，前两阶段对应煤与瓦斯突出的准备阶段，第三阶段是煤与瓦斯突出的发生发展阶段。流变假说运用煤体的流变特征分析了突出过程中含瓦斯煤在应力和孔隙气体压力作用下变形破坏的过程，并且引入了时间因素，解释了大部分的突出现象，以及其他假说不能解释的现象，如石门的自行揭开和延期突出等。但是，该假说仍然停留在对煤与瓦斯突出的定性解释上，还不能对煤与瓦斯突出的全过程做出圆满解释。

蒋承林和俞启香利用自行研制的煤与瓦斯突出模拟装置在实验室对突出现象进行了模拟实验，根据对煤岩暴露面附近煤体的受力情况进行分析，提出了煤与瓦斯突出的球壳失稳假

说。并提出了初始瓦斯膨胀能的测试方法以及突出预测指标，对指导安全现场有一定的价值。

吕绍林、何继善认为煤与瓦斯突出的发生和发展是岩石—含瓦斯煤—岩石系统中受诸多因素影响的综合系统的失衡，提出了关键层—应力墙理论模型，解释了煤层开采过程中的煤与瓦斯突出机理。

由于考虑岩体与地下水耦合作用的固流耦合理论的迅速发展，人们开始用固流耦合理论研究更为复杂的煤层瓦斯流动理论、油气流动理论，即固气耦合理论，并逐步形成了反映煤岩体变形和瓦斯流动相互作用的煤层瓦斯渗流理论。

赵阳升首先提出了煤体—瓦斯耦合作用的力学模型与数值分析的解法，为煤与瓦斯突出的固流耦合失稳理论奠定了基础。梁冰在进行了大量实验的基础上，提出了固—流耦合失稳内时本构理论。刘建军等建立了煤层固—气两相流固耦合渗流的数学模型，应用有限差分计算方法对煤层应力场、瓦斯渗流场、煤层的渗透性演化进行了数值模拟分析。赵国景、丁继辉等利用经典力学理论建立了煤与瓦斯突出的两相介质耦合作用的失稳理论，建立了煤与瓦斯突出的非线性大变形有限元方程。孙培德、Valliappan、Dziurzynski 等分别提出了煤体—瓦斯的耦合作用模型，并对煤与瓦斯突出及煤层瓦斯的流动进行了数值模拟研究。

徐涛从煤岩材料的细观结构出发，提出了材料细观基元的弹性损伤本构方程，考虑基元渗流特征，引入透气系数—应力作用方程，并用 Weibull 随机分布理论考虑材料的非均匀性，建立了包含流变效应的煤岩破裂过程固气耦合作用数值模型，开发了 RFPA^{2D} - Flow 软件，并进行了突出及瓦斯抽放的数值模拟实验。曹树刚等开发了煤岩固—气耦合细观力学实验装

置，并利用该装置进行了煤岩细观力学实验，得到了煤样受力破坏全过程的表观图像和声发射特征。许江等利用自主研制的含瓦斯煤热流固耦合三轴伺服渗流装置，进行了含瓦斯煤在不同围压、不同温度条件下的渗透实验，认为含瓦斯煤变形存在四个阶段，其抗压强度随着围压的增加而增大；含瓦斯煤渗流流量在应力—应变过程中存在阶段性变化且随着温度的升高呈现总体减小的趋势。尹光志等对煤岩全应力—应变过程中的瓦斯流动特性进行了实验研究，得出煤岩在全应力—应变过程中瓦斯流动特性规律。

上述的各种假说促进了人们对煤与瓦斯突出现象和机理的认识，并逐渐形成了煤与瓦斯突出灾害预测和防治的体系，尤其是能量假说用弹性力学的观点全面地、系统地阐述了煤和瓦斯突出发生的原因、准备和发展过程。并且首先对煤的弹性潜能、瓦斯潜能、瓦斯膨胀能、煤的破碎功等进行了工程计算，给出了突出发生条件的数学解析式。自“能量假说”问世以来，对突出机理的研究工作起到了促进作用，其中的许多观点、结论至今仍有指导意义。但上述假说和相关研究成果只能对某些现象给予解释，还不能得到统一的完整的突出理论，并且经过长期实验验证，甚至有些假说和理论并不成立。迄今为止，仍有很多因素没有考虑，对一起突出现象不能进行合理解释，如大多没有考虑构造应力对突出的作用，不能满意地解释突出的区域性分布、煤层自行揭外、过煤门的大强度突出、突出为何停止等问题。

1.2.2 煤层冲击地压理论的研究现状

从 1738 年英国的南史塔福煤田发生世界上第一次煤岩冲击失稳以来，世界上几乎所有采矿国家都有煤岩冲击失稳灾害发生，世界主要产煤国记录到的煤岩冲击失稳灾害已有 3 万多

次。例如，美国最早记录的冲击失稳是在1930年爱达荷州的Coeurd Alene矿发生的；澳大利亚的Kalgoorlie区域也早在1917年就报道了煤矿冲击失稳事件。

我国最早记录的煤岩冲击失稳是1933年在抚顺胜利煤矿发生的。据统计，全国共有36个矿井累计发生过4000余次破坏性的煤岩冲击失稳，造成400多人死亡，200多人受重伤，破坏巷道20 km之多，经济损失十分严重。尽管长期以来煤岩冲击失稳问题已引起了各国政府和学者的高度重视，但世界范围内的煤岩冲击失稳问题还远没有解决。我国在煤岩冲击失稳发生机理和预测与防治方面取得了一定的成绩，但由于煤矿开采深度的不断增加，发生煤岩冲击失稳的矿井数量和危害程度呈明显上升趋势。

多年来，研究人员在煤岩冲击失稳发生机理、冲击倾向性指标确定以及煤岩冲击失稳预报和防治方面作了大量的理论和实验研究，取得了较为丰硕的研究成果，主要有强度理论、刚度理论、能量理论、冲击倾向理论、三准则理论和变形系统的失稳理论等。这些研究工作可以大致分为三类：①从研究煤岩体材料的物理力学性质出发，分析煤岩体失稳破坏特点以及诱使其失稳的固有因素，同时利用混沌、分叉等非线性理论来研究冲击失稳过程；②从研究动力失稳区域所处的地质构造以及变形局部化出发，分析地质弱面和煤岩体几何结构与煤岩冲击失稳之间的相互关系；③工程扰动（如爆破所产生的震动波等）以及采动影响与煤岩冲击失稳之间的关系研究。

自20世纪90年代以来，随着数学、力学方法的发展及在岩石力学领域的广泛应用，利用非线性理论、断裂力学、损伤力学等理论方法，为煤岩冲击失稳的机理研究开辟了更多途径，取得了大量的成果。Vesela、Beck等提出了能量集中存储

因素和冲击敏感因素等概念。慕尼黑工业大学的 Lippmann 教授将煤岩冲击失稳作为弹塑性极限静力平衡的失稳处理，提出以结构失稳概念为出发点的煤层冲击的“初等理论”。谢和平等在微震事件分布的基础上利用损伤力学、分形几何学对冲击失稳的发生机理进行分析，采用微震设备监测裂隙的发生和发展变化，得到了煤岩裂隙演化的过程，认为煤岩冲击失稳是微裂隙向宏观裂隙发展的损伤破坏过程，分形维数随岩石微裂隙的发展而减小，当减至最小值时会发生失稳冲击破坏。缪协兴等利用断裂力学原理，提出了煤岩滑移裂纹扩展的冲击失稳模型。黄庆享等提出了巷道冲击失稳的损伤断裂力学模型。冯涛等建立了硐室岩爆的层裂屈曲模型。Vardoulakis 对岩爆现象作为结构的表面失稳现象进行了分析，明确地否决了局部开裂与岩石崩出有关。章梦涛等提出了以动力失稳过程判别准则和普遍的能量非稳定平衡判别准则为基础的煤岩冲击失稳数学模型。齐庆新、刘天泉等研究了煤岩冲击失稳的黏滑失稳机理，提出了煤岩体结构破坏的“三因素”准则，还讨论了煤层冲击失稳与岩爆之间的联系与区别。唐春安、Wang 和 Park 引用突变理论，详细研究了断层诱发型冲击失稳问题，提出了煤岩体系统失稳破裂的临界条件和能量释放方程。

在模拟实验研究方面，Brauner 论述了煤样孔洞冲击实验，并给出钻孔期间压应力与时间的关系，曲线中应力的 5 次台阶形跌落即孔洞冲击的结果，还分析了煤层节理、厚度以及应力场对孔洞冲击的影响。张晓春等采用相似材料和煤质材料对煤岩冲击失稳进行了模拟实验，揭示了自由壁面附近裂纹扩展、贯穿，形成层裂结构，在临界压力下屈曲破坏，导致冲击失稳发生的机理。费鸿禄、W. Burgert 等用环氧树脂加适量固化剂（3% ~5% 的硬化剂）研制出模拟冲击的相似材料。潘一山等

根据冲击地压失稳理论和模拟实验的相似理论，提出了一个模拟冲击地压的新的相似系数 E/λ，研制了可进行冲击地压模拟实验的系列脆性破坏相似材料，并进行了巷道断层和采场冲击地压的模拟实验。何满潮等利用自行设计的深部岩爆过程实验系统，对深部高应力条件下的花岗岩岩爆过程进行了实验研究。

近几年，基于“煤层—岩体”组合系统的稳定性和动态扰动影响分析冲击失稳机理方面的研究越来越受到重视。李新元根据“围岩—煤体”系统在开采过程中力学结构和力学状况的运动变化特征，分析了顶板岩层对煤体缓慢加载和瞬间加载的两种作用方式，并提出了冲击地压发生的判别准则。姜福兴等提出复合型厚煤层综放工作面“震—冲”型动力灾害的概念，建立了复合型厚煤层“震—冲”型动力灾害的力学模型，研究了此种条件下冲击地压发生的机理，并分析了矿震和冲击地压发生的力学条件和相互关系。李新元、马念杰等建立了基于覆岩均布应力和增量应力作用的坚硬顶板初次断裂力学结构模型，得到了弹性基础梁的能量分布计算公式，分析工作面前方坚硬顶板断裂前后的能量积聚和能量释放分布规律，并以此得出产生冲击的震源区域。陈国祥等利用模拟软件 $FLAC^{2D}$ 探讨了扰动波诱发煤层巷道冲击的机理，认为动力扰动使巷道周边煤体发生层裂破坏，降低其侧向约束阻力，并在煤体中形成了高应力，极大地增加了发生冲击的可能性。W. C. Zhu 等利用 RFPA - Dynamics 软件分析了动态波扰动对硬岩巷道岩爆发生的影响，认为动态扰动是引发岩爆的重要条件，并分析了静态应力与动态扰动应力共同作用下岩爆的发生条件。陆菜平等利用微震监测系统，分析了顶板岩层破断诱发矿震的微震信号频谱特征，实现了对顶板破断过程及其强度的评价和预测。姜

耀东等在 J. Litwiniszyn 震动波诱发巷道动力失稳理论的基础上，分析了炮采震动对煤层巷道稳定性的影响，从理论上解释了爆破震动诱发冲击地压的根本原因。

近几年，我国许多煤矿进入了 1000 m 左右的开采深度，深部高应力作用下矿井煤岩—瓦斯动力灾害又有了新的特点，许多矿井（如辽宁抚顺、阜新、河南平顶山、义马、江苏徐州等矿区深部开采矿井）同时面临冲击地压和瓦斯突出两种动力灾害的威胁，并且两种动力现象互为诱因、互相强化，使灾害的预测及防治变得更为复杂和困难。李忠华考虑瓦斯对煤体力学性质的影响和瓦斯作用下煤体的有效应力规律，首次系统研究了高瓦斯煤层冲击地压发生机理及预测指标判别和防治技术。胡千庭等以“煤与瓦斯突出是一个力学破坏过程”的认识为前提，通过理论分析和数值模拟，对突出过程的力学作用机理进行了深入研究，并讨论了深部采掘工作面煤的突然压出机理和防治方法。孟贤正等研究了平顶山十二矿具有突出和冲击地压双重危险煤层工作面的动力灾害预测理论与防治技术。李世愚等介绍了矿山地震和瓦斯突出等煤矿灾害及成因，通过若干煤矿瓦斯突出和矿山地震的同震现象，论述了这些灾害在动力过程中的内在关系，研究结果表明在高瓦斯煤矿，矿山地震与瓦斯突出存在密切的相关性，认为较大矿震加上瓦斯的低值延时响应可能是瓦斯突出的预警信号。

2　含瓦斯煤动态破坏模拟实验

含瓦斯煤动态破坏机理研究的目的是要了解动力现象孕育、启动、发展和结束的整个过程，以及主要影响因素地应力、瓦斯压力和煤体力学性质之间的关系。主要研究手段包括理论分析、实验室和现场实验等。由于受人力、物力、安全及现场条件等因素的制约，现场含瓦斯煤动态破坏的全方位实时测试工作往往受到限制。依靠实验室模拟及数值计算手段，是研究和探索含瓦斯煤破坏机制的重要途径。

在20世纪50年代，苏联B·B·霍多特首先研制了煤与瓦斯突出模拟实验装置，进行了煤与瓦斯突出的相似模拟实验，并提出了突出的能量理论。但由于压力机载荷限制（最大300 t），实验的型煤强度较低，只能模拟软煤的突出。

20世纪60年代初，日本的氏平曾之进行了模拟抛射煤实验，利用CO_2的结晶冰、松香、水泥、煤粒制作模型，模拟“掘进”作业过程中的突出现象，但材料吸附性能与真实煤相差较大，模拟过程中游离“瓦斯”较多。80年代，王佑安在国内首先利用煤激波管进行了煤与瓦斯突出一维模拟实验，现场采集煤样并粉碎，压制成型煤后其强度与Ⅳ、Ⅴ类煤相似，并得到突出强度与垂直应力和瓦斯压力的定量关系。90年代，蒋承林在可以加轴压密封缸体内装入型煤并充入吸附气体，模拟了石门揭开煤层时煤与瓦斯突出过程，提出了突出的球壳失稳假说。俞善炳等进行了煤与瓦斯突出的激波管实验，发现随瓦斯压力不同，煤体有两种不同的破坏形式，即低压开裂和高

压抛出，并分析了突出的前兆特征。孟祥跃等研制了二维突出模拟实验装置，并采用了较先进的数据采集记录设备，进行了一系列模拟突出实验，得到了破坏阵面的前沿以拉伸强间断波的形式向外传播，煤体破坏的初期是轴对称的，而后则只在某一方向向外扩展，破坏阵面的扩展速度逐渐衰减。

蔡成功按相似理论设计了型煤配比，自行研制了可以加轴压和侧向压力三维煤与瓦斯突出模拟实验装置，模拟了不同型煤强度、三向应力、瓦斯压力条件下的煤与瓦斯突出过程。重庆大学许江等研制开发了大型三维煤与瓦斯突出模拟系统，模拟装置尺寸大，能量补给足，设备能够自动控制，数据采集系统先进，进行了一系列成功的模拟实验，但是没有进行煤样强度与突出关系的实验。2008 年，颜爱华等进行只考虑瓦斯压力下不同煤体强度的含瓦斯煤破坏模拟实验，并利用数值模拟软件进行了一系列数值模拟计算。2009 年，赵志刚等设计了煤与瓦斯突出模拟实验系统，包括单瓦斯压力实验机和瓦斯压力、地应力综合实验机，可对煤样施加 2MPa 的瓦斯压力和 40MPa 的地应力，采用数据记录和图像记录同步的方法，实验结果更为准确。

综上所述，尽管国内外相关科研机构开展了大量的含瓦斯煤破坏模拟实验研究工作，但仍未对突出等动力现象进行合理全面的解释，应对以下几个方面进行更为详细的实验研究：

（1）很多模拟实验只进行了瓦斯压力、地应力—瓦斯压力、瓦斯压力—煤体强度等因素或因素组合对突出的影响，而系统的进行三因素（瓦斯压力—地应力—煤体强度）组合实验尤其含瓦斯中硬或硬质煤动态破坏模拟实验的研究成果较少。

（2）模拟实验的瓦斯压力较小（最大达到 2 MPa）。

（3）受仪器设备限制，模拟实验全过程中应力、应变、

瓦斯压力、声发射、突出速度、强度等数据采集不完善，影响了对含瓦斯煤失稳破坏机理方面的深入理解。

（4）没有考虑高应力、高强度煤体条件下顶、底板围岩弹性能释放的影响。

2.1 实验设备研制

2.1.1 设备研究的目的

煤岩瓦斯动力灾害在地下应力场、瓦斯场及围岩能量聚集与释放等多重作用下达到一定条件才能发生。因此，对煤岩瓦斯动力灾害的模拟不能仅考虑应力、瓦斯等单一因素的影响。煤岩瓦斯动力灾害模拟装置能够模拟高应力、高瓦斯及不同围岩条件共同作用下动力灾害的发生过程，可加载的地应力、瓦斯压力范围更大，模拟过程更接近于现场实际，并通过应力、瓦斯、声发射、高速摄像机等采集模拟过程中各类数据，为研究煤岩瓦斯动力灾害发生机理、防治技术方法等提供有力手段。

2.1.2 技术方案

煤岩瓦斯动力灾害模拟实验装置由轴压加载系统、高压密封缸体、快速卸压机构、矩形卸压口密封机构、数据采集系统等组成。高压缸体是实验系统的核心装置，由缸体、活塞杆、卸压板、充气瓶等组成（图2－1），将型煤或煤岩组合装入缸体，通过压力机和充气（CH_4 或 CO_2 气体）装置，可使煤体吸附瓦斯并承受载荷，卸压板在两侧气缸的带动下可突然打开，实现对瓦斯—煤体—围岩系统的瞬间卸压。由于缸体采用了先进的密封技术，最大可承受4 MPa的气压，因此，能够模拟高压瓦斯对煤体（尤其是中硬质煤）的破坏作用。

2.1.3 设备的主要组成部分

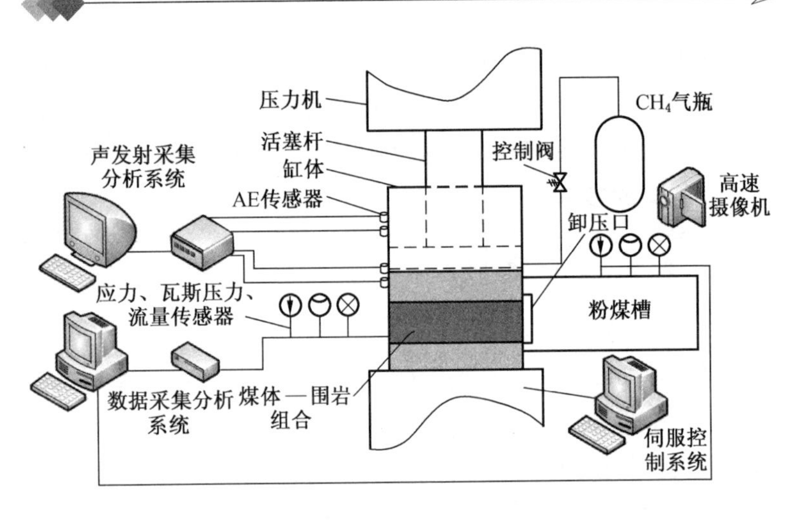

图2-1 模拟实验系统示意图

2.1.3.1 轴压加载系统

轴压加载设备采用长春新实验机有限公司生产的AM-5000型微机控制电液伺服压力实验机。该实验系统主要由主控计算机、数字控制器、手动控制器、液压控制器、液压作动器、三轴压力源、液压源以及进行各种功能的实验附件等组成，如图2-2所示。

图2-2 伺服压力实验机实物图

AM－5000型微机控制电液伺服压力实验机是专为岩石和混凝土类工程材料进行力学性能实验而设计的，在实验过程中，操作者可以进行干预，切换控制方式，改变控制参数（力和变形），选择实验参数如加载速率、变形速率、力、变形及行程的极限值等相关参数，也可以预先设计实验控制步骤，可由实验机自动来完成。实验结束后，系统会自动退回到初始状态，并能方便的读出实验结果，包括试件的全程应力—应变曲线，如垂直应力与垂直应变、峰值强度、弹性模量、泊松比以及整个实验过程中采集到的载荷、变形和位移等数据文件，为实验者进一步分析提供了有用的参数。

技术性能指标：

最大垂直静载荷	5000 kN
系统精度	＜0.5%
系统零漂	＜±0.05%
最大压缩变形量	300 mm
伺服液压行程	350 mm
上下压板间隙	2000 mm
最大加载尺寸（$W\times D$）	1000 mm×800 mm

2.1.3.2 高压密封缸体

高压密封缸体是实验设备中的主要部件。型煤压制、高压气体充入、突然卸载喷出都由缸体完成。高压密封缸体由缸体、下盖、活塞及密封装置构成。

缸体是由厚度为30 mm的无缝钢管加工而成，内部镀铬防锈，长度650 mm，内径ϕ360 mm，外径ϕ420 mm。缸体上加工200 mm×200 mm矩形卸压口和ϕ100 mm圆形加煤安全口。缸体上下加有可拆卸固定盖，下盖用螺丝和橡胶O形圈密封，活塞用三道橡胶O形圈密封。上盖固定后可以通过螺丝锁定

活塞位置，实现对煤体保载。缸体上设有进排气口、数据监测线出口等。

实验时，将型煤或煤岩组合装入缸体内，应用压力机对活塞杆施压实现对煤体加载，加载完成后先用真空泵对煤体抽真空，然后通过高压气瓶向煤体内注入 CH_4 或 CO_2 气体，达到实验预设条件后，开动气缸控制活塞，使卸压板突然打开，完成实验。详细参数如图 2－3 和图 2－4 所示。

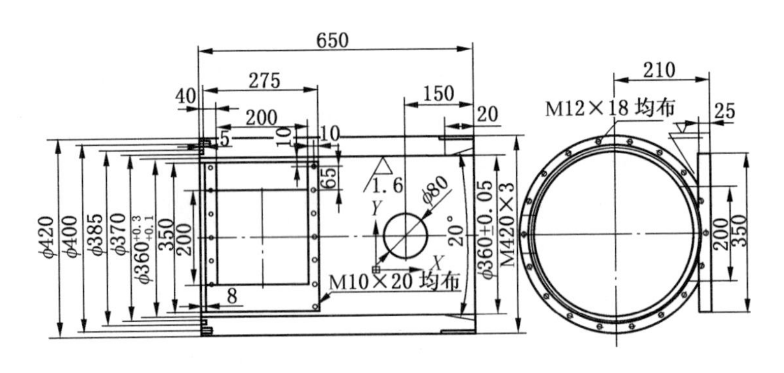

图 2－3　缸体设计图

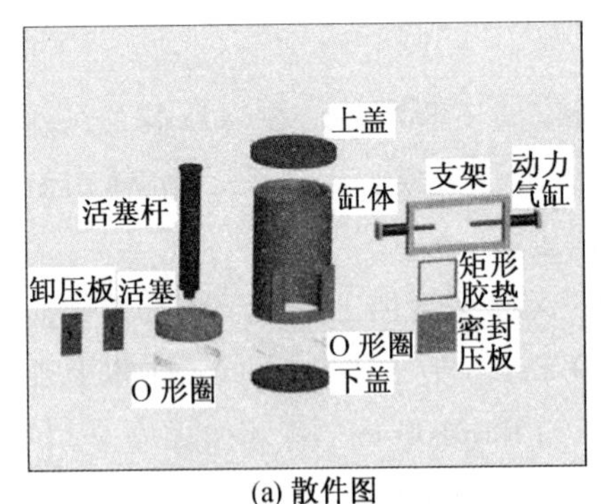

(a) 散件图　　(b) 组装图

图 2－4　高压缸体配件及组装三维图

2.1.3.3 快速卸压机构

卸压装置主要由空气压缩机、动力气缸、气压缸支架、两侧卸压板、密封板、矩形橡胶垫等组成。动力气压缸型号为SC100/150，压力范围为0.05～1.0 MPa；突出口双侧卸压板最大行程150 mm，厚10 mm，表面加工精度≤0.01 mm。卸压板通过气缸活塞杆与气压缸相连。实验前，将矩形橡胶垫固定于突出口封板上并放置在卸压口，检查胶垫与卸压口是否密实接触。两面卸压板在动力气缸作用下对接于突出口中心，并依靠挤压力对突出口封板及胶垫施加压力，实现卸压口密封。实验时，由空气压缩机供给气缸预定的压力，通过气缸控制活塞带动两侧封板高速收回而打开突出口，相当于井下煤岩体中起阻碍破坏作用的“安全煤柱”突然破坏，使含瓦斯煤岩突然卸压发生破坏。

整个装置实现了气动卸压高速打开突出口，有效解决了同类实验装置中由于手动打开突出口速度偏慢而影响突出强度的技术难题。

2.1.3.4 矩形卸压口密封机构

矩形卸压口机构包括密封压板和矩形堵块，密封压板包括竖直设置的承压板和设置在承压板背面的矩形堵块，承压板正面左右两侧各铣一斜面，两斜面分别朝左右两侧后方向延伸，关闭卸压板时两斜面上各压接一个卸压板，两侧卸压板各连接一个动力气泵。

动力气泵加力装置包括定位框架和两侧设气缸活塞的动力气缸，动力气缸及气缸活塞均水平设置且左右方向延伸，两侧动力气缸的活塞头部相对，且分别与两卸压板固定连接；密封压板以及两卸压板均位于定位框架内。动力气缸分别设于定位框架两侧外面，动力气缸的气缸活塞与定位框架插接。矩形堵

块的周围垫有胶垫，承压块四周延伸出矩形堵块外。卸压板的板面上设置滚珠，滚珠与相应承压板斜面相贴合，可减少卸压时的摩擦力。

采用胶垫密封，密封时卸压板关闭，卸压板与密封板斜面相压接，将动力气缸推力转换成对密封胶垫的压力，实现了对矩形卸压口的快速方便密封，并且由于压力缸（具有矩形卸压口）内高气压没有对胶垫正向施压（正向压力由承压板承担），胶垫只承受高气压的侧向作用力，所以密封效果好，承压能力大。卸压板的板面上设置滚珠，滚珠与相应承压板斜面相贴合，可减少卸压板在承压板斜面上的摩擦力，如图2－5所示。

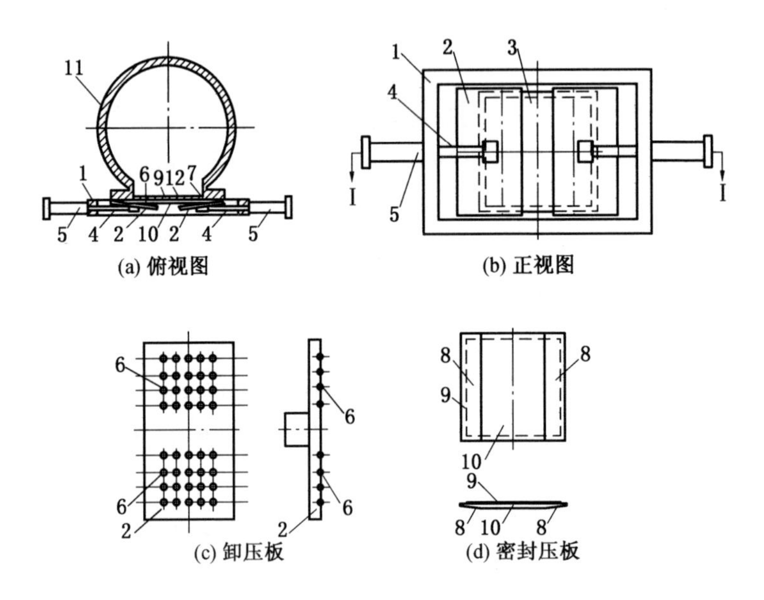

1—定位框架；2—卸压板；3—密封压板；4—气缸活塞；5—动力气缸；6—滚珠；7—胶垫；8—斜面；9—矩形堵块；10—承压板；11—缸体；12—矩形卸压口

图2－5　密封及卸压装置机构图

2.1.3.5 数据采集系统

对实验过程中的数据采集是进行力学分析的基础，本实验系统采用动态数字记录仪采集应力、瓦斯压力、瓦斯流量等数据。

应力监测：由于要监测煤体内部在破坏时的应力变化情况，所以采用埋入式土压力传感器。因为对传感器量程要求大、精度要求高，现有型号传感器不能满足需求，采用由丹东电子仪器厂专门定制的 BX－7 型土压力传感器，如图 2－6 所示。

图 2－6　BX－7 型土压力传感器

主要技术指标：

最大量程	30 MPa
输出（$\mu\varepsilon$）	0～600 F. S.
超载能力	20%
仪器灵敏度	$K=2.0$
接线方式	全桥
外形尺寸	ϕ110 mm×22 mm

瓦斯流量监测采用 D07－11CM 型气体质量流量计及其配套的 D08－8CM 型数字化流量积算仪，如图 2－7 所示，产品主要技术指标：

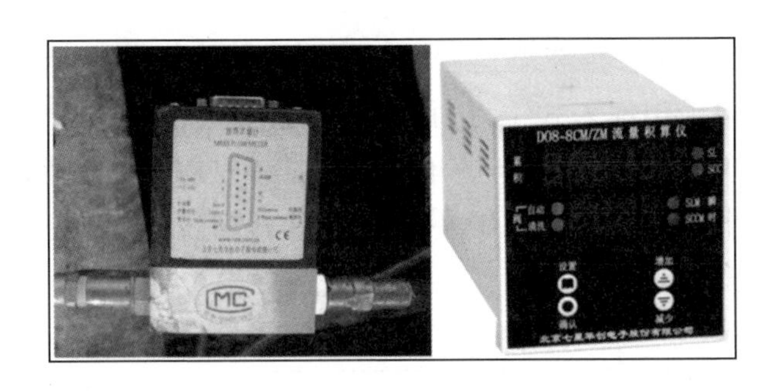

图 2－7　气体质量流量计及积算仪

满量程流量范围（N_2）	5SCCM～30SLM
控制范围	2%～100% F. S.
重复精度	±0. 2% F. S.
响应时间	≤4 s
工作温度范围	5～45 ℃
工作压差	＜0. 02 MPa
耐压	10 MPa
漏气率	1×10^{-9}SCCSHe
密封材料	氟橡胶、聚四氟乙烯、氯丁橡胶
接头选择	VCR 1/4″，Swagelok 1/8″、1/4″或 ϕ3 mm、ϕ6 mm
电插头形式	DB15 pin（Male）
质量	1 kg

瓦斯压力监测采用 HM10 型高精度气压传感器，量程范围在 0～70 MPa，通过动态应变仪采集数据如图 2－8 所示。

图 2-8 气压传感器

高速摄像设备：采用 T900 型高速摄像头，在 320×240 分辨率下拍摄速度达到 250 帧/s 以上。

数据采集仪：采用 UT3600 系列 32 位 Σ-△同步数据采集器，如图 2-9 所示，主要技术参数如下：

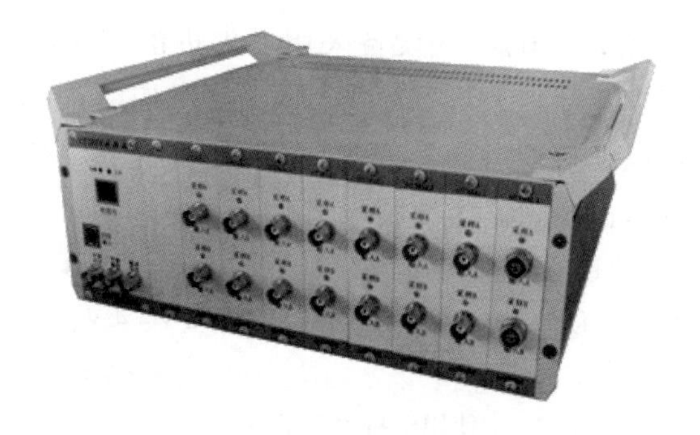

图 2-9 UT3600 系列数据采集仪

最高连续采样频率	高速 DSP 芯片用于数据处理，16 通道最高连续采样频率 40.96 kHz；最低连续采样频率 0.0128 Hz
抗混滤波器	内置抗混滤波器，每倍频 -180 dB/oct

存储深度	存储深度由硬盘容量决定
程控放大	自动量程控制
通道采样方式	任意选择通道采样
输入方式	差分信号输入，高信噪比 采集 μV 信号
输入电压范围	±10 V
动态范围	140 dB
幅值精度误差	好于 0.1%
频率精度	好于 0.001%
输入通道间影响	小于 -110 dB
ULTRA LOW DISTORTION	0.000022%
LOW NOISE	1.1 nV/√Hz
USB 2.0 接口	硬盘数据传输方式，稳定可靠

动态应变仪：采用秦皇岛电子仪器厂生产的 CS-1A 型动态应变仪（图 2-10）。该设备采用了先进的应变测试电路及进口高性能电子器件，可以配接不同类型的应变片及应变片式传感器，可以实现应力、拉压力、速度、加速度、位移、扭矩等多种物理量的测量。主要技术指标：

桥路电阻适用范围	60 ~ 1 kΩ
供桥电压	2 V、4 V、8 V
应变系数	$K=2.00$
平衡范围	使用电桥电阻的 ±1%（±5000 με）， 微调范围 ±100 με
平衡方式及时间	自动平衡，平衡时间 2 s， 平衡保持时间 48 h
输入阻抗	大于 100 MΩ
灵敏度	5 V/1000 με
非线性	小于 ±0.1% F. S.
校准值	±100 με、±200 με、±500 με、

±1 kμε、±2 kμε

频响　DC - 100 kHz，-3 dB ± 1 dB

增益　0、1/20、1/10、1/5、1/2、1

低通滤波(Hz)　10、100、300、1 k、10 k、100 k(±3 dB ± 1 dB)，截止特性 - 40 dB/10 倍频程

输出　电压 ±10 V_{0-p}（电流 5 mA）

信噪比　大于 50 dB

通道数　8

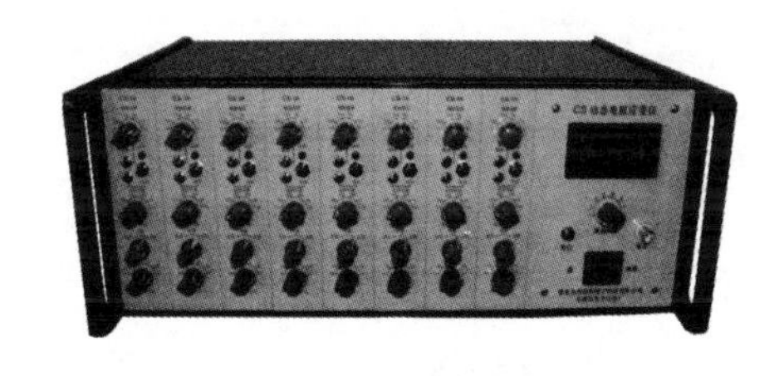

图 2 - 10　CS - 1A 型动态应变仪

2.2　型煤强度及瓦斯吸附性能实验

含瓦斯煤动态破坏实验时需要的煤样较大（拟采用的实验设备尺寸为 ϕ360 mm × 600 mm)，在现场突出软煤层中采集原煤样和加工都比较困难，因此，模拟实验时一般采用相似材料制成的型煤煤样。在选择相似材料时只遵守几何、运动和动力的相似是不够的，还应遵守物理—化学相似。例如，模型与实际的相对微分孔隙率应相等，也即决定着吸附、渗透和强度等性质的孔隙体积。在孔隙半径所有区间内，在煤层模型和自然煤层中之比应为 λ（此处 λ 是几何相似模数)。同样，对瓦斯相应的参数包括瓦斯分子的大小和被吸附性也应满足相似原

理。当然选取这样一种相似的孔隙材料且满足相应的强度参数、微分孔隙率和对模拟瓦斯吸附容量的要求，并且模拟瓦斯要符合质量的、热力学的和吸附性的相似模数，本身就是一个较复杂的研究课题。

为了简化这一任务，直接选用矿井突出煤层原煤作为相似材料，且用煤在自然条件下吸附的瓦斯（沼气、二氧化碳和氮气）来做吸附与渗透，不加或加少量添加剂压制的煤型。

2.2.1 原煤试样力学性质实验

煤是一种低杨氏模量、高泊松比的特殊沉积岩——有机岩，与其他岩石相比，它的裂隙、孔隙更为发育，非连续性和非均质性更强，强度更低，其力学性质具有非线性、各向异性及随时间变化的流变特性。作为固体骨架，它是瓦斯等气体的储存体及外载荷的主要承载体，其力学特性对含瓦斯煤动力现象的孕育、启动、发展等过程起重要的影响。因此，要研究含瓦斯煤动力现象的机理，必须掌握煤体力学性质。

2.2.1.1 实验设备

实验设备采用 RMT－150C 型电液伺服岩石力学实验系统。该实验系统由主控计算机、数字控制器、手动控制器、液压控制器、液压作动器、三轴压力源、液压源以及进行各种功能的实验附件等组成，如图 2－11 所示。实验系统的主要技术指标见表 2－1。

2.2.1.2 煤样采集及制备

1. 煤样采集

由于煤的层理、节理非常发育，与其他岩石相比比较软弱破碎，强度低，力学参数离散性大，取样过程中尽可能小心细致，保持煤样的原始状态，减少人为对煤体强度的影响。煤岩

样品取自焦煤集团鑫珠春煤矿，如图 2-12 所示。

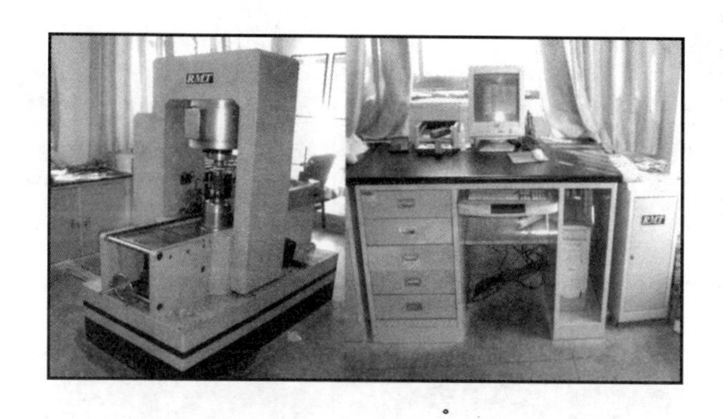

图 2-11 RMT-150C 型电液伺服岩石力学实验系统

表 2-1 RMT-150C 型岩石力学实验系统主要技术指标

项　目	参　数	项　目	参　数
最大垂直静载荷	1000 kN	最大围压	50 MPa
最大水平静载荷	500 kN	围压速率	0.001 ~ 1 MPa/s
活塞行程	50 mm	机架刚度	5 × 106 N/mm
变形速率	0.0001 ~ 1 mm/s	外形尺寸	1650 mm × 800 mm × 1700 mm
输出波形	斜坡、正弦波、三角波、方波	主机质量	4000 kg
疲劳频率	0.001 ~ 1 Hz		

采取了以下主要措施：

（1）为了保持所采集煤样的完整，并尽量避开工作面支撑压力的影响范围，从工作面的上下巷道中进行钻切，所取煤样体积尽量大。

（2）采集煤样在煤层垂直方向上煤质及力学特性变化尽

图 2－12　煤样照片

量小，避开煤层厚度和软硬程度的大变化，所采集的煤样尽量在同一位置附近。

（3）对煤样逐个进行编号，标明煤样的编号、采集地点、层位、围岩特征、埋藏深度等主要参数。

（4）煤样采出后，由专人搬运到井上，搬运过程中应做到轻拿轻放，尽量保持煤的原有结构状态。煤样运抵地面后，立即采用石蜡对煤样外表面进行蜡封，防止风化，贴好标签后装箱运抵实验室。

2. 煤样制备

试样加工设备：锯石机、钻石机、磨石机、干燥箱等。

煤样检测设备：游标卡尺、直角尺、水平检测台、百分表

及百分表架、天平等。

试样加工精度要求：试样两端面的平行度偏差不得大于0.05 mm；试样两端的尺寸偏差不得大于0.2 mm；试样的两端应垂直于试样轴线。

试样数量要求：根据研究内容和目的，每组试样数量不应少于3个，对于三轴围压下的试样不少于5个。

2.2.1.3　测试项目及实验结果

1. 煤样视密度及波速测定

视密度是指单位体积岩石的质量，主岩石的重要参数之一，按下式计算：

$$\rho = \frac{g}{SH} \times 10^6 \tag{2-1}$$

式中　ρ——试样视密度，kg/m^3；

g——试样自然含水状态下的质量，g；

S——试样截面积，cm^2；

H——试样高度，cm。

声波波速是反映煤样密实程度的重要参数之一，将煤样加工成$\phi 50 \times 100$ mm的标准试件，采用50 Hz的声波传感器，用黄油与煤样紧密耦合。首先将发、收传感器对接，测出仪器、传感器辐射体厚度以及耦合剂厚度造成的系统滞后时间t_0，然后在收、发传感器之间放置岩石试件，传感器与岩石之间加黄油耦合，测试声波的走时Δt，岩石超声波纵波速度v_p按下式计算：

$$v_p = \frac{L}{\Delta t} \tag{2-2}$$

式中　v_p——纵波的传播速度，m/s；

L——岩石试件的长度，m；

Δt——波的走时，s。

2. 抗压强度

抗压强度一般指单轴抗压强度，是目前测试最方便，应用最广泛的岩石力学特性参数。把制备好的试样置于实验机下承压板上，安装轴向位移传感器和两个横向位移传感器。加载时采用位移控制，加载速率为 0.005 mm/s。单轴抗压强度计算公式：

$$R_c = \frac{P}{S} \times 10^{-6} \tag{2-3}$$

式中 R_c——抗压强度，MPa；

P——破坏载荷，N；

S——试样初始截面，mm^2。

岩石坚固性系数又称普氏系数，是反映岩石坚固程度的指标，通常用单轴抗压强度除以 10 来表示：

$$f = \frac{R_c}{10} \tag{2-4}$$

式中 f——坚固性系数；

R_c——抗压强度，MPa。

3. 煤样变形参数测定

煤样变形参数是煤体在应力作用下的力学响应特性，常用弹性模量和变形模量表示。由于在单轴压缩过程中各个阶段变形特征有所不同，通常把应力—应变曲线的直线段的斜率称为平均模量或弹性模量，把原点与应力—纵向应变曲线上 50% 抗压强度点连线的斜率称为割线模量或变形模量 E_{50}。弹性模量 E、变形模量 E_{50}分别以下式计算：

$$E = \frac{\Delta\sigma}{\Delta\varepsilon} \qquad E_{50} = \frac{\sigma_{50}}{\varepsilon_{50}} \tag{2-5}$$

式中　E——弹性模量，MPa；

E_{50}——变形模量，MPa；

$\Delta\sigma$——直线段的应力增量，MPa；

$\Delta\varepsilon$——直线段的应变增量；

σ_{50}——抗压强度的50%的应力值；

ε_{50}——试样承受σ_{50}应力时的纵向应变值。

由实验结果（表2-2）可以看出，突出煤层煤样抗压强度、弹性模量均较低，最大抗压强度达到19.19 MPa，最小7.43 MPa，波速基本在1000 m/s左右，各试样差距较大，表明试样非均质性较强。另有较软的原煤样，不能加工成标准试样，f值测定结果均小于0.5，推算其抗压强度在5 MPa以下。

表2-2　煤样力学参数测试结果

试件编号	试件形状	试件尺寸	视密度/($kg\cdot m^{-3}$)	波速/($m\cdot s^{-1}$)	抗压强度/MPa	弹性模量/GPa	变形模量/GPa
M1-1	圆柱形	ϕ49.94 mm×101.88 mm	1450	1865.04	19.19	3.69	1.43
M1-2	圆柱形	ϕ49.94 mm×100.36 mm	1456	1221.98	7.43	2.25	1.47
M1-3	圆柱形	ϕ50.00 mm×101.24 mm	1224	1276.20	11.00	2.29	1.46
M2-7	长方体	49.34 mm×55.02 mm×99.20 mm	1500	986.94	10.13	3.55	1.85
M2-8	长方体	50.22 mm×53.02 mm×102.40 mm	1544	1033.63	9.06	3.02	1.44
M2-9	长方体	51.00 mm×51.82 mm×103.22 mm	1443	1100.84	8.12	2.99	1.63
M3-7	长方体	51.88 mm×53.34 mm×98.20 mm	1457	1217.21	9.08	2.35	1.74

表 2-2（续）

试件编号	试件形状	试件尺寸	视密度/(kg·m^{-3})	波速/(m·s^{-1})	抗压强度/MPa	弹性模量/GPa	变形模量/GPa
M3-8	长方体	53.74 mm×58.00 mm×98.74 mm	1482	1176.963	13.61	2.61	1.24
M3-9	长方体	55.12 mm×56.30 mm×100.22 mm	1432	1315.09	11.60	2.57	1.26
M6-1	圆柱形	ϕ50.00 mm×101.12 mm	1446	1192.59	9.43	2.45	1.33
M6-2	圆柱形	ϕ49.86 mm×99.94 mm	1537	1081.12	11.48	2.54	1.54
M6-3	圆柱形	ϕ49.98 mm×100.88 mm	1463	1032.10	10.90	2.98	1.85
M6-4	圆柱形	ϕ49.22 mm×100.70 mm	1473	1059.86	8.17	1.89	1.15

2.2.2 型煤强度实验

本次实验采用焦煤鑫珠春煤矿二$_1$煤层煤样。二$_1$煤层为鑫珠春煤矿井田主要可采煤层，平均 5.28 m，属较稳定煤层，煤层结构简单，为中低灰、特低硫、特高热值无烟煤。灰分含量平均值 16.06%；发热量 27.1 MJ/kg，具有煤与瓦斯突出危险，瓦斯含量为 20.37~28.0 m^3/t。

2.2.2.1 型煤煤样压制

1. 压制设备

型煤压模由压模缸、加压活塞和脱模缸三部分组成，如图 2-13 所示，压模缸内径 50 mm，高度 200 mm，加入粉煤后，放入加载活塞，在压力机上加载到设计压力，然后把压模缸放在脱模缸上，继续给加载活塞加压可使型煤煤样脱模。

2. 材料配比

根据实验要求，做四类不同强度型煤的力学特性实验。主

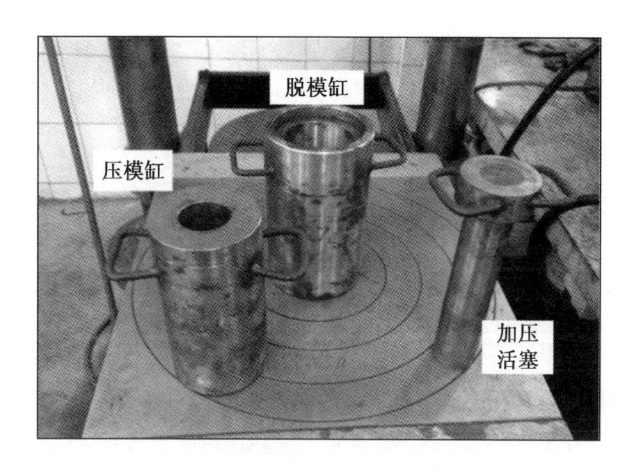

图 2－13　型煤压模模具

要原料为粉煤、水泥、松香等。

现场采取原煤后，用破碎机将煤粉碎。从碎煤中随机称取 5000 g 煤样，干燥 6 h 称其质量，确定煤样含水率。将干燥煤样用不规格的标准实验筛进行筛分，即可得原煤的粒径配比。该配比方案即为经破碎机一次粉碎后的原始配比，也是实验中要采用的配比方案，煤样粒径配比见表 2－3。

表 2－3　煤样粒径分布

粒径/mm	0＜0.5	0.5～1	1～3
比例/%	21.1	54.2	24.7

粉煤配比完成后还要根据不同强度要求添加其他材料，经过实验验证，选择表 2－4 的配比，分别模拟四种不同强度煤样。

表2-4 型煤配比方案 %

编号	粉煤			其他材料		
	0<0.5 mm	0.5~1 mm	1~3 mm	水	水泥	松香
A	20.0	51.5	23.5	5	—	—
B	19.0	48.8	22.2	5	5	—
C	17.9	46.1	21.0	5	10	—
D	19.6	50.4	23.0	—	—	7

3. 型煤压制过程

按相应比例将材料配比完成后，将粉煤放入压模缸，然后放入加载活塞，在压力机上加压到30 MPa，保压30 min，然后在脱模缸上进行脱模,脱模时加压速度要慢并且保持稳定,以防型煤破坏。测量型煤煤样的尺寸、质量、波速等参数,最后在压力机上加载测试其力学参数,如果型煤中加入了水泥等黏结材料,则先要养护3 d,然后再进行加压实验,如图2-14所示。

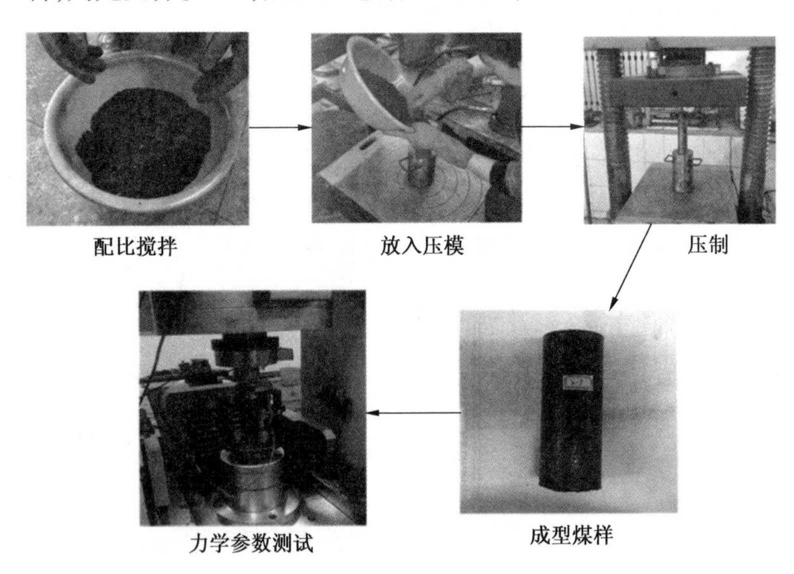

图2-14 型煤压制过程

2.2.2.2　单轴压缩及拉伸实验结果

根据实验要求，进行配比材料的强度实验，共压制 18 组，煤样 130 个，经实验选择了 4 种配比方案（表 2－4），共 33 个煤样。在 RMT－150C 型伺服岩石力学实验机上进行加压实验，具体操作要求和参数见第 2.1 节部分，试样参数和测试结果见表 2－5 和图 2－15。

表 2－5　型煤煤样物理力学参数

配比方案	编号	尺寸/mm		质量/g	密度/(kg·m^{-3})	最大加载强度/MPa	保压时间/min	强度/MPa		强性模量/GPa	波速/(m·s^{-1})
		直径	高度					抗压	抗拉		
A	A2－1	50.26	106.9	314.0	1480	32.78	30	0.28	—	0.011	254
	A2－2	50.26	94.6	277.0	1480	35.30	30	0.38	—	0.014	212
	A2－3	50.26	108.0	315.5	1470	30.26	30	0.32	—	0.013	199
	A2－4	50.26	111.0	324.0	1470	30.26	30	0.30	—	0.013	324
	A2－5	50.26	117.9	342.5	1460	32.78	30	0.30	—	0.013	354
B	B6－1	50.26	88.0	274.5	1570	32.27	30	2.91	—	0.122	428
	B6－2	50.26	98.8	305.5	1560	32.78	30	2.70	—	0.120	589
	B6－3	50.26	102.6	316	1550	33.28	30	2.22	—	0.128	547
	B6－4	50.26	102.4	311	1530	32.27	30	2.42	—	0.130	618
	B6－5	50.26	96.8	302	1570	34.29	30	2.37	—	0.122	685
	B6－6	50.26	98.0	305.5	1570	33.28	30	2.34	—	0.123	660
	B9－1	50.26	50.0	155	1560	41.86	30	—	0.18	—	—
	B9－2	50.26	53.24	162	1530	41.86	30	—	0.17	—	—
	B9－3	50.26	43.64	136	1570	43.37	30	—	0.17	—	—
	B9－4	50.26	53.04	162.5	1550	43.37	30	—	0.18	—	—
	B9－5	50.26	42.72	135	1590	55.98	30	—	0.18	—	—

表 2-5（续）

配比方案	编号	尺寸/mm		质量/g	密度/(kg·m⁻³)	最大加载强度/MPa	保压时间/min	强度/MPa		强性模量/GPa	波速/(m·s⁻¹)
		直径	高度					抗压	抗拉		
C	C11-1	50.26	103.8	312.5	1520	31.77	30	5.42		0.352	874
	C11-2	50.26	107.0	313.5	1480	32.27	30	5.29		0.425	852
	C11-3	50.26	104.2	313.5	1520	32.78	30	5.35	—	0.381	802
	C11-4	50.26	105.6	313.5	1500	31.77	30	5.21	—	0.325	789
	C11-5	50.26	112.8	337.5	1510	31.27	30	7.34	—	0.354	802
	C12-1	50.26	47.4	144	1530	31.77	30	—	—	0.45	—
	C12-2	50.26	47.0	144.5	1550	31.77	30	—	—	0.47	—
	C12-3	50.26	51.6	154	1510	31.77	30	—	—	0.42	—
	C12-4	50.26	52.4	161	1550	31.77	30	—	—	0.45	—
D	D13-1	50.26	111.0	309	1400	31.27	30	15.79	—	0.77	1021
	D13-2	50.26	102.8	304	1490	32.78	30	22.06	—	0.79	1124
	D13-3	50.26	104.0	305.5	1480	34.29	30	16.47	—	0.65	1085
	D13-4	50.26	104.6	304	1470	34.29	30	15.24	—	0.59	1154
	D13-5	50.26	35.5	104	1480	32.78	30	—	1.10	—	—
	D13-6	50.26	36.2	105	1460	32.78	30	—	1.54	—	—
	D13-7	50.26	36.0	105.5	1460	32.78	30	—	1.15	—	—
	D13-8	50.26	36.4	107	1460	32.78	30	—	1.24	—	—

从实验结果来看，4 组型煤煤样的应力强度、力学响应（应力—应变曲线）、波速等参数与相应的强度的原煤试样（表 2-2）基本类似。4 组不同配比的型煤可以模拟 4 类不同强度煤的破坏实验。

2.2.2.3 三轴实验结果

煤层除采掘空间的表面处于单向或双向受力外，巷道内部

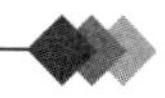

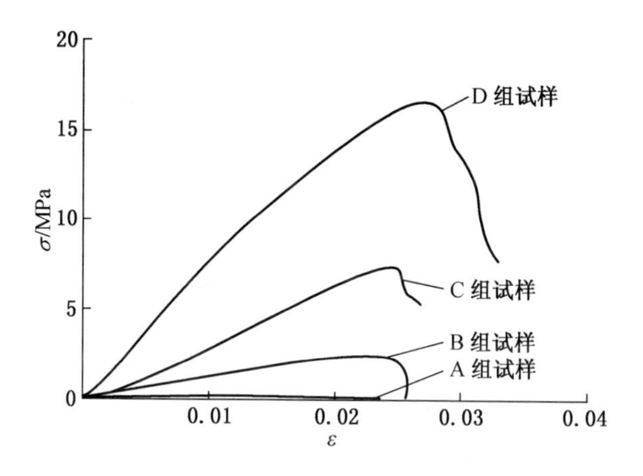

图 2-15 各组试样的应力—应变曲线

岩体多处于三向受力状态之下，故测试煤样三轴应力状态的强度和变形特征，对研究煤体的破坏机理有重要的意义。同时，黏结力和内摩擦角还是数值模拟时的必要参数。

将制备好的试样放于三轴压力室内，安放位移传感器，盖上压盖并锁紧，连接好液压源与三轴室之间的高、低管路，接通气源，调节气压至 0.15 MPa，打开三轴液压源面板上的放气阀和注油阀，氮气将储油器中的油压入三轴压力室，当低压管见油溢出时，关闭气源和三轴液压源面板上相应的阀。再将压力室放在实验机下承压板上并调整对中，使试样压板和球形压头精确地呈一条直线。然后打开主控机和液压源，再次检查各个环节后确保无误，方可进行实验。实验采用位移控制，首先以静水平方式加围压，围压加载速率为 0.1 MPa，直到预定围压值时，再加轴压，轴向加载速率为 0.005 mm/s。在计算机控制下进行加载直至试样破坏，实验过程计算机自动采集数据。

三轴实验采用普通三轴实验，也就是在 $\sigma_1 > \sigma_2 = \sigma_3$ 的条件下进行实验。围压选用 2 MPa、4 MPa、6 MPa、8 MPa、10 MPa，属低围压实验。各种岩石的强度络线的形态虽不尽相同，通过大量实验证明，低围压三轴实验岩石的强度曲线都似斜直线型。根据莫尔—库仑强度准则，极限状态下主应力之间的关系为

$$\sigma_1 = \frac{1+\sin\varphi}{1-\sin\varphi}\sigma_3 + \frac{2C\cos\varphi}{1-\sin\varphi} \qquad (2-6)$$

式中　φ——试样内摩擦角；

C——试样的黏结力，MPa；

σ_3——试样所受围压，MPa；

σ_1——试样在围压为 σ_3 作用下的抗压强度，MPa。

上式可以简化为

$$\sigma_1 = K\sigma_3 + Q \qquad (2-7)$$

式(2-7)是一个线性方程,但由于岩石的非均质性,其三轴实验的结果往往呈现一定的离散性,因此在绘制强度包络线时,先将实验的 $\sigma_1-\sigma_3$ 的关系用最小二乘法进行线性化处理,然后根据回归后的 $\sigma_1-\sigma_3$ 关系绘制莫尔圆及包络线,仍能反映岩石的平均性质。回归后的线性方程系数 Q 和 K 按下式计算：

$$Q = \frac{\sum\sigma_1\sigma_3\sum\sigma_3 - \sum\sigma_1\sum\sigma_3^2}{\left(\sum\sigma_3\right)^2 - n\sum\sigma_3^2} \qquad (2-8)$$

$$K = \frac{\sum\sigma_1\sum\sigma_3 - n\sum\sigma_1\sigma_3}{\left(\sum\sigma_3\right)^2 - n\sum\sigma_3^2} \qquad (2-9)$$

$$\varphi = \arcsin\frac{K-1}{K+1} \qquad (2-10)$$

$$C = Q\,\frac{1-\sin\varphi}{2\cos\varphi} \qquad (2-11)$$

式中 n——实验次数。

由于A组试样强度太低，加围压就会使试样破坏，所以不能进行三轴压缩实验。另外三组试样的三轴压缩实验全程应力—应变曲线及强度曲线如图2－16至图2－18所示。可以看出，与原煤及大部分岩石的试样相同，型煤煤样的承载能力与围压大致为线性关系，承载能力随着围压的提高而增大，由于内部孔隙结构及成分存在差异，不同试样受围压的影响程度也有所差异，根据莫尔—库仑强度准则，岩石三轴压缩实验回归结果，见表2－6。

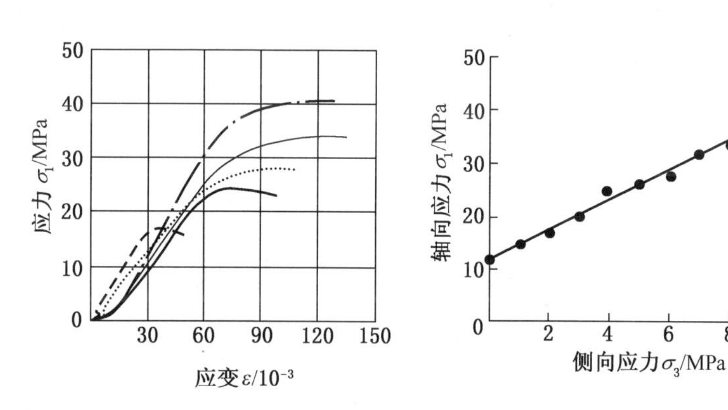

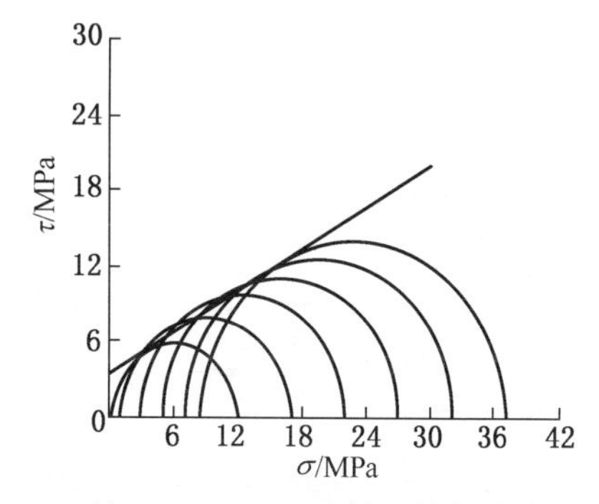

图2－16 B组试样三轴实验结果

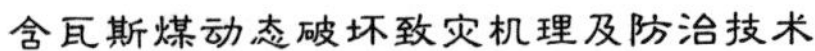

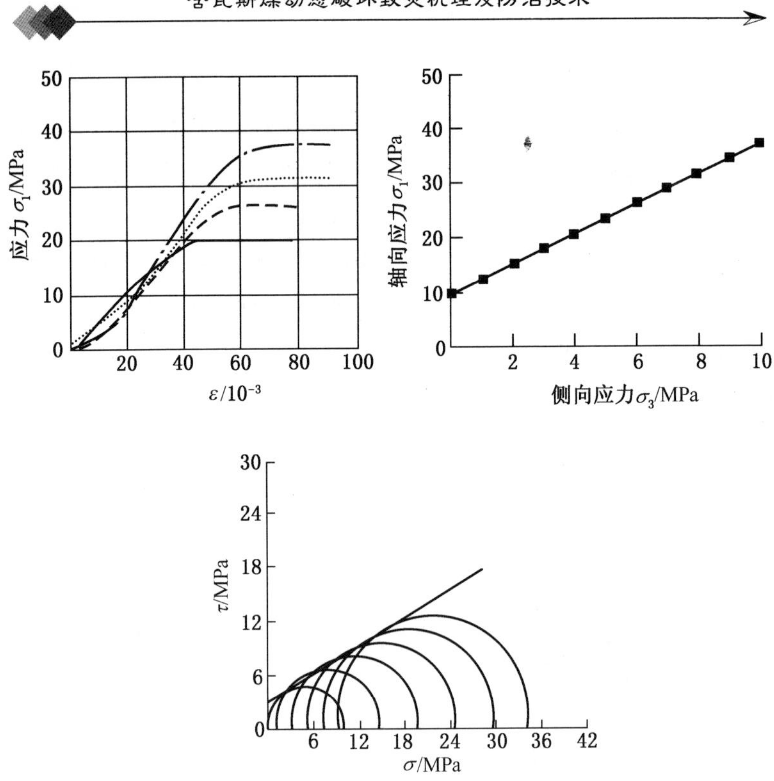

图 2-17　C 组试样三轴实验结果

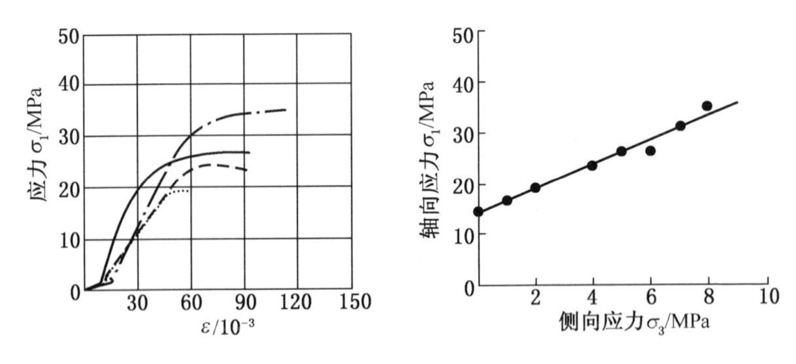

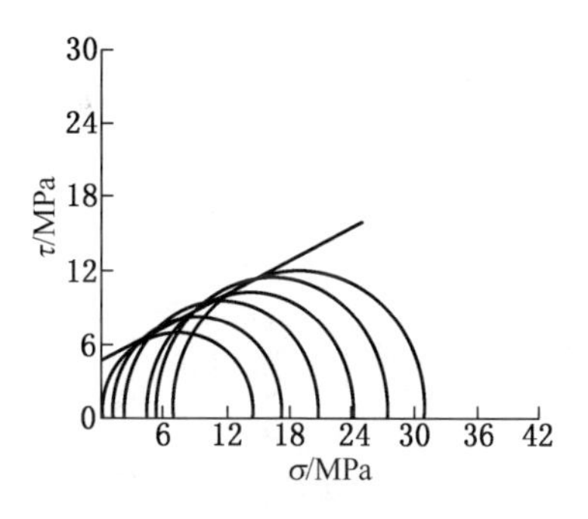

图 2－18　D 组试样三轴实验结果

表 2－6　型煤三轴压缩实验结果

岩石名称	试样编号	σ_3/MPa	σ_1/MPa	C/MPa	φ/(°)
B 组	B10－1	10.0	37.2	0.92	27.8
	B10－2	8.0	31.3		
	B10－3	6.0	26.4		
	B10－4	4.0	20.2		
	B10－5	2.0	15.4		
C 组	C14－1	10.0	40.4	3.56	28.5
	C14－2	8.0	34.0		
	C14－3	6.0	28.0		
	C14－4	4.0	24.3		
	C14－5	2.0	16.7		
D 组	D15－1	8.0	34.8	4.59	24.4
	D15－2	6.0	26.3		
	D15－3	4.0	24.3		
	D15－4	2.0	19.4		

型煤煤样岩石单轴压缩、三轴压缩及巴西劈裂试样破坏照片如图2－19所示，从图2－19中可以看出，单轴压缩破坏较为复杂，多数为剪张复合型破坏，三轴压缩破坏形式相对简单，大多数以剪切破坏为主。

图2－19　型煤试样破坏后照片

上述实验结果表明，经过配比实验和实验强度的测定，得到了4组不同强度的型煤配比方案。单轴压缩的原煤和型煤试样结果对比，型煤试样强度和变形模量等参数与原煤试样基本相似。型煤试样三轴压缩的实验结果与原煤煤样三轴实验结果（图2－20）进行对比表明，同样围压条件下，型煤煤样与原煤煤样强度基本处于同一水平，内聚力和摩擦角也基本相似。因此，配比压制的型煤煤样力学性质可以达到与原煤煤样相

似，A 组煤抗压强度0.3～0.5 MPa，可以模拟破坏最严重的Ⅴ类糜棱状构造煤，B 组煤样抗压强度 2～4 MPa，可以模拟Ⅲ、Ⅳ类构造破坏煤，C 组煤样抗压强度 5～6 MPa，可以模拟Ⅲ类破坏煤，D 组煤样抗压强度达到 15 MPa 以上，可以模拟Ⅱ类煤。

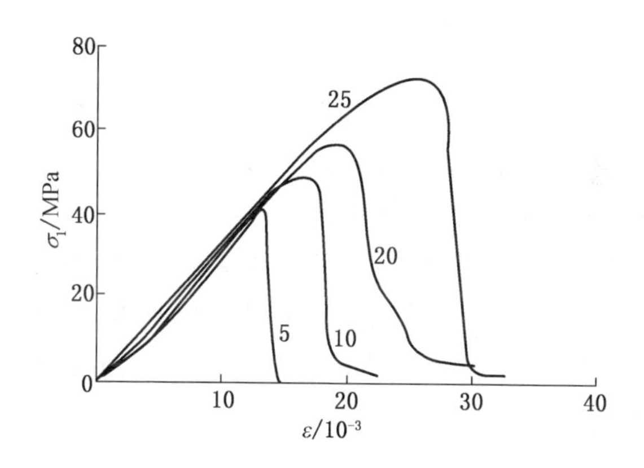

图 2－20 煤样常规三轴实验结果

2.2.3 型煤瓦斯吸附性能实验

煤是具有发达孔隙系统的多孔介质，是天然的吸附体，对 CH_4、CO_2 等气体有很强的吸附能力。目前煤矿开采的一些高瓦斯煤层，煤中所含 CH_4 气体可达到煤本身体积的 30～40 倍，这些 CH_4 主要以吸附状态存在于煤中。

由于瓦斯对煤的作用和影响属于活泼性流体对固体的作用，因此，煤中的瓦斯含量对其力学性质有明显的影响。同时，煤层中的瓦斯在一定压力下将储存较大的内能，条件合适时将引发或参与到动力现象的发生过程中。模拟实验中采用的型煤试样，除力学性质与原煤相似外，对瓦斯的吸附性能也不

应有较大差别。

2.2.3.1　实验原理与实验步骤

煤中具有吸附性的微孔占总孔体积的25%～35%，比表面积占全部孔隙比表面积的96%以上。煤样巨大的孔径比表面积具有表面能，能使大多数的气体分子在表面上发生浓集，这种现象称为吸附。反之，浓集的气体分子返回自由状态的气相中，称为解吸（脱附），吸附与解吸过程均为物理变化。当煤体表面气体分子维持一定的数量，吸附速率与解吸速率相等时，称为吸附平衡。吸附平衡时，吸附量与温度、气体压力、气体成分、煤样物理性质等有关。

煤的吸附性通常用煤的吸附等温线表示。吸附等温线是指在某一固定温度下，煤的吸附瓦斯量随瓦斯压力变化的曲线。国内外大量的实验表明，煤吸附 CH_4 时，吸附等温线符合郎格缪尔方程式：

$$Q=\frac{abp}{1+bp} \tag{2-12}$$

式中　Q——在某温度下，瓦斯压力为 p 时单位质量纯煤吸附的瓦斯量，m^3/t；

a——吸附常数，标志纯煤的极限吸附量，即在某一温度下当瓦斯压力趋近于无穷大时的最大吸附瓦斯量，m^3/t；

b——吸附常数，MPa^{-1}；

p——瓦斯压力，MPa。

煤的瓦斯等温吸附实验方法一般采用高压容量法，其测定过程为筛选粒径0.18～0.25 mm（60～80目）的煤样，将处理好的干燥煤样装入吸附缸，真空脱气，测定除煤实体外的死空间体积，然后向吸附缸中充入一定体积的甲烷，吸附缸中部

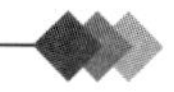

分气体被煤吸附，部分气体仍游离于死空间，压力达到一个新的平衡，扣除死空间的游离甲烷量，即为吸附量。重复上述测定步骤，获得若干个不同压力下吸附量的对应点，将这些点连接起来即为煤样瓦斯吸附等温线。当采用压力由低到高充入甲烷气体方式测定时，得到吸附等温线。反之，得到解吸等温线。在气压变化时，吸附和解吸等温线是可逆的。

2.2.3.2 等温吸附实验结果与分析

在测试煤样等温吸附性能之前，先对煤样进行工业分析。本文对选取的焦煤鑫珠春煤矿二$_1$ 煤层样品进行测试，具体数据见表 2－7。

表 2－7 鑫珠春煤矿二$_1$ 煤层工业分析

水分 M_{ad}/%	灰分 A_d/%	挥发分 V_{daf}	真密度 TRD	视密度 ARD	孔隙率 F/%
1.11	16.27	24.88	1.49	1.39	9.88

实验测试时，一般在 0.1～6 MPa 范围内设定 5～7 个气体压力间隔点数。本次实验选择室温 20 ℃，测试 4 组煤样对瓦斯的吸附能力。表 2－8 列出了 4 组煤样等温吸附测试的详细实验结果。

根据上述实验结果可以绘出各组煤样的等温吸附曲线，如图 2－21 所示。在温度不变的情况下，随着瓦斯压力的增加，煤样吸附瓦斯量也不断增加，并且速率逐渐变缓，并且可以根据模拟曲线的吸附常数 a 确定煤样的极限瓦斯吸附量。虽然各组煤样配比不同，但吸附能力相差不大。A、B、C 三组煤样等温吸附曲线几乎重合，极限瓦斯吸附量分别为 27.03 m^3/t、26.75 m^3/t、27.15 m^3/t，考虑到测试时的实验误差，可以认为

表2-8 型煤煤样的等温吸附实验结果

煤　样	瓦斯压力/MPa	吸附量（按可燃物计算）/（$m^3 \cdot t^{-1}$）	吸附参数的拟合结果
A组煤（纯煤）	0.521	10.396	$a=27.03$，$b=1.15$，$R_2=0.999$
	1.929	18.392	
	3.305	21.148	
	5.112	23.204	
	6.803	24.179	
B组煤（煤+水泥5%）	0.618	11.318	$a=26.75$，$b=1.15$，$R_2=0.9996$
	2.07	18.592	
	3.575	21.473	
	4.779	22.679	
	6.674	23.825	
C组煤（煤+水泥10%）	0.496	9.377	$a=27.15$，$b=1.04$，$R_2=0.999$
	1.927	17.958	
	3.337	20.982	
	5.068	22.790	
	6.098	23.617	
D组煤（煤+松香7%）	0.491	8.958	$a=24.69$，$b=1.10$，$R_2=0.998$
	2.212	17.125	
	3.575	19.447	
	4.709	20.630	
	6.526	22.083	

这三组煤样吸附能力基本相同。可见，虽然B、C组煤样配比了5%和10%的水泥，但由于水泥所占比例较小，同时水泥本身对气体也具有吸附能力，因此，B、C组煤样的瓦斯吸附量与原煤几乎没有差别，在进行含瓦斯煤动力实验时完全可以模

拟原煤的吸附瓦斯能力。

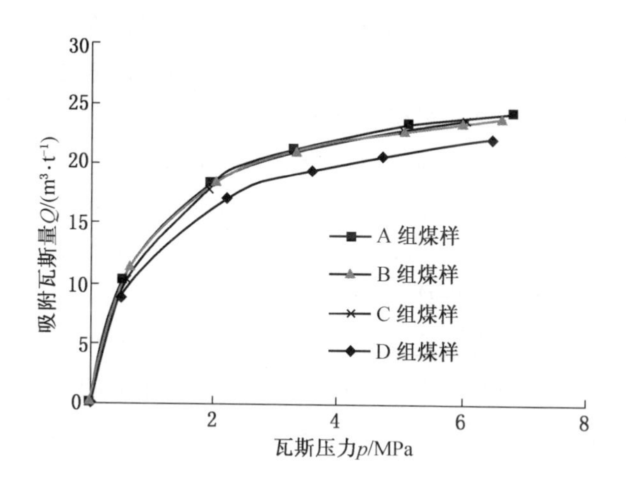

图2－21　各组煤样的等温吸附曲线

D组煤样的等温吸附曲线在低瓦斯压力下与原煤吸附曲线重合，当压力超过2 MPa时，其吸附瓦斯量较原煤要低，极限瓦斯吸附量为24.69 m^3/t，比原煤的极限瓦斯吸附量降低了8.7%。主要原因是D组煤样配比材料中有7%的松香，松香本身对气体不具有吸附能力并且与煤混合后对煤本身的吸附能力产生影响。但由于D组煤样瓦斯吸附能力与原煤A组煤样相比差别并不显著，因此实验中仍认为D组煤样的瓦斯吸附能力与原煤相似。

2.3　实验方案及过程

2.3.1　实验方案设计

科学合理地安排实验，可以减少实验次数，缩短实验周期，节约人力、物力，尤其当因素水平较多时，效果更为显

著。一般情况下，造成某一现象的影响因素众多，并且各因素往往会交互作用，通过实验设计和结果分析可以在众多的因素中分清主次，找到影响指标的主要因素，分析因素之间交互作用影响的大小，并对最优方案的指标值进行预测。

含瓦斯煤动态破坏模拟实验受气体压力、垂直应力、煤体强度三因素影响，每个因素又有多个不同的影响指标，因此，为提高实验效率，节省实验成本和时间，采用正交实验设计方法对实验方案进行设计。

正交表是正交实验设计的基本工具，它是根据均衡分散的思想，运用组合数学理论在拉丁方和正交拉丁方的基础上构造的一种表格。根据模拟实验的目的和指标，确定出影响因素和各因素的指标水平，见表2－9。

表2－9　模拟实验影响因素水平表

水　平	气体压力/MPa	垂直应力/MPa	煤体强度(R_c)/MPa
1	0.5	5	0.3
2	1.0	10	3.0
3	1.5	15	5.5
4	2.0	20	15.0

由于三个因素都具有4个水平指标，因此在4水平正交表中进行选择。根据正交实验经验，选用列数（因素个数）大于或等于行数（水平个数）且实验次数又少的正交表，最终选用 $L_{16}(4^5)$ 正交表。选好正交表后，将因素分别排在正交表相应的列号上，因为各因素没有交互作用，故顺序任意。然后，将因素中各列的数码换成相应的实际因素水平，即水平翻译，最

后划去末两排因素列，就得到了模拟实验的方案表(表2－10)。

表2－10　模拟实验正交方案表　MPa

实验号	因　素		
	气体压力	垂直应力	煤体强度
	A	B	C
2－1	1 (0.5)	1 (5)	1 (0.3)
2－2	1 (0.5)	2 (10)	2 (3.0)
2－3	1 (0.5)	3 (15)	3 (5.5)
2－4	1 (0.5)	4 (20)	4 (15.0)
2－5	2 (1.0)	1 (5)	2 (3.0)
2－6	2 (1.0)	2 (10)	1 (0.3)
2－7	2 (1.0)	3 (15)	4 (15.0)
2－8	2 (1.0)	4 (20)	3 (5.5)
2－9	3 (1.5)	1 (5)	3 (5.5)
2－10	3 (1.5)	2 (10)	4 (15.0)
2－11	3 (1.5)	3 (15)	1 (0.3)
2－12	3 (1.5)	4 (20)	2 (3.0)
2－13	4 (2.0)	1 (5)	4 (15.0)
2－14	4 (2.0)	2 (10)	3 (5.5)
2－15	4 (2.0)	3 (15)	2 (3.0)
2－16	4 (2.0)	4 (20)	1 (0.3)

2.3.2　实验操作过程

含瓦斯动力灾害模拟实验涉及的环节较多，实验步骤主要包括煤样配比与成型、卸压口密封、抽真空、充气与加载、突出准备、实验结果处理等。下面按照实验流程简要介绍实验操作步骤。

(1) 本次实验采用焦煤鑫珠春煤矿二$_1$煤层煤样，首先将

原煤中的较大煤块采用人工破碎，再用破碎机将煤粉碎。然后，将干燥煤样放入振动筛筛分，筛分粒径按表 2－3 的要求进行。每次实验时需准备 50 kg 左右的煤样，根据实验煤样强度的要求，按表 2－4 比例进行配比。

(2) 对实验设备的高压缸体密封并进行漏气检查(图 2－22)。

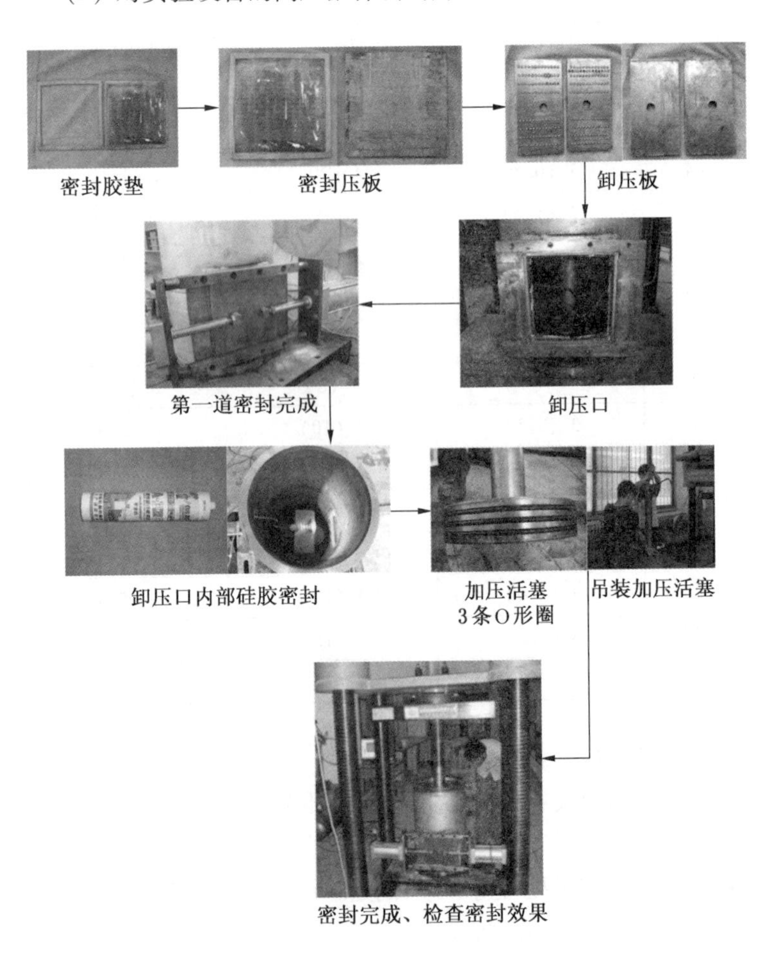

图 2－22　密封过程

本装置需要两道密封程序，首先，将 5 mm 厚的胶垫剪成 200 mm × 200 mm 的方环形，把方环形胶垫套在密封压板上，然后将密封压板放置在卸压口。将卸压板、动力气缸及支架安装在高压缸体上，关闭两侧卸压板，利用卸压板对密封板的挤压力把胶垫压在卸压口四周，完成第一道密封。为减少卸压板与密封板间的摩擦力，在卸压板的背面安装滚珠。

完成第一道密封后，在卸压口内部四周均匀地涂上硅胶，利用高温灯烘烤 12 h 以上，使硅胶胶结，完成卸压口密封。高压缸体的加压活塞上有 3 道凹槽，安装 3 条 O 形橡胶圈，卸压口完成密封后，将加压活塞吊装到缸体上，实现对缸体上口的密封。

将密封好的高压缸体放置到压力机上，使用空压机给缸体充气，通过读取流量计流量读数，在卸压口和加压活塞上涂抹肥皂水等方法，检查缸体密封效果。如密封失败则吊起加压活塞，重新密封。

（3）为使进、排气口不被粉煤堵住，并在充 CO_2 气体时快速均匀扩散，利用棉布包裹金属丝网作为过滤网，隔离粉煤和进气孔，实现了对煤样实施均匀地“面充气”，更加逼真地模拟实际煤层瓦斯来源。在卸压口内侧放置 150 mm × 150 mm 的变口径钢板。

（4）放置好过滤网（图 2-23）和变口径挡板（图 2-24）后，将配比好的粉煤装入高压缸体。吊装加压活塞，放在压力机上压制型煤。成型压力控制在 30 MPa，保压 30 min。

型煤压好后，在进气口上连接真空泵，对型煤抽真空脱气，抽气压力 6.7×10^{-2} Pa，脱气时间大于 3 h。

脱气完成后，关闭进气口阀门，连接进气管，打开 CO_2 气

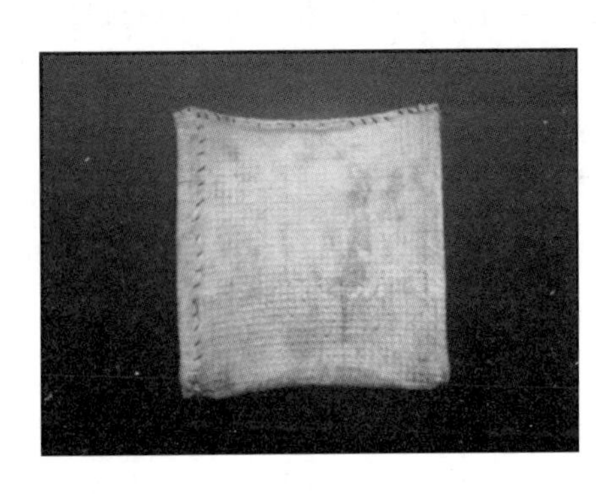

图 2-23　过滤网

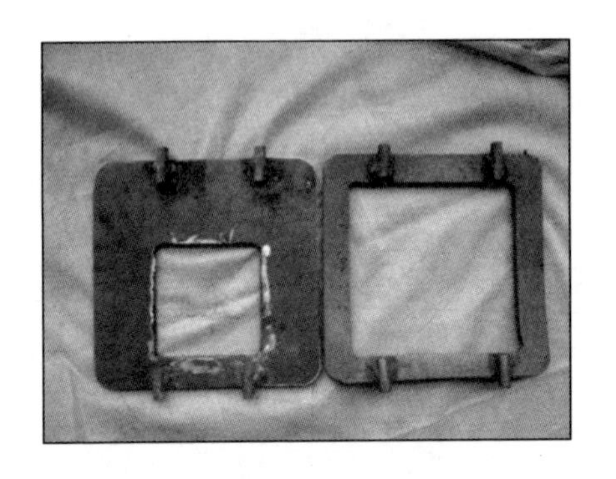

图 2-24　变口径挡板

瓶高压开关（为确保实验安全，用 99.99% CO_2 代替 CH_4），调节减压阀开关至实验气压，然后打开进气口阀门给型煤充气，保持气压稳定充气 12 h。

充气前，应先接好充气管与测气管，连接好流量传感器与瓦斯压力传感器，并再次检查气密性。充气时，调节压力机使上压板紧挨活塞立柱，以防充气时顶出活塞。打开计算机，各

采集软件开始工作。

充气完成后，打开压力机，加载至实验垂直应力，保压30 min，使气体充分吸附。

（5）煤样充分吸附后，就可进行突出实验。在突出实验开始前需进行一些准备工作。为模拟现场巷道并防止实验时粉煤四处飞溅，在卸压口外安装粉煤槽，粉煤槽由3个1.5 m长的矩形筒构成，第一个粉煤槽上板为透明有机玻璃，以便于实验时拍摄型煤破坏过程。将第一个粉煤槽对准卸压口，确保突出时粉煤槽壁不会挡住加压板飞出，然后依次安设好后面两个粉煤槽，如图2－25所示。在左、右、前三个方向各安装一台摄像机，拍摄型煤破坏过程。

图2－25　粉煤槽、空压机、动力气缸照片

启动空气压缩机，当空气压缩机气体压力达到 1.2 MPa 左右时，空压机自动停止。关闭高压 CO_2 气瓶停止充气，保证煤体破坏时瓦斯气体仅来源于突出模具内部的游离与吸附瓦斯。

打开空气压缩机输气阀门，将动力气缸的气动阀控制旋钮打开，卸压口两侧的卸压板在动力气缸带动下快速打开，煤体在轴压和气压作用下突然破坏，完成本次实验。

（6）待突出到实验室的 CO_2 气体充分放散后，进入实验区域采集相关数据，记录破坏煤样的喷出距离及分布、型煤破坏孔洞的形状、喷出煤样的重量和粒径分布、拍摄照片等。上述步骤完成后，清理出高压缸体内的煤样，然后可按照前述步骤进行下一轮实验。

含瓦斯煤动态破坏模拟实验详细流程如图 2－26 所示。

2.3.3 模拟实验及结果分析

以往的研究结果表明，含瓦斯煤的动力现象受地应力、瓦斯压力和煤的性质三因素控制，并与开采条件、地质条件等有关，但三因素间相互作用、相互影响的耦合关系仍众说纷纭，并无定量化的研究成果。这也是含瓦斯煤动力灾害至今仍不能有效防治的关键，也是本文的最主要研究内容之一。下面对不同强度煤体的动力现象模拟结果进行叙述。

2.3.3.1 典型软煤突出现象模拟

此类动力现象与现场典型构造煤的突出现象相似，瓦斯作用是动力现象启动和发展的主要能量。动力现象显现强烈，时间持续较长，型煤喷出量多，距离远，喷出煤具有明显的分选现象。下面以一次典型的实验为例进行介绍。

本次实验时间为 2011 年 6 月 4 日下午，实验的条件和突出后数据记录见表 2－11。

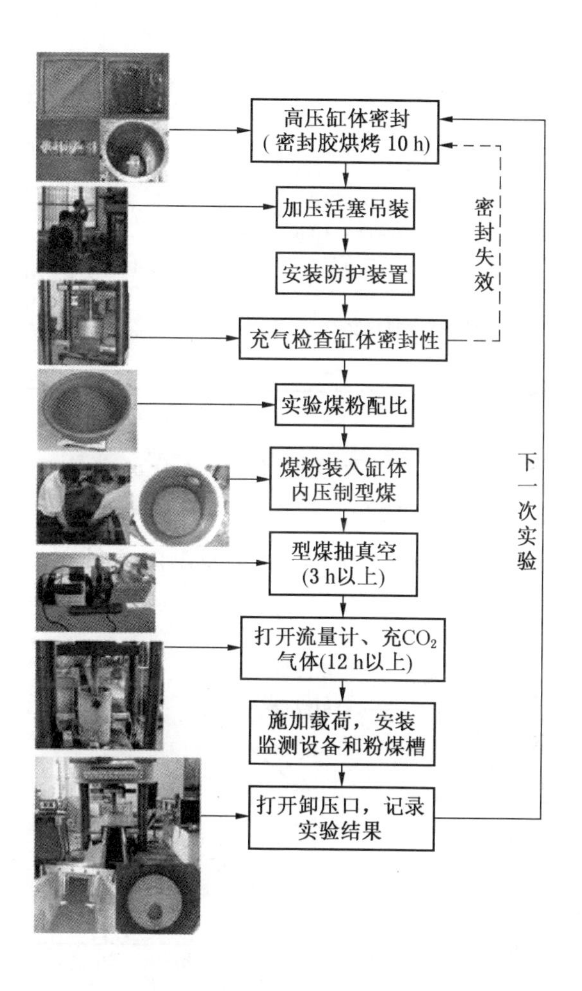

图2-26 含瓦斯煤动态破坏模拟实验流程

本次实验观察到了较强烈的突出。在卸压口暴露的瞬间突出立即发生，喷煤时间持续约0.5 s。喷出的粉煤最远距离达到11 m，具有明显的分选现象。总计喷出22.44 kg粉煤，其

表2-11 突出实验记录表

型煤条件	气体条件	垂直应力	其他条件
装煤总量：45 kg 配比：A组 成型压力：30 MPa 持续时间：30 min	抽真空时间：30 min 充气压力：0.6 MPa 充气持续时间：10 h 充气量：267.3 L 初值：775.96 终值：1043.26	加载压力：5 MPa 保压时间：30 min	卸压口径：200 mm×200 mm 密封：胶垫+硅胶（由于首次密封失效，本次实验用硅胶进行了2次密封）

中：0～1.5 m范围内7.36 kg，1.5～3.0 m范围内1.98 kg，3.0～4.5 m范围内2.12 kg，4.5～5.9 m范围内2.11 kg,5.9～8.6 m范围内9.31 kg，8.6～11.1 m范围内1.68 kg，如图2-27所示。

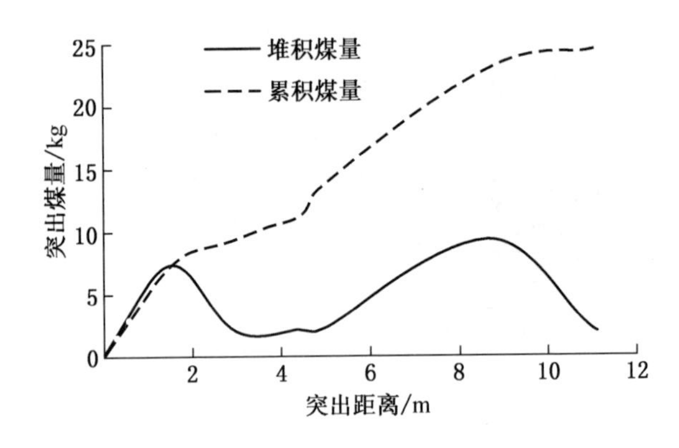

图2-27 突出堆积煤量分布图

大量粉煤集中堆积在突出后0～1.5 m远和6～9 m远,0～1.5 m远堆积的碎块煤居多，6～9 m堆积的煤粉较多，瓦斯搬

运作用明显，如图 2－28 所示。

（a）卸压口附近碎块煤居多　　（b）远离卸压口煤粉居多

图 2－28　突出的分选现象

图 2－29 所示为突出瞬间的录像截图。可见，突出的瞬间能量巨大，大量粉煤从卸压口喷出，第 1 号粉煤槽上的有机玻

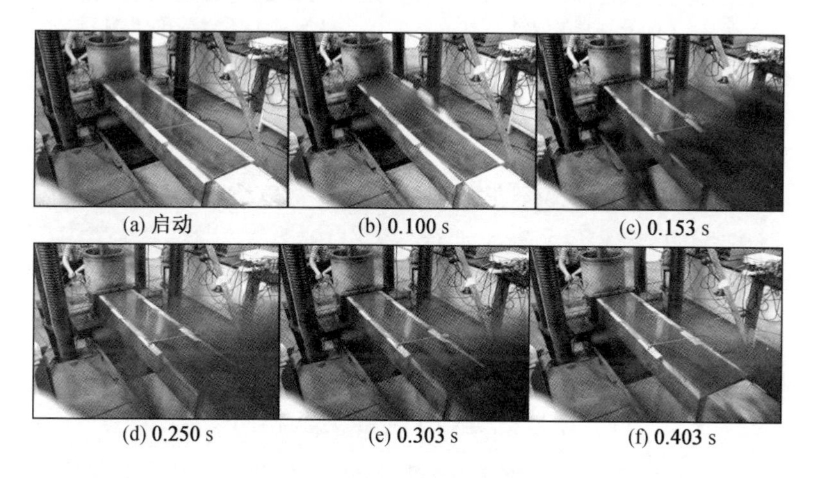

(a) 启动　(b) 0.100 s　(c) 0.153 s

(d) 0.250 s　(e) 0.303 s　(f) 0.403 s

图 2－29　突出瞬间录像截图

璃挡板被冲开，部分煤粉喷出粉煤槽。喷出整个过程持续了 0.5 s（摄像镜头拍摄范围内持续了 0.4 s）。根据高速摄像头拍摄的结果计算出粉煤的喷出速度达到 50 m/s。

图 2－30 所示为突出后缸体内型煤孔洞照片。因煤体强度小，突出强度大，大量型煤被喷出，缸体内留下半圆形的型煤，且大部分遗留的型煤已松散，失去了强度。这也表明，残余的型煤也在气体压力作用下被破碎。从残留型煤顶部裂隙也能明显看出气体作用下引起的张拉破坏痕迹。

（a）未清理松散煤　　（b）清理松散煤后的孔洞

图 2－30　突出后缸体内型煤孔洞

图 2－31 所示为突出过程中缸体内安设的应力传感器和瓦斯压力传感器测得的数据曲线。2 个压力传感器前后放置，1 号压力传感器在前，2 号压力传感器在后，相距 200 mm。突出发生后，前部煤体被喷出，1 号压力盒应力迅速下降，从 5 MPa 快速下降用了 0.5 s 左右，2 号压力盒距滞后 1 号压力盒 1.0 s 左右下降，下降趋势与 1 号压力盒相同，但由于 2 号压力盒上部煤体并未完全抛出，所剩煤体仍有一定强度，2 号压力盒最终压力保留在 0.5 MPa 左右。

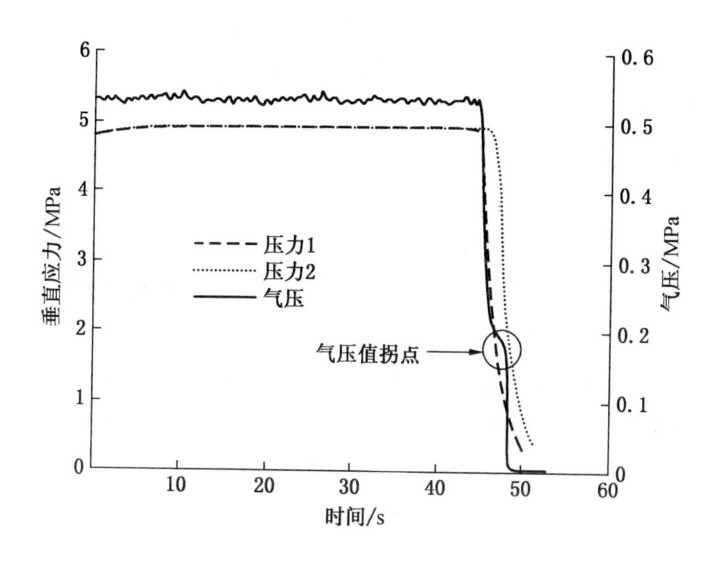

图 2-31　突出过程中应力及气体压力变化曲线

两个压力盒数值间隔下降说明，临近卸压口的前部煤体被气体搬运到粉煤槽及外部，而在缸体内部，气体对煤体的破坏及搬运作用仍在进行，“突出”仍在发生，只不过由于气体能量衰竭，煤体被破坏后，被搬运的速度变慢，搬运距离较近，仅充填了前面抛出煤体空缺的部分空洞。

气体压力计安装在了缸体尾部（与卸压口相对），卸压口打开后，气压迅速从 0.5 MPa 左右降到 0 MPa。气压下降的时间和趋势与 1 号压力盒几乎重合。因为测压管安装在缸筒壁上，卸压口打开后，缸体内气体喷出，测压管附近气体也沿缸筒壁裂隙释放，从而使气压计压力值前半部分与 1 号压力盒重合。突出发生后残余煤体内的瓦斯释放，补充压力，使气压值下降时在 0.2 MPa 左右出现拐点，保持了短暂时间，然后气压

值又快速下降至零值。从气压值的变化也可以看出，突出现象是一个持续的过程，整个过程中瓦斯内能是煤体破坏及搬运的主要能量源。

为了解突出与瓦斯压力及垂直应力的关系，分别进行了同一轴压下不同瓦斯压力及相同瓦斯压力条件下不同轴压作用的突出实验，表 2－12 列出了垂直应力一定时，软煤（A 组）突出强度等相关参数。气体压力为 0.15 MPa，没有发生突出，当气体压力大于 0.2 MPa 以后，均发生了突出。由此可见，发生煤与瓦斯突出的瓦斯压力值门槛很低，在松软煤层中，瓦斯压力超过 0.2 MPa 就有可能发生突出，这也解释了煤矿开采中出现的低指标突出现象，如豫西三软煤层开采时，开采深度较浅（<200 m）、瓦斯压力不超标（<0.74 MPa）却发生了突出。由于现场采掘时，暴露面距煤体内最大瓦斯压力区保持有一定范围的卸压保护带（如《防治煤与瓦斯突出规定》中要求保护带宽度不小于 5 m），瓦斯压力较小时，很难冲破保护带。这是为何低指标突出偶尔会发生，但发生概率较小的原因之一。

表 2－12　瓦斯压力对突出强度的影响

实验方案	实验编号	突出口径/(mm×mm)	垂直应力/MPa	瓦斯压力/MPa	煤样总质量/kg	突出煤量/kg	突出最远距离/m	相对突出强度/(kg·m)
瓦斯压力对突出强度影响	1－1	150×150	3	0.15	42.9	无突出	无突出	无突出
	1－2	150×150	3	0.2	35.0	9.09	3.0	27.27
	1－3	150×150	3	0.4	49.2	15.46	3.9	60.294
	1－4	150×150	3	0.5	50.2	17.05	6.6	112.53
	1－5	150×150	3	0.6	45.4	22.44	11.1	249.08
	1－6	150×150	3	0.8	45.8	27.72	13.0	360.36
	1－7	150×150	3	1.5	45.6	33.45	25.4	849.63

现场常以突出煤量的多少来定义突出强度，但由于实验设备中装煤量有限，在突出口径一定时，当瓦斯压力超过一定值后，突出煤量不能与之相应增加，因此，本文将突出煤量与粉煤抛出距离相乘，作为实验的相对突出强度。实验结果表明，相对突出强度与瓦斯压力成正比，如图2－32所示。当气体压力小于0.5 MPa，突出距离和煤量均较少，突出粉煤分选性不明显，与现场煤的突然压出现象相对应，虽然此类突出冲击波破坏力不大，但由于短时间内大量的气体涌出，会导致采掘空间 CH_4 超限，易引发瓦斯燃烧或爆炸等伴生灾害，危险性不可忽视。当气体压力较大时，一般超过0.5 MPa，突出距离和煤粉量大大增加，突出煤有明显的分选现象，瓦斯搬运作用明显，与现场典型的煤与瓦斯突出现象对应。

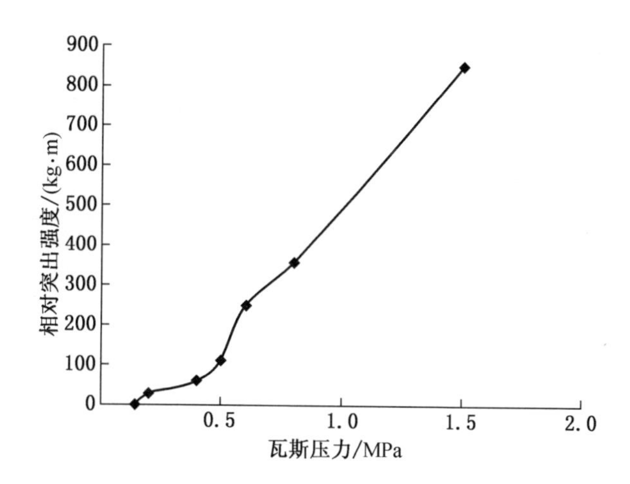

图2－32　相对突出强度与瓦斯压力的关系

实验还进行了瓦斯压力不变，不同垂直应力作用下的突出模拟，模拟结果见表2－13。相对突出强度与垂直应力关系表明（图2－33），地应力增加，突出强度减少，可见松软水平煤层中地应力（垂直应力）对突出强度起反作用。因为煤层松软，煤体在应力作用下呈不可逆的塑性变形，积聚的弹性能量非常少，突出的发生主要是瓦斯破坏及搬运煤体，故松软煤层中，地应力反而阻碍煤体向外抛出。发生在松软煤层中浅埋深、低瓦斯压力的突出是对这一规律的最好解释。当然，现场开采中由于煤层埋藏浅，瓦斯压力小，此类动力现象强度一般不大。

表2－13　垂直应力对突出强度的影响

实验方案	实验编号	突出口径/(mm×mm)	垂直应力/MPa	瓦斯压力/MPa	煤样总质量/kg	突出煤量/kg	突出最远距离/m	相对突出强度/(kg·m)
应力对突出的影响	1－8	150×150	1	0.5	52.0	21.59	7.7	166.243
	1－9	150×150	3	0.5	50.2	17.05	6.56	111.848
	1－10	150×150	5	0.5	46.2	12.22	3.95	48.269
	1－11	150×150	10	0.5	48.5	6.74	3.2	21.568

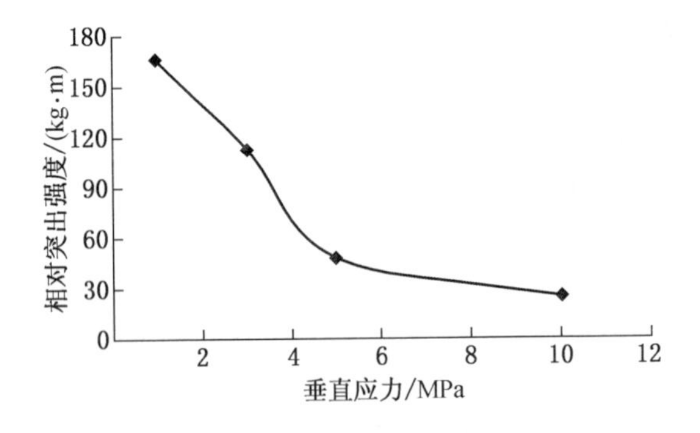

图2－33　相对突出强度与垂直应力关系

2.3.3.2 应力主导型动力现象模拟

为探明应力对不同强度煤体动力现象的作用，进行了不加气体作用的应力主导型动力现象模拟实验。对于软煤及中硬煤施加 5 ~ 25 MPa 的垂直应力，然后突然打开卸压口，使型煤破坏。

A 组、B 组软煤在受压时（5 MPa、10 MPa）时，内部劈裂声很少，卸压口打开后，软煤并未抛出，而是慢慢鼓出，在卸压口中部形成大的裂纹，如图 2 – 34a 所示。应力继续增大，动力现象仍不明显，卸压口打开后，软煤被整体压出，与现场煤的突然压出相似。

(a) 软煤鼓出　(b) 中硬度煤破坏　(c) 中硬煤破坏抛出

图 2 – 34　各类型煤在应力作用下的破坏形式

C 组中硬度煤在受压较低时（5 MPa、10 MPa），内部有少量劈裂声，但卸压口打开后，并未发生破坏，表明压力未达到型煤的破坏强度。随着压力的升高（大于 15 MPa），内部开始形成裂隙，伴随着大量的劈裂声。卸压口打开后，煤体破坏压出，大部分破坏煤体散落在卸压口附近，动力现象强度不大，在煤体上形成圆形凹槽，如图 2 – 34b 所示。

D 组煤样只有当应力超过 20 MPa 后，才产生大量劈裂声，裂隙形成，应力达到 25 MPa 时，卸压后煤体破坏，发出强烈声响，煤体破坏抛出，小煤块最远抛出近 1 m，煤体上形成锥形凹槽，最深处达 60 mm，如图 2 - 34c 所示。

根据实验结果对比分析可得出以下结论，如图 2 - 35 所示：

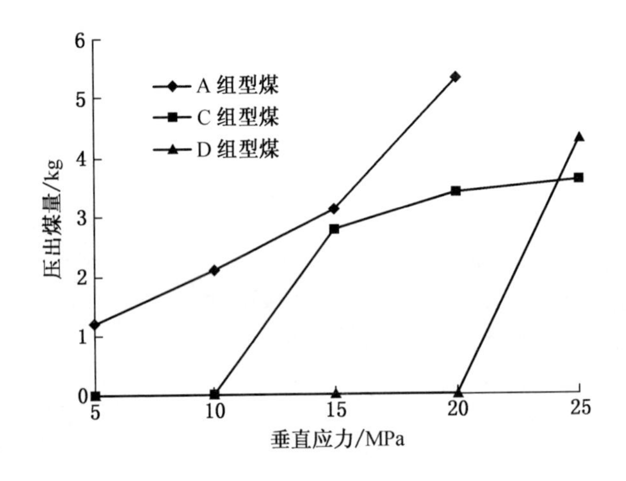

图 2 - 35　不同强度型煤突（压）出煤量与应力的关系

（1）由三向均匀体积应力状态转变为一侧卸压的应力状态，软煤表现明显的塑性特征，其在受力状态下产生不可逆变形，外力做功绝大部分消耗于煤的破坏和压出，还有一部分功消耗于煤沿卸压口壁移动以及煤的相对移动上，而煤体内部储存的弹性潜能极少。载荷增加，相应的压出煤量也增加。

（2）只有在较大的载荷作用下，硬煤才能在卸压时发生失稳破坏。硬煤表现为弹性体，能积存大量的弹性能，弹性能

向动能的转化是突变式，即只有当应力与煤体强度比值超过一定指标时才发生了动力现象。

2.3.3.3 应力、瓦斯共同作用下动力现象模拟

为探寻中硬煤体在应力、瓦斯压力的共同作用下的破坏规律，对C组、D组中硬煤体施加应力和气体压力，改变不同的应力和气体压力组合，模拟应力、瓦斯共同作用下的动力现象。

图2－36所示是C组型煤在10 MPa垂直应力，0.5 MPa气体压力作用下的破坏情况，在前面的实验中，单一施加10 MPa垂直应力或0.5 MPa气体压力，型煤均不发生破坏。而本组实验时，卸压口打开后，有少量粉煤被喷出（图2－34a)，小颗粒煤最远被喷出1 m多，卸压口附近有大块煤被压出，主要是应力作用将煤破坏。因此，与单纯的应力作用相比，一方面吸附气体后煤的强度有所降低，另一方面应力、瓦斯压力共同作用使煤体承受的有效应力更大。由于，气体压力较低，煤的破坏仍以应力作用为主，瓦斯破坏和搬运作用不显著。

(a) 抛出的粉煤　　(b) 破坏的煤体

图2－36　低气体压力时中硬煤破坏情况

图2-37所示是C组型煤在10 MPa垂直应力、1.5 MPa气体压力作用下的破坏情况。卸压口打开后，声响强烈，抛出型煤8.832 kg（占总装煤量的17.7%），最远抛出距离8.1 m，大量碎煤堆积在距卸压口最近的1号粉煤槽，分选性不明显，破坏后煤体内形成凹形孔洞。清理孔洞内的碎煤后发现，未破坏煤体仍较完整，保持有较高的强度，没有明显的拉伸破坏裂隙。由此看来，此次动力现象是应力、瓦斯共同作用下发生的，应力、瓦斯共同作用下破坏煤体，破坏煤在瓦斯作用下抛出，但瓦斯内能一部分消耗于破坏煤体，碎煤抛出距离比典型突出的要近得多，并且大量碎煤堆积在距卸压口较近的区域。卸压后，应力作用积累的弹性能很快释放，单纯的瓦斯内能不能破坏煤体，动力现象很快停止，所以抛出煤量少，缸体内保留的煤体基本完整，无明显拉伸裂隙。

（a）碎煤抛出　（b）破坏孔洞　（c）缸体内煤体

图2-37　较高气体压力时中硬煤的破坏情况

2.3.3.4　相似模拟实验结果分析

关于软煤突出过程中瓦斯压力、地应力对突出影响方面的研究已有较多成果，本文重点关注不同强度煤体在瓦斯压力及地应力作用下的破坏规律。前述的实验结果也表明，煤的强度

对煤体破坏类型、动力现象强度等有重要的影响。

图2－38所示是A、C两组型煤在垂直应力相等（5 MPa）条件下，突出强度与瓦斯压力的关系曲线。可见，煤体特性对突出发生的条件和煤体破坏强度影响显著，在松软煤体（A组型煤，抗压强度0.5 MPa）内，突出发生的瓦斯压力门槛值很低，为0.2 MPa，瓦斯压力增加，相对突出强度呈指数增加。当煤体强度增加到5 MPa以后（C组型煤），发生突出的阈值达到0.5 MPa以上，并且相同瓦斯压力情况下，煤体破坏强度和抛出距离要小得多。因此，现场开采有动力灾害危险的煤层时，应根据煤体强度不同，制定相应的防治技术方案。

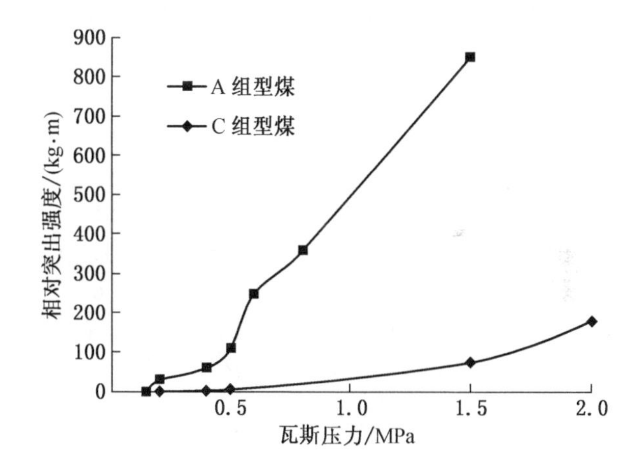

图2－38　不同强度型煤的瓦斯压力与突出强度的关系

表2－14是正交模拟方案的实验结果及分析计算表，仍以相对破坏强度作为衡量某次动力现象发生的强度。根据正交实验分析方法，把16个模拟实验的结果列于表左侧栏内，计算各因素水平实验指标之Ⅰ、Ⅱ、Ⅲ、Ⅳ及总和 T。结果显示，16个实

验指标值以 2－16 号的破坏强度最高(995.7 kg·m)，它的实验条件为 A4B4C1(即气体压力 2.0 MPa，垂直应力 20 MPa，煤体强度 0.3 MPa)。

表 2－14　正交模拟方案实验结果及分析计算表

实验号	因素			抛出煤量/kg	抛出距离/m	相对破坏强度/(kg·m)
	气体压力/MPa	垂直应力/MPa	煤体强度/MPa			
	A	B	C			
2－1	1 (0.5)	1 (5)	1 (0.3)	17.5	6.6	115.5
2－2	1 (0.5)	2 (10)	2 (3.0)	6.3	1.8	11.3
2－3	1 (0.5)	3 (15)	3 (5.5)	3.4	0.34	1.2
2－4	1 (0.5)	4 (20)	4 (15.0)	0	0	0.0
2－5	2 (1.0)	1 (5)	2 (3.0)	12.3	8.9	109.5
2－6	2 (1.0)	2 (10)	1 (0.3)	17.6	10.6	186.6
2－7	2 (1.0)	3 (15)	4 (15.0)	0	0	0.0
2－8	2 (1.0)	4 (20)	3 (5.5)	5.9	3.5	20.7
2－9	3 (1.5)	1 (5)	3 (5.5)	6.5	8.1	52.7
2－10	3 (1.5)	2 (10)	4 (15.0)	1.4	4.0	5.6
2－11	3 (1.5)	3 (15)	1 (0.3)	25.3	17.6	445.3
2－12	3 (1.5)	4 (20)	2 (3.0)	14.2	14.1	200.2
2－13	4 (2.0)	1 (5)	4 (15.0)	6.3	16.2	102.1
2－14	4 (2.0)	2 (10)	3 (5.5)	24.2	18.1	438.0
2－15	4 (2.0)	3 (15)	2 (3.0)	27	19.3	521.1
2－16	4 (2.0)	4 (20)	1 (0.3)	34.1	29.2	995.7
Ⅰ	128.0	379.8	1743.1			$T = 3205.5$
Ⅱ	316.7	641.5	842.1			
Ⅲ	703.8	967.6	512.6			
Ⅳ	2056.9	1216.6	107.7			
R	1928.9	836.8	1635.4			

由于单个实验结果的各个因素的影响指标值不同，难以做出最优（各因素指标的组合使破坏强度最强）判断。因此，按照因素A所取的水平不同把16个实验分成4组，然后进行成组比较。2－1号、2－2号、2－3号、2－4号实验取1水平，2－5号、2－6号、2－7号、2－8号实验取2水平，2－9号、2－10号、2－11号、2－12号实验取3水平，2－13号、2－14号、2－15号、2－16号实验取4水平，在这4组实验中，因素B、C的水平虽然各不相同，但却能依据实验指标之和得到其对突出作用的影响程度，见表2－15。

表2－15　影响因素关系对照表

实验号	因素			实验结果指标之和
	气体压力/MPa	垂直应力/MPa	煤体强度/MPa	
	A	B	C	
2－1，2－2 2－3，2－4	A1 4次	B1 1次 B2 1次 B3 1次 B4 1次	C1 1次 C2 1次 C3 1次 C4 1次	128.0
2－5，2－6 2－7，2－8	A2 4次	B1 1次 B2 1次 B3 1次 B4 1次	C1 1次 C2 1次 C3 1次 C4 1次	316.7
2－9，2－10 2－11，2－12	A3 4次	B1 1次 B2 1次 B3 1次 B4 1次	C1 1次 C2 1次 C3 1次 C4 1次	703.8
2－13，2－14 2－15，2－16	A4 4次	B1 1次 B2 1次 B3 1次 B4 1次	C1 1次 C2 1次 C3 1次 C4 1次	2056.9

由此可以清楚地知道，在表 2－15 中统计的四组实验中，因素 B、C 各水平出现的情况是一样的，因而因素 B、C 对三组实验指标的影响是对等。这样一来，三组实验指标之和的差异就反映了 A1、A2、A3、A4 四个水平的差异。A4 水平之和最大，说明 A4 组的指标对突出影响强度影响最大。把各种因素各水平所对应的指标值加起来，填写在表 2－14 中，其中 I 等于因素所在列中水平 1 所对应的指标值之和，Ⅱ等于因素所在列中水平 2 所对应的指标值之和，依此类推。再把全部实验数据累加起来，记为 T。

每个因素的极差 R 等于该因素的水平指标值之和中的最大值与最小值之差，如：

$$R_{\mathrm{A}} = A_4 - A_1 = 1928.9$$

$$R_{\mathrm{B}} = B_4 - B_1 = 836.8$$

$$R_{\mathrm{C}} = C_1 - C_4 = 1635.4$$

极差 R 的大小反映了相应因素作用的大小。极差大的因素，意味着其不同水平对指标所造成的差别较大，可以认为是主要因素。对于本实验，即极差大的因素是含瓦斯煤破坏的敏感指标，此因素水平的变化对破坏的发生和强度影响更大。反之，极差小的因素，其不同水平值对指标所造成的判别较小，认为是次要因素。在此次实验中，按极差大小，因素的主次顺序可排列如图 2－39 所示。

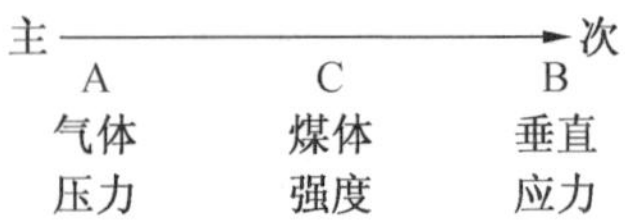

主 ——→ 次

A	C	B
气体压力	煤体强度	垂直应力

图 2－39　突出强度影响因素的主次顺序

需要注意的是，因素的主次顺序与其选取的水平有关。如果因素水平选取改变了，因素主次顺序也可能改变。因为图2－39所示的结果是根据各个因素在所选取的范围内改变时，其对指标的影响来确定因素主次顺序的。含瓦斯煤失稳破坏的机理异常复杂，由于实验条件限制，实验中气体压力、垂直应力和煤体强度的最高取值水平均有限，因此，在更高水平的应力和瓦斯压力作用下含瓦斯煤的破坏影响因素及破坏特征仍需要进一步研究。

通过实验，还得到了各因素水平变化时，煤体破坏强度的变化趋势，如图2－40所示。对各因素与指标的关系进行了曲线拟合，得到了各因素与破坏强度指标的关系方程。

气体压力：

$$y = ae^{bx} \tag{2-13}$$

垂直应力：

$$y = ax + b \tag{2-14}$$

煤体强度：

$$y = a\ln(x) + b \tag{2-15}$$

式中　x——各因素水平；

y——相对破坏强度指标；

a，b——拟合常数。

如式（2－13）中，拟合曲线 a 取50.2，b 取0.9，拟合方程相关系数达到了0.9966，相关性很好。另外两个方程的相关性也均超过了0.99。

需要指出的是，上述结果是把三因素单独考虑进行分析的，没有考虑三因素间的交互作用，一方面是因为受条件限制，实验次数有限，实验时不能考虑太多因素（根据正交设计方法，因素间有交互作用时要把交互作用的两列相乘作为新的

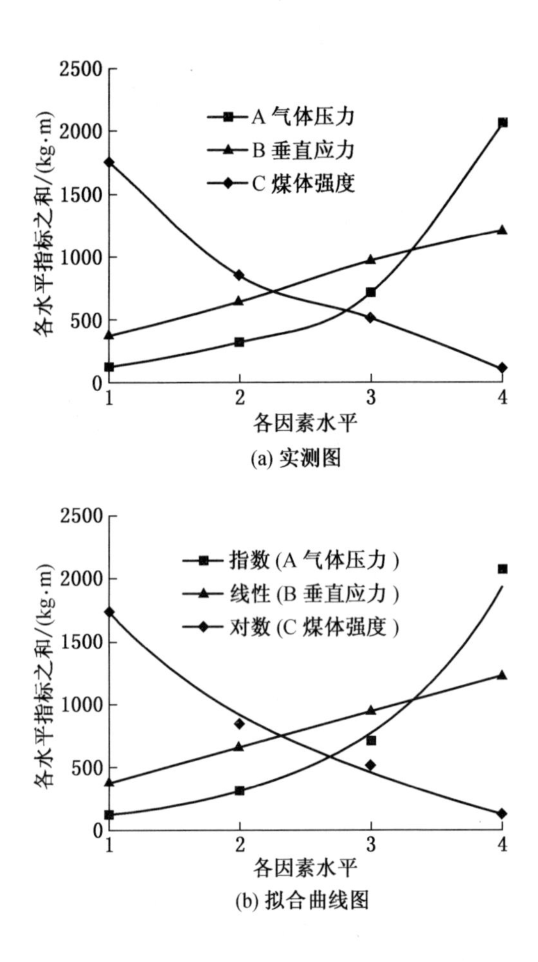

图 2－40　突出强度随因素水平变化趋势图

因素进行考虑)，另一方面，含瓦斯煤破坏的三因素间基本可以独立取值，相互间影响较弱，仅垂直应力取值时要考虑到不能小于气体压力。所以，在实验和分析过程中按不考虑交互作用的方法进行。同样，由于受实验次数限制，三因素对“突出

强度”的影响单独进行了拟合分析（式 2－13、式 2－14、式 2－15），得到了各指标对突出强度的影响趋势，没有分析模拟实验中三因素空间下的突出特征，后文的数值模拟对实验数据进行了补充，并最终分析了三因素空间坐标下的突出判别曲面。

3 含瓦斯煤岩固气耦合模型及数值模拟

由于实验条件限制，高瓦斯压力、高强度硬煤、高应力条件下的含瓦斯煤动态破坏模拟实验无法进行，同时受成本和时间制约，物理模拟实验的各因素水平较少，各因素也并没有全部交叉组合，实验数据相对较少。研究分析煤矿开采当中最为复杂的动力灾害之一——含瓦斯煤岩的动态破坏，必须要有充分的实验数据为基础。因此，本文利用 $RFPA^{2D}$ – Flow 数值模拟软件，对含瓦斯煤的动态破坏进行数值模拟实验，一方面可以更清晰地认知含瓦斯煤岩动态破坏过程中应力场、裂隙场、渗流场的演化，另一方面，可以填补物理模拟实验中空缺的数据。

$RFPA^{2D}$ – Flow 软件的数值模型是在岩石损伤破坏方程、多孔介质流体运行方程的基础上，考虑煤岩损伤演化过程中透气性的变化，建立的煤岩透气性系数—应力作用方程，并运用有限元数值解法开发的数值模拟软件，已得到众多现场和实验实例的验证，广泛应用于含瓦斯煤岩破裂、煤层瓦斯运移等方面的理论研究和技术指导。

3.1 含瓦斯煤岩动态破坏固气耦合模型

含瓦斯煤岩的变形、破裂直至突出的性质，本质上是非均匀煤岩介质在地应力、瓦斯压力作用下渐进破坏诱致突变的非

线性过程。因此，强调非均匀性和过程（而不是状态）是含瓦斯煤岩变形、破裂直至突出过程研究的关键。然而，通常的岩石力学分析方法，是在介质的均匀性和连续性两个基本假设条件下，通过某种难以反映复杂煤岩结构的简单力学模型来分析突出的可能性，既不能反映煤岩介质非均匀性带来的煤岩破裂过程的复杂性，也不能反映渐进破坏诱致突变的全过程，因此难以用于诸如采动诱发的含瓦斯煤岩突出问题的研究。

尽管断裂力学、损伤力学的应用，为含瓦斯煤岩突出问题的研究提供了理论基础，但断裂力学和损伤力学均难以真正用于含瓦斯煤岩从变形、破裂直至突出的全过程。建立含瓦斯煤动态破坏的固气耦合模拟，首先引入煤岩介质的非均匀性，并引入煤岩介质破裂过程中的刚度退化和重建的办法处理裂纹的萌生和发展，同时引入流变、渗流模型，耦合可压缩瓦斯气体与煤岩体变形的相互作用，建立含瓦斯煤岩破裂过程流固耦合作用的数学模型（$RFPA^{2D}$ – Flow），并利用该模型来实现对含瓦斯煤岩介质从变形、破裂直至突出全过程的模拟。

3.1.1 耦合数值模型的基本思路

含瓦斯煤岩的变形破裂过程包含三个方面的内容：采动影响等因素诱发的煤岩体变形破裂、煤岩破裂导致的瓦斯运移流动以及煤岩体与瓦斯相互作用过程中透气性的变化。所以，对于这三个方面，应当分别建立其控制方程，并应用弹性有限元法作为应力分析工具，耦合计算分析对象的应力场、位移场和渗流场。本模型为了考虑岩石的非均匀性，材料性质按照某个给定的 Weibull 分布来赋值，并应用弹性有限元法作为应力分析工具，计算分析对象的应力场和位移场。组成材料的各个细观基元的力学性质（包括弹性模量、抗压强度、抗拉强度泊松比等）假定满足某个弹性损伤的本构关系，同时，最大拉应力

（或者拉应变）准则和莫尔—库仑准则分别作为该损伤本构关系的损伤阈值，即基元的应力达到最大拉应力（或拉应变）准则或莫尔—库仑准则时，认为基元开始发生拉或剪的初始损伤。损伤演化按照弹性损伤本构关系来描述。尽管从宏观上讲岩石可能具有明显的宏观非线性性质，但从细观上讲，局部细观基元体的破裂性质主要呈现出弹—脆性行为。岩石的声发射说明了这种弹—脆性行为的普遍存在。因为岩石的声发射是材料内部产生局部微破裂时产生的弹性波，而只有当细观基元体产生脆性破坏时，它才会因弹性回弹而发射出明显的弹性波。细观基元体尺寸取的越小，材料越均匀，这种弹—脆性的性质就越明显。因此，从这种意义上说，假定细观基元体是弹—脆性材料是合理的。在一个统一的变形场中，微破裂不断产生的原因除了载荷不均、形态不够光滑等结构因素形成应力集中之外，更主要的是细观基元体抗力（强度）的不均匀性。可以看出，材料的非线性特征与其细观材料参数的非均匀性有直接联系。

基于连续、均匀介质理论框架的非线性有限元只是抓住了材料变形“非线性”这个宏观特征，其处理方法是将由这个宏观特征而假设的非线性本构关系作为基元的性质（细观特征）而参与分析计算。它忽略了组成模型的基元的个体性质（非均匀性），使计算结果不存在宏、细观的差异。而事实上，由于岩石类介质的极度不均匀性，它们的性质在宏、细观方面存在很大的差异。尽管这种细观基元的力学特性比较简单，但是一些复杂的破坏现象仍然可能通过它们的演化来描述。

3.1.2 煤岩动态破裂过程固气耦合方程

3.1.2.1 煤岩体中瓦斯渗流场方程

当模型中考虑瓦斯等气体渗流作用时，根据煤岩体变形与瓦斯渗流的基本理论，耦合可压缩瓦斯气体与煤岩体变形的相

互作用，建立起含瓦斯煤岩破裂过程固气耦合作用的数学方程。对于气体的渗透率，瓦斯气体运动方程符合线性渗透规律，即

$$q_i = -\lambda_{ij} \cdot \frac{\mathrm{d}P}{\mathrm{d}n} \tag{3-1}$$

式中 q_i——瓦斯渗流速度分量（$i=1, 2, 3$），m/d；

λ_{ij}——透气系数张量（$i, j=1, 2, 3$），$\mathrm{m^2/(MPa^2 \cdot d)}$；

P——煤层瓦斯压力 p 的平方，$P=p^2$，$\mathrm{MPa^2}$；

n——煤岩体的孔隙率。

在煤岩体中的瓦斯以两种方式存在，一部分在渗透空间内以自由的形式存在，称为自由瓦斯或游离瓦斯（W_1），另一部分在微孔内主要以吸附状态存在于微孔表面和在煤的粒子之间的空间，这部分瓦斯称为吸附瓦斯（W_2）。

对游离瓦斯 W_1，其含量（W_1）服从方程：

$$W_1 = Bnp \tag{3-2}$$

式中 W_1——煤层中游离瓦斯含量；

n——煤岩体孔隙率；

p——瓦斯压力，MPa；

B——提纲修正系数，$\mathrm{m^3/(t \cdot MPa)}$。

对于煤岩体中的吸附瓦斯其含量 W_2 满足朗格谬尔（Langmuire）方程，即

$$W_2 = \frac{abp}{1+bp} f(T, M, V) \tag{3-3}$$

式中 W_2——煤层中吸附瓦斯含量，$\mathrm{m^3/t}$；

a——瓦斯气体 Langmuire 吸附常数，$\mathrm{m^3/t}$；

b——瓦斯气体 Langmuire 吸附常数，$\mathrm{MPa^{-1}}$；

$f(T, M, V)$——考虑温度、水分和可燃物（灰分）的修正系数，可简化为1。

由此可知，煤体中瓦斯的总含量 W 为

$$W = W_1 + W_2 = Bnp + \frac{abp}{1 + bp} \tag{3-4}$$

然而上述煤层瓦斯含量的计算式实际应用，特别是在研究煤层瓦斯流动需要考虑煤层瓦斯含量时，由于要确定太多的系数而显得极为不便。为此，在煤矿开采等工程实际中，根据实测煤层瓦斯含量曲线的变化规律，并考虑到工程应用中允许的误差范围，煤岩体中瓦斯的含量按瓦斯含量系数方法可近似表示为

$$X = A\sqrt{p} \tag{3-5}$$

式中　X——煤岩体中瓦斯含量，m^3/t；

A——煤层瓦斯含量系数，$m^3/(t \cdot MPa^{1/2})$；

p——煤层瓦斯压力，MPa。

瓦斯气体状态方程（将煤层瓦斯气体简化为理想气体，渗流可以按等温过程处理）：

$$p = \rho RT \tag{3-6}$$

式中　R——气体常数；

T——绝对温度，K；

ρ——瓦斯气体密度，kg/m^3。

根据质量守恒定律和连续性方程，煤层瓦斯气体的渗流场方程：

$$\mathrm{div}(\rho q_i) + \frac{\partial X}{\partial t} = 0 \tag{3-7}$$

联立上述方程，经过一系列变换可得到瓦斯气体在煤岩体中流动的渗流场方程：

$$\alpha_p \cdot \nabla^2(\lambda_i \cdot P) = \frac{\partial P}{\partial t} \tag{3-8}$$

$$\alpha_p = 4A^{-1}P^{\frac{3}{4}}$$

式中　λ_i——透气系数张量（$i=1, 2, 3$），$m^2/(MPa^2 \cdot d)$。

3.1.2.2　煤岩体的变形场方程

孔隙压力作用下煤岩固体骨架的变形场方程由应力平衡方程、变形协调方程和弹性变形本构方程三部分组成。

应力平衡方程：

$$\sigma_{ij,j} + f_i = 0 \tag{3-9}$$

式中　σ_{ij}——煤岩体的总应力分量（$j, i=1, 2, 3$），MPa；

f_i——煤岩体的体积力分量，MPa。

总应力以有效应力表示的一般形式为

$$\sigma_{ij} = \sigma'_{ij} + \alpha p \delta_{ij} \tag{3-10}$$

式中　σ'_{ij}——煤岩体的有效应力分量（$i, j=1, 2, 3$），MPa；

α——孔隙压力（煤层瓦斯压力）系数，$0<\alpha<1$；

p——瓦斯气体压力，MPa；

δ_{ij}——Kronecker 函数。

将式（3－10）代入式（3－9）中可得：

$$\begin{aligned} \sigma'_{ij,j} + f_i + (\alpha \cdot p \cdot \delta_{ij})_{,j} = 0 \\ \sigma'_{ij,j} + f_i + (\alpha \cdot p)_{,i} = 0 \end{aligned} \tag{3-11}$$

此式为以有效应力表示的应力平衡微分方程。

变形协调方程（几何方程）：

$$\varepsilon_{ij} = \frac{1}{2}(u_{i,j} + u_{j,i}) \tag{3-12}$$

$$\varepsilon_v = \varepsilon_{11} + \varepsilon_{22} + \varepsilon_{33}$$

式中　ε_{ij}——煤岩体的应变分量（$i, j=1, 2, 3$）；

ε_v——煤岩体的体积应变；

u——煤岩体的变形位移。

弹性变形本构方程：

对于各向同性煤岩材料，其本构方程为

$$\sigma'_{ij} = \kappa\delta_{ii}\varepsilon_{kk} + 2G\varepsilon_{ij} \tag{3-13}$$

式中　G、κ——剪切模量和拉梅常数。

由式（3－11）、式（3－12）和式（3－13），可以得到：

$$(\kappa + G) \cdot u_{j,ji} + Gu_{i,jj} + f_i + (\alpha \cdot p)_{,i} = 0 \tag{3-14}$$

此式即为以位移表示的考虑孔隙瓦斯压力的煤岩体变形场方程。

3.1.2.3　煤岩体细观基元的透气系数—损伤方程

当煤岩体细观基元的应力状态或者应变状态满足某个给定的损伤阈值时，基元开始损伤，损伤基元的弹性模量由下式表达：

$$E = (1 - D)E_0 \tag{3-15}$$

式中　D——损伤变量；

E——损伤基元的弹性模量；

E_0——无损基元的弹性模量。

下面以单轴压缩和拉伸本构关系为例，介绍基元的透气系数—损伤耦合方程。

基元的破坏准则（F）采用莫尔—库仑准则，即

$$F = \sigma_1 - \sigma_3 \frac{1 + \sin\phi}{1 - \sin\phi} \geqslant f_c \tag{3-16}$$

式中　ϕ——内摩擦角；

f_c——单轴抗压强度，MPa。

当剪应力达到莫尔—库仑损伤阈值时，损伤变量 D 按下式表达：

$$D = \begin{cases} 0, \varepsilon < \varepsilon_{c0} \\ 1 - \dfrac{f_{cr}}{E_0\varepsilon}, \varepsilon_{c0} < \varepsilon \end{cases} \tag{3-17}$$

式中，f_{cr}为抗压残余强度，其余的参数如图 3－1 所示。

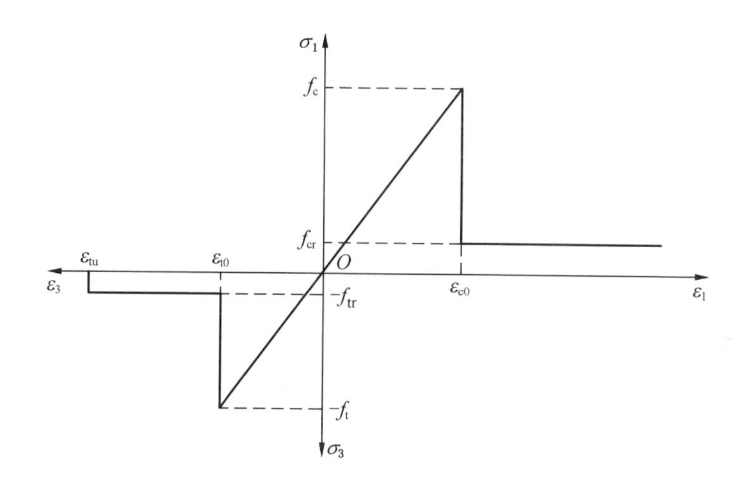

图 3－1　单轴拉伸和压缩下细观基元损伤本构模型

由实验可知，损伤将引起试件的透气系数（或渗透系数）急剧增大，透气系数的增大倍数可由 ζ 来定义，ζ 的大小由实验给出，基元透气系数的描述：

$$\lambda=\begin{cases}\lambda_0 e^{-\beta(\sigma_1-\alpha p)}, D=0\\ \xi\lambda_0 e^{-\beta(\sigma_1-\alpha p)}, D>0\end{cases} \qquad (3-18)$$

式中　λ_0——无应力状态下的初始透气系数；

p——孔隙压力；

ξ——基元损伤情况下的透气性突跳系数；

α——孔隙压力系数；

β——分应力对孔隙压力的影响系数（或耦合系数）。

当基元达到抗拉强度 f_t 损伤阈值时：

$$\sigma_3 \leqslant -f_t \qquad (3-19)$$

损伤变量 D 按下式表达：

$$D=\begin{cases}0,\varepsilon>\varepsilon_{t0}\\1-\dfrac{f_{tr}}{E_0\varepsilon},\varepsilon_{tu}\leqslant\varepsilon>\varepsilon_{t0}\\1,\varepsilon\leqslant\varepsilon_{tu}\end{cases}\tag{3-20}$$

式中，f_{tr}为抗拉残余强度，其余的参数如图 3－1 所示，基元透气系数的描述：

$$\lambda=\begin{cases}\lambda_0 e^{-\beta(\sigma_3-\alpha p)},D=0\\\xi\lambda_0 e^{-\beta(\sigma_3-\alpha p)},0<D<1\\\xi'\lambda_0 e^{-\beta(\sigma_3-p)},D=1\end{cases}\tag{3-21}$$

式中　ξ'——基元完全破坏的情况下透气性突跳系数。

实验研究还表明，岩石试件达到峰值后，形成贯通裂纹的试件比形成非贯通剪切带试件的透气系数还要高上百倍。所以在模型中，当拉应变达到极限拉应变（$\varepsilon>\varepsilon_{tu}$）时，基元完全丧失承载能力和刚度，和文献对裂纹基元的处理方法一致，设置成软基元或空气基元（$D=1$）。

对于三轴应力状态下的透气系数—应力耦合关系方程，考虑到煤岩体变形—瓦斯渗流的相互作用和影响可引起透气系数的变化，此过程中透气系数的演化方程可以用平均有效应力的方式表示为

$$\lambda=\xi\lambda_0 e^{-\beta(\sigma_{ii}/3-\alpha p)}\tag{3-22}$$

对应于煤岩体不同的损伤状态，透气性突跳系数取不同的值，透气性突跳系数、孔隙压力系数和应力对孔隙压力的影响系数这些值可由实验确定。

3.1.2.4　煤岩体流变特性方程

在一般情况下，当载荷达到岩石瞬时强度 σ_0（通常指岩

石单轴抗压强度）时，岩石发生破坏。在岩石承受载荷低于其瞬时强度的情况下，如持续作用较长时间，由于流变作用，岩石也可能发生破坏。因此，岩石的强度是随外载荷作用时间的延长而降低，通常把作用时间 $t\to\infty$ 的强度（最低值），σ_∞ 称为岩石的长期强度。

岩体工程，包括地下洞室、岩石边坡及岩基等的长期不稳定破坏，煤矿开采过程中含瓦斯煤岩体的延期突出等，都是典型的渗流作用引起的流变行为。渗流对蠕变破坏的影响并不是简单的载荷水平的变化，所以在同一个时间框架内研究渗流与损伤耦合作用下的岩石流变特性，具有深刻的理论内涵和更接近实际条件的应用价值。在 RFPA^{2D} – Flow 固气渗流—应力—损伤耦合模型中，考虑煤岩体的长期强度效应，引入了长期强度演化方程，如图 3 – 2 所示：

$$\sigma = \sigma_\infty + (\sigma_0 - \sigma_\infty) \cdot \exp(-B \cdot t) \qquad (3-23)$$

式中　σ_0——岩石材料细观基元体的瞬时抗压强度；

σ_∞——岩石材料细观基元体的长期强度；

B——岩石的强度衰减系数，由实验确定的经验常数。

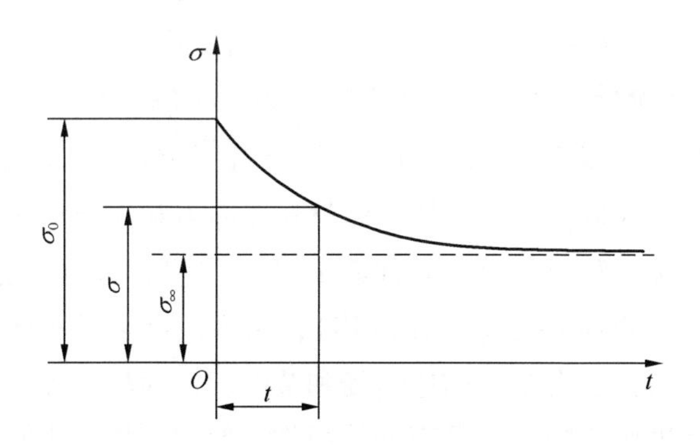

图 3 – 2　岩石长期强度与岩石瞬时强度关系曲线

此外，研究表明，岩石弹性模量同岩石强度一样，具有时间效应，而且它们的变化规律具有相似性，都随时间的延长而降低。因此，在 RFPA^{2D}－Flow 固气渗流—应力—损伤耦合模型中，假定岩石的弹性模量参数也服从式（3－23）的变化规律。

3.1.2.5 煤岩—瓦斯固气耦合模型

结合式（3－8）、式（3－14）、式（3－17）、式（3－21）和式（3－23）组成了煤岩体变形与煤层瓦斯流动的固气耦合数学模型：

$$\alpha_p \cdot \nabla^2(\lambda_i \cdot P) = \frac{\partial P}{\partial t}$$

$$(\kappa + G) \cdot u_{j,ji} + Gu_{i,jj} + f_i + (\alpha \cdot p)_{,i} = 0$$

$$\lambda = \begin{cases} \lambda_0 e^{-\beta(\sigma_1 - \alpha p)} \\ \xi\lambda_0 e^{-\beta(\sigma_1 - \alpha p)} \end{cases} \quad (\text{单轴压缩})$$

$$\lambda = \begin{cases} \lambda_0 e^{-\beta(\sigma_3 - \alpha p)} \\ \xi\lambda_0 e^{-\beta(\sigma_3 - \alpha p)} \\ \xi'\lambda_0 e^{-\beta(\sigma_3 - p)} \end{cases} \quad (\text{单轴拉伸})$$

$$\sigma = \sigma_\infty + (\sigma_0 - \sigma_\infty) \cdot \exp(-B \cdot t)$$

3.1.3 RFPA^{2D}－Flow 固气耦合模型的分析过程

对其进行耦合求解的程序计算流程图如图 3－3 所示。

当用该数值模型进行煤岩体材料在静力和渗流应力作用下的变形破坏过程分析时，外部载荷（或位移）是逐步施加的。对于每一步施加的载荷（或位移），用弹性有限元程序进行应力分析，得到所有基元的应力场和节点的位移场。然后，根据损伤阈值准则判断基元是否开始损伤，假如该加载步有基元损伤，则按照以上的弹性本构关系计算损伤变量以及损伤后的弹

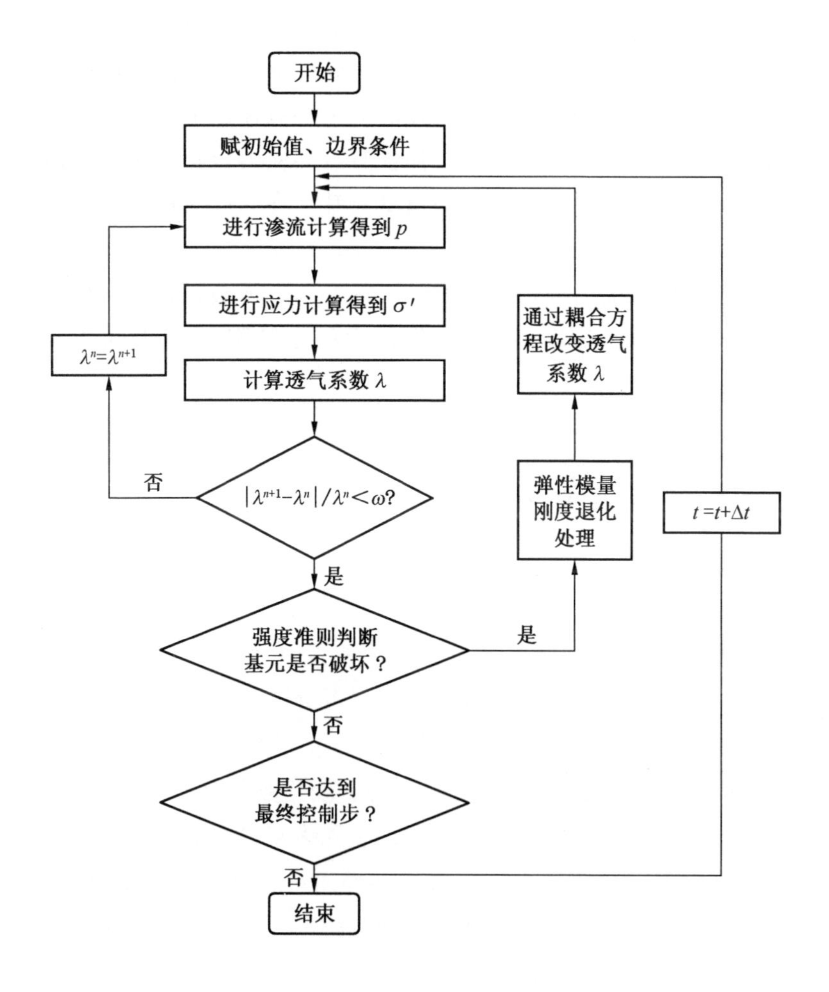

图 3-3　RFPA^{2D}-Flow 计算流程图

性模量，需要重新组集弹性矩阵和最终的刚度矩阵，进行在外部载荷不变条件下的重新计算，以反映由于基元损伤及破坏所造成的应力重分布，直到该加载步没有新的基元损伤为止。然后，继续增加外部载荷（或位移）进入下一步的分析，直到加载完毕为止。这样就可以得到整个试样的变形及整个断裂过程。在某一个加载状态时，基元的力学参数保留上一步损伤后的结果，然后进行一个独立的弹性有限元应力分析。由于程序中基元的本构关系是弹性损伤模型。基元在卸载时没有残余变形。

数值模拟的后处理部分不仅可以给出整个破坏过程的应力场、位移场和渗流场（包括瓦斯压力梯度场等），而且可以给出载荷—位移曲线、渗透性（透气性）变化曲线、声发射分布等。

3.2 数值模拟实验及结果分析

如前所述，含瓦斯煤岩的失稳破坏是一个有强烈时间效应的动态力学过程，是煤炭开采过程中一种复杂的工程诱发灾害，是保证煤矿安全正常生产和矿业发展亟待解决的重大问题。如在煤与瓦斯突出过程中，煤层深处的大量煤体被破坏并和瓦斯一起涌向巷道。根据现场实测，在大型突出中存在一个持续时间较长的破坏扩展阶段（几十秒至数分钟），突出的强度基本上由这个阶段决定。根据采矿界多年的研究，突出的能量可能主要来自于：①煤岩层的弹性潜能；②游离瓦斯潜能。在模拟实验中发现煤岩层弹性潜能或游离瓦斯潜能的突然释放均可导致煤体的持续破坏，根据文献就我国大型突出实例所做的分析，发现游离瓦斯潜能要比煤岩层的弹性潜能大 1 ~ 3 个数量级，因而突出过程中煤体破坏的扩展可能主要是在瓦斯渗流作用下产生。

为了研究煤与瓦斯突出的机理，国内外的学者们进行了大量卓有成效的研究工作，提出了各种煤与瓦斯突出的假说、理

论及模型，这些成果极大地推动了煤与瓦斯突出机理研究的发展，并在此基础上建立了一整套防治煤与瓦斯突出灾害的预测指标和技术体系。由于含瓦斯煤岩破坏的机理异常复杂，现有理论及模型尚不能全面解释煤与瓦斯突出的机理，现有预测指标和防治技术体系更多的是依靠现场经验制定。因此，煤矿开采现场会出现实施治理措施过程发生突出、预测参数低于预测体系中的危险指标发生突出等现象。

近年来，随着新矿区的开发和老矿井的延伸，开采深度的增加，开采规模的扩大，含瓦斯煤岩破坏引发灾害的现象更加严重，并且在高应力、高瓦斯压力条件下，灾害发生的类型也更加复杂，如坚硬冲击地压发生引起大量瓦斯涌出、中硬煤层冲击—突出共同作用引发强烈的动力灾害等。深部开采条件下的含瓦斯煤动力灾害严重威胁着煤矿工人的生命安全，制约了煤炭工业的发展和经济效益的提高，必须采取有效的措施加以防治，而有效地防治煤岩瓦斯动力灾害，研究含瓦斯煤破坏机理是关键。前述进行了含瓦斯煤的物理模拟实验，但受实验条件及时间限制，难以进行大量实验研究，且只能模拟某一些边界条件下的破坏。因此，数值方法便为研究含瓦斯煤岩的破坏过程提供了重要手段。基于此，采用数值模拟方法，建立数值计算模型，研究含瓦斯煤动态破坏的发生条件、破坏过程及三因素对破坏发生、发展的具体作用。

3.2.1 典型煤与瓦斯突出过程模拟

3.2.1.1 数值模型

现场煤层赋存的上方和下方存在着顶板和底板，它们通常由透气性极差、强度较高（相对于煤层）的泥岩、页岩、砂岩组成。一般情况下，由于这些岩石对瓦斯的吸附量较小，在地应力作用下破坏后，释放出来的瓦斯量极少，这些岩石自身

一般不会发生突出。因此,顶、底板岩石对瓦斯流动起阻隔作用,在煤层突出过程对煤体的破坏和抛出起到阻碍和限制作用。

为了解软煤的突出过程，采用如图3－4所示的数值模型，模型分为上、中、下三层，中间为含瓦斯的软煤层，上层为煤层顶板，下层为煤层底板，均是坚硬的不含瓦斯的岩石层。由于数值模型为二维模型，所以采用平面应变状态分析，模型尺寸为40 m×20 m，划分为200×400个单元。模型的上、下边界岩层不透气即瓦斯气体流量为零，左边界气体压力为0.1 MPa，来模拟采掘空间的大气压力状况，煤体及右边界瓦斯气体压力为0.5 MPa。地应力通过模型的边界条件给定，如图3－4模型中应力为2.5 MPa，相当于100 m左右的埋藏深度。煤体抗压强度为1.5 MPa，弹性模量为5 GPa，模拟典型的软煤层，顶、底板的弹性模量和强度均远大于煤层。模拟过程为煤巷掘进过程的中突出，从终采线到掘进工作面把煤层一次开挖，迎头前方5 m为保护煤柱，煤柱内初始瓦斯压力为0.1 MPa。数值模型中煤岩层的力学及渗流参数见表3－1。

表3－1　数值模型力学及渗流参数

力学参数	煤层	顶、底板
均质度 m	2	10
弹性模量均值 E_0/GPa	5	50
抗压强度均值 σ_0/MPa	1.5	300
泊松比 μ	0.3	0.25
透气系数 $\lambda/[m^2\cdot(MPa^2\cdot d)^{-1}]$	0.1	0.0001
瓦斯含量系数	2	0.01
孔隙压力系数 α	0.5	0.01
耦合系数 β	0.2	0.1

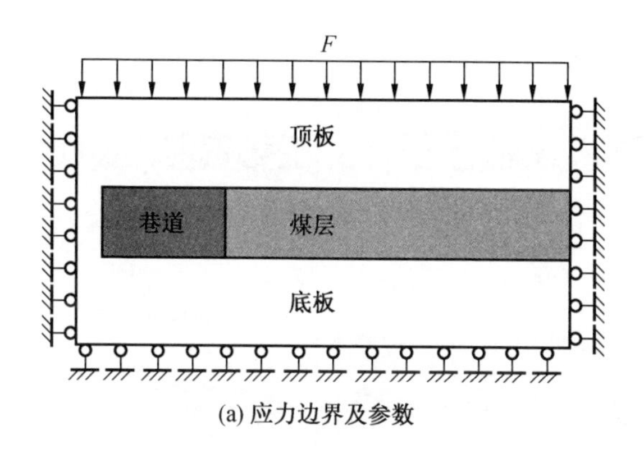

(a) 应力边界及参数

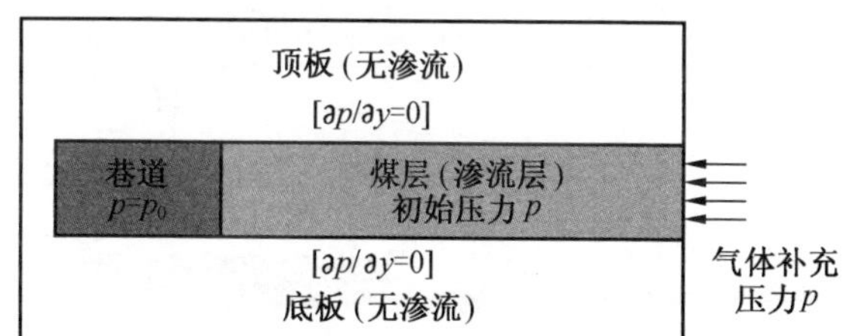

(b) 渗流边界及参数

注：图（b）中 p 为瓦斯压力，单位 MPa

图 3－4　软煤突出的力学与渗流数值模型

3.2.1.2　模拟结果

图 3－5 和图 3－6 分别给出了 RFPA^{2D}－Flow 模拟得到的煤与瓦斯突出全过程及突出过程中煤岩层中的剪应力分布。可以看出，数值模拟很好地表现了煤层开挖引起的煤与瓦斯突出过程，根据煤与瓦斯突出的孕育、发生和发展过程可将突出过程划分为应力集中阶段、应力—瓦斯压力诱发煤岩破裂阶段、瓦斯压力驱动裂纹扩展及抛出煤体阶段（即突出启动）和瓦斯压力抛射碎裂煤岩阶段（即突出发展）四个阶段。

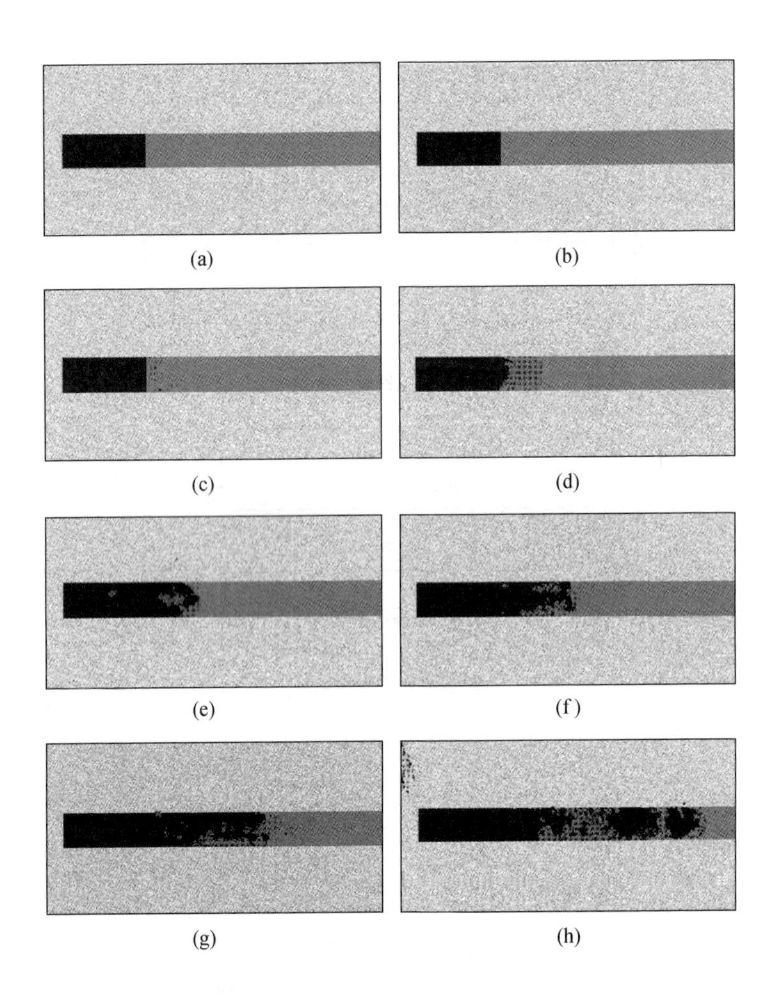

图 3-5　数值模拟的软煤突出过程图

1. 应力集中阶段

应力集中阶段是指从巷道迎头掘进到煤壁变形和移动开始加速的这一段时期。煤层开挖后揭开新的煤体，新揭露的煤体

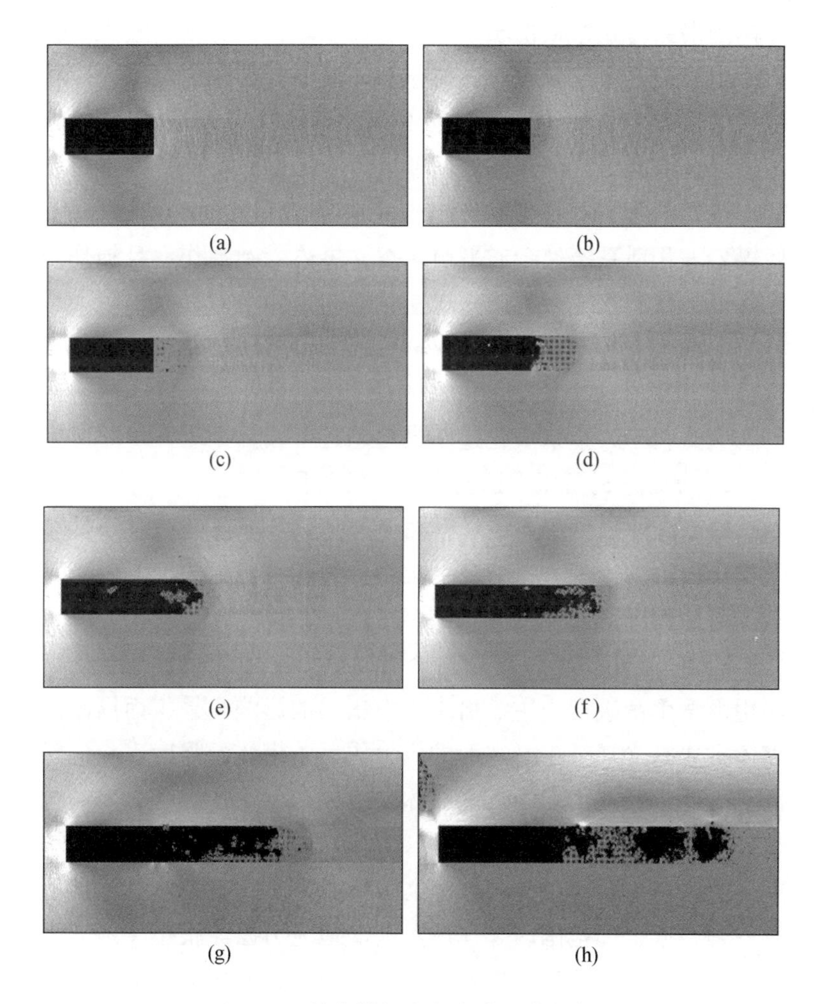

图3-6 数值模拟的突出过程剪应力图

由于邻近自由面，瓦斯已释放（自由释放或人为排放），煤体内瓦斯压力低，因此，此区域煤体不具有突出危险性，并且阻碍内部含高压瓦斯煤体突出，形成保护带（卸压带）。卸压带

煤体刚揭露时初始损伤较小，完整性较好，抗剪模量较大，抗剪能力较强；由于集中应力的作用，壁面附近一定范围内煤体承受的切向应力较大，且掘进工作面煤壁的应力呈拱形分布。由于以上原因，内部煤体的瓦斯压力不足以将煤壁推向巷道空间，煤壁处于相对稳定状态。但集中应力和瓦斯梯度的作用，使煤岩—瓦斯系统处于非平衡状态，煤体受到损伤，且损伤演化速率由快向慢递减，此时在新暴露的工作面附近内出现大量分散的分布裂纹，但煤体仍处于完好状态（如图 3－5a、图 3－5b、图 3－6a、图 3－6b）。在距工作面较远的煤体内，由于地应力较小，损伤演化速率最终趋近于零。

2. 应力—瓦斯压力诱发煤岩破裂阶段

由于煤体强度较弱，暴露面（掘进迎头）附近煤体不能承受支承压力，出现大量裂隙，集中应力转移至更深部。由于瓦斯压力作用，煤体的裂隙多为平行于暴露面的劈裂状裂纹带（图 3－5c、图 3－6c）。这一阶段以煤体在地应力及瓦斯压力作用下发生微破裂为主。由于应力集中的影响，暴露面周围的煤体主要是受平行于暴露面的应力作用，煤体的强度也相应降低。因此，在自由面附近的煤体中首先诱发了在卸载方向的拉裂破坏。

图 3－6c 表明，伴随着裂纹的形成过程，破裂区的弹性能量得到释放，此范围内煤体质点上的地应力已经很小，地应力的高峰则向煤体的深部推移。当地应力和瓦斯压力较大时，地应力和瓦斯压力向煤体做更多的功，或者煤体较松软破碎，强度低，从原始状态损伤演化到最终完全失去承载能力所需的能量较小，因此，即使地应力和瓦斯压力不大，也使此部煤体破坏从而转入突出的启动阶段。

3. 瓦斯压力驱动裂纹扩展及抛出煤体阶段（即突出启动）

随着裂纹的扩展和贯通，在暴露面附近出现碎裂的煤块在瓦斯压力作用下被抛出煤体（图3－5d、图3－6d）；在破裂区逐渐形成的过程中，瓦斯膨胀做功，并驱动裂纹进一步沿平行于暴露面的方向扩展，直至大量裂纹相互贯通。而暴露面附近的卸压带煤体已在集中应力和瓦斯压力作用下失去了承载能力，此部分煤体首先被瓦斯抛出。图3－6d清楚地表明裂纹扩展区以及卸压带碎煤在瓦斯膨胀作用下被抛出的过程，这说明此阶段的裂纹进一步扩展和突出启动是由瓦斯压力驱动的。

4. 瓦斯压力抛射碎裂煤岩阶段（即突出发展）

随着碎裂煤块的不断抛出，暴露面达到一种新的瞬间平衡态。而临近新暴露面的煤体继续被压裂，然后抛出，暴露面继续往煤层深部推进，直至最终达到平衡（图3－5e、图3－5f、图3－5g、图3－5h和图3－6e、图3－6f、图3－6g、图3－6h）。值得注意的是，此次模拟的突出过程一直延续至模型的右边界也没有停止，突出强度较大。其原因主要是煤体强度太低，卸压带煤体被破坏发生突出后，即使没有地应力作用的破坏，单纯的瓦斯压力就能够使突出发展，并且数值模型为二维模型，受边界条件限制不能形成应力平衡拱结构（见第4章），所以突出不能中止。

由以上数值模拟的突出过程可知，在应力和瓦斯压力作用下裂纹的扩展，瓦斯的劈裂作用使大量微裂纹的连接贯通，裂纹的体积容积增大，煤体瓦斯解吸充满整个裂纹空间，而此时暴露面处的气体压力为零（相对于大气压力），裂纹空间和暴露面之间存在较大的气体压力梯度，造成对破裂煤体的抛射，形成突出。随着突出的进行，突出阵面附近的煤体继续发生拉裂、应力释放，地应力峰值不断向煤体深部转移推进并继续破坏煤体，同时在瓦斯压力作用下，破裂区的煤体不断向外抛射，从而形成持续的突出现象，这就是开挖煤层诱发煤与瓦斯突出的主要原因和过程。

图3－7、图3－8分别给出了煤与瓦斯突出前、后煤层顶板上的支承压力和煤层瓦斯的压力变化曲线。由图可以看出，由于突出阵面向煤体的推进，作用在煤体上的支承压力也逐渐向煤体内部推进，在地应力、瓦斯压力的耦合作用下达到新的平衡状态。开挖突然揭煤后，新暴露的掘进工作面煤壁与煤体内的瓦斯压力梯度达到最大，随着突出的进行，煤体内瓦斯压力逐渐降低，在突出达到稳定后，由于煤层内瓦斯的大量喷出，此区域的瓦斯压力迅速降低，达到一个新的平衡，而煤层瓦斯压力梯度随着突出阵面继续向深部移动，直至突出终止。

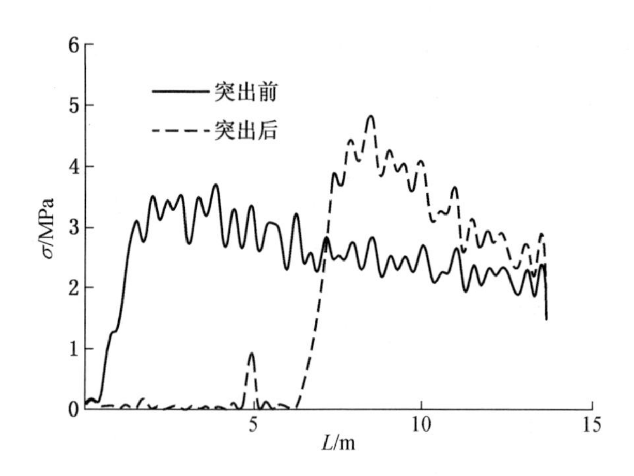

图3－7　突出前、后支承压力分布

3.2.2　硬质煤复合型动力过程模拟

现有理论和经验认为煤与瓦斯突出只发生在软煤层中，现

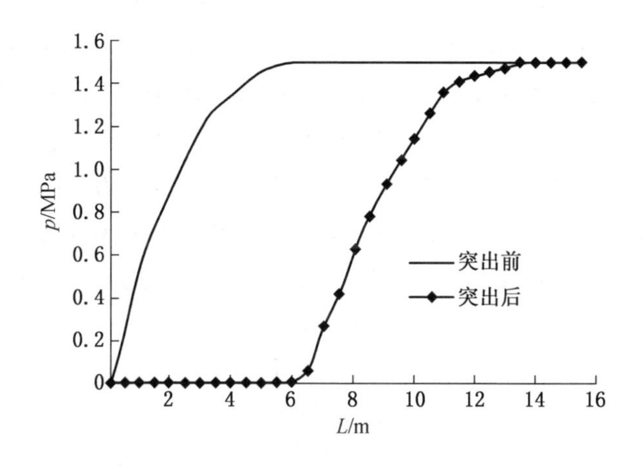

图3-8 突出前、后瓦斯压力分布

行《防治煤与瓦斯突出规定》中也把煤的破坏类型分为Ⅲ、Ⅳ、Ⅴ类，煤的坚固性系数f值小于或等于0.5作为鉴定突出煤层的指标。

然而，随着开采深度的增加，在高地应力作用下，中硬和硬质煤层发生突然失稳破坏的现象显著增加，如果煤层中瓦斯含量和压力不大，此类破坏属于应力主导的冲击型破坏，瓦斯作用不明显。但如果煤层中瓦斯含量和压力很大，瓦斯作用参与到硬质煤的失稳破坏的过程中，使动力现象具有类似突出的特点，如抛出煤较破碎、大量瓦斯喷出、破坏煤体中有明显的孔洞等（为叙述方便，后文中仍称此类现象为突出），为此，本文进行了含瓦斯硬质煤动态破坏的数值模拟实验。

采用如图3-9所示的数值模型，模型仍分为三层，中间层为含瓦斯压力的煤层，上下层为坚硬顶底板，假定顶底板岩

石不含有瓦斯。数值模型采用平面应变分析，模型尺寸 40 m × 20 m，划分为 200 × 400 个单元。模型的上下边界为不透气岩层，即上下边界瓦斯气体流量为零，左边界气体压力为 0.1 MPa 来模拟掘进工作面的大气压力状况，右边界瓦斯气体压力为 5 MPa，地应力通过模型的边界条件给定，假定为 20 MPa，相当于 800 m 左右的埋藏深度，顶底板的弹性模量和强度均远大于煤层。迎头 5 m 为保护煤柱，初始瓦斯压力为 0.1 MPa。数值模型中煤岩层的力学及渗流参数见表 3－2。

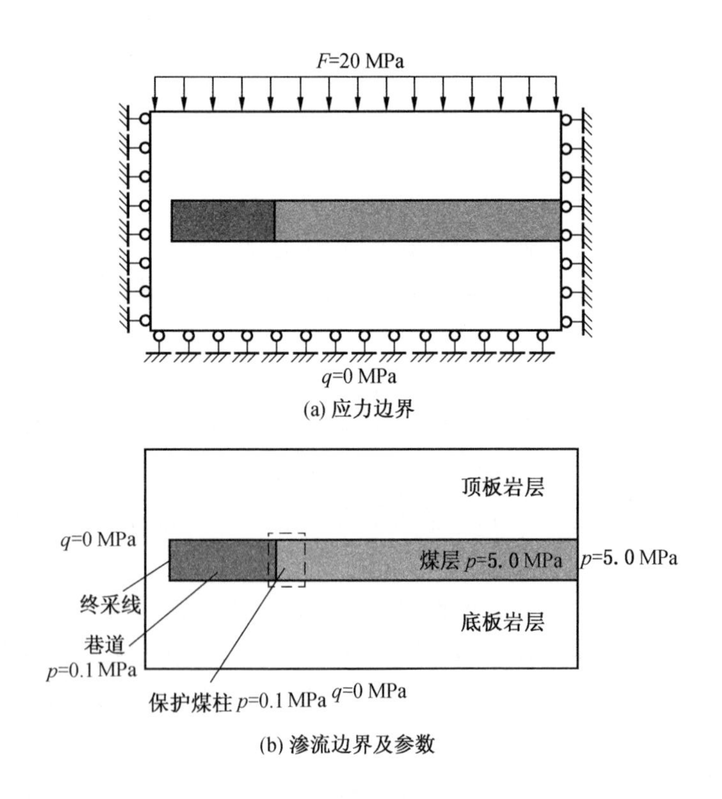

图 3－9　煤与瓦斯突出的力学与渗流数值模型

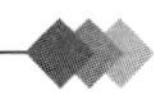

表3-2 数值模型力学及渗流参数

力 学 参 数	煤 层	顶底板
均质度 m	2	10
弹性模量均值 E_0/GPa	15	50
抗压强度均值 σ_0/MPa	25	300
泊松比 μ	0.3	0.25
透气系数 $\lambda/[m^2 \cdot (MPa^2 \cdot d)^{-1}]$	0.3	0.0001
瓦斯含量系数	2	0.01
孔隙压力系数 α	0.5	0.01
耦合系数 β	0.2	0.1

图3-10和图3-11分别给出了RFPA^{2D}-Flow模拟得到的硬质煤突出全过程及突出过程中煤岩层中的剪应力分布。可以看出，数值模拟结果很好地再现了含瓦斯硬质的失稳破坏过程，根据模拟结果，可将此过程分为应力集中阶段、应力—瓦斯压力诱发煤岩破裂阶段、瓦斯压力冲破保护煤柱阶段（突出启动）和应力—瓦斯压力诱发煤岩破裂阶段（即突出发展）四个阶段。对突出过程的四个阶段分别描述如下：

1. 应力集中阶段

此阶段与前述软煤突出的应力集中阶段基本相同。煤层开挖后揭开新的煤体，在支承压力作用下，新揭露的煤体前方形成应力集中区，由于煤体强度较高，应力峰值更靠近掘进工作面，这也为煤体的冲击破坏创造了条件。同样，邻近自由面的瓦斯已释放，应力峰值前的煤体内瓦斯压力低，形成瓦斯卸压带（图3-12）。煤体刚揭露后初始损伤较小，完整性较好，抗剪模量较大，抗剪能力较强；由于集中应力的作用，壁面附近一定范围内煤体承受的切向应力较大。因集中应力和瓦斯梯

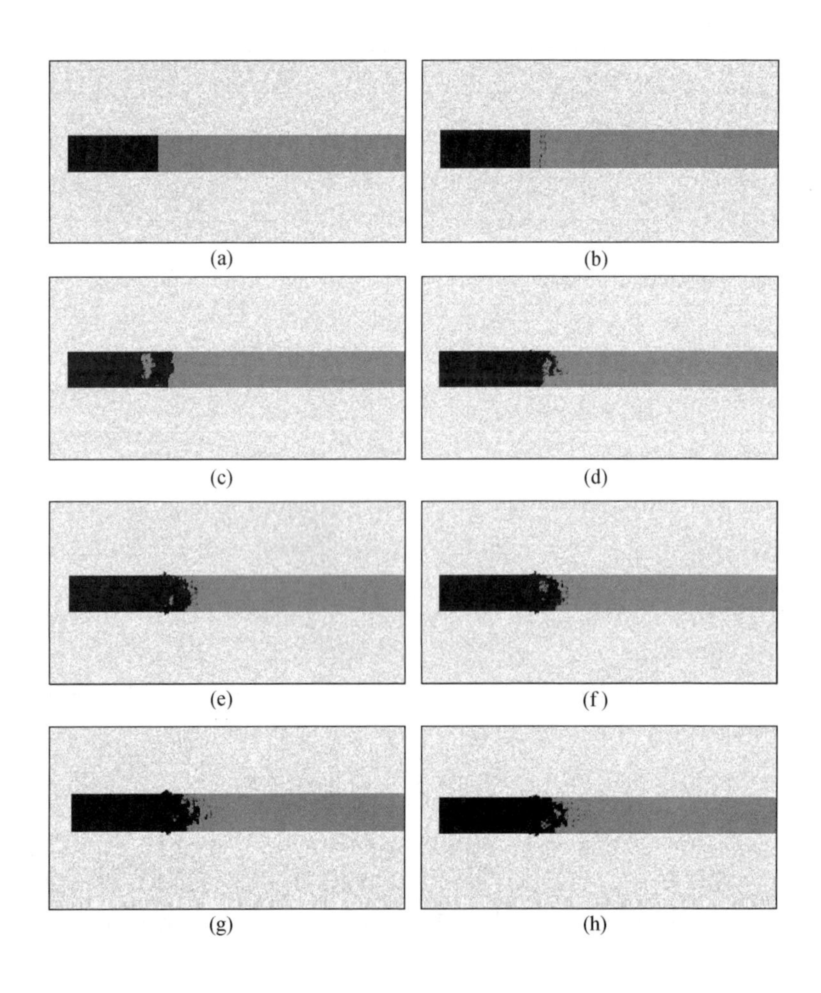

图 3-10　数值模拟的突出过程图

度的作用，使煤体受力处于非平衡状态，煤体受到损伤，且损伤演化速率由慢变快，此时在新暴露的工作面附近内出现大量分散的分布裂纹，但煤体仍处于完好状态（图 3-10a、图 3-

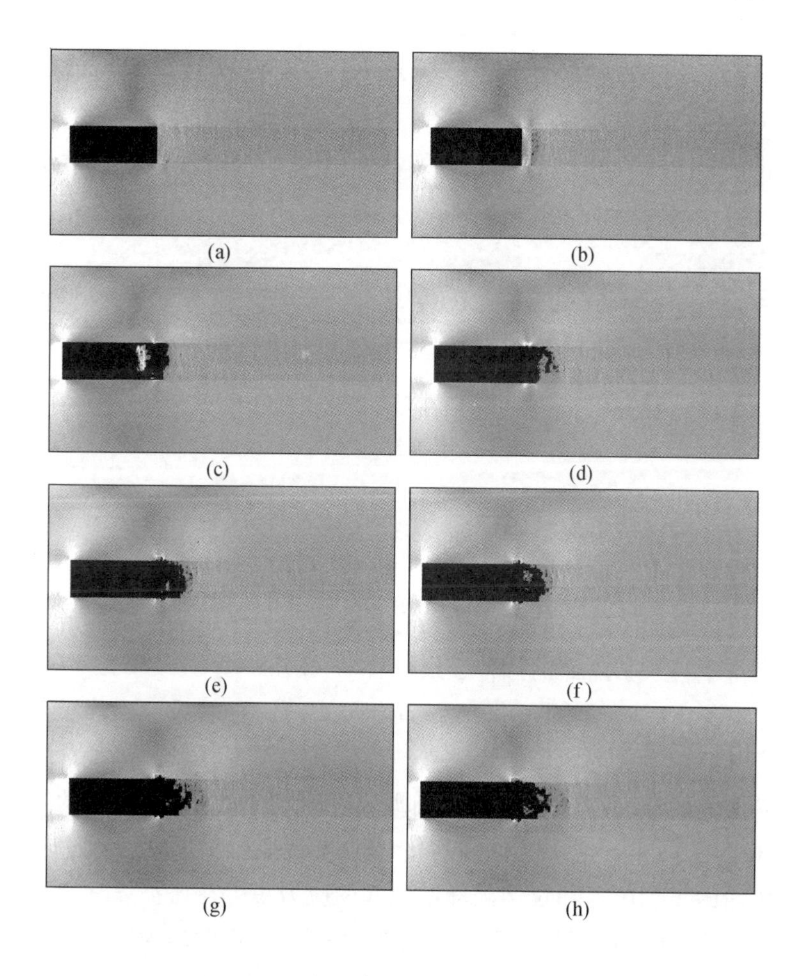

图 3-11 数值模拟的突出过程剪应力图

11a)。在距工作面较远的煤体内，由于地应力较小，损伤演化速率最终趋近于零。

2. 应力—瓦斯压力诱发煤岩破裂阶段

暴露面（掘进迎头）附近煤体内集中较高的支承压力，使

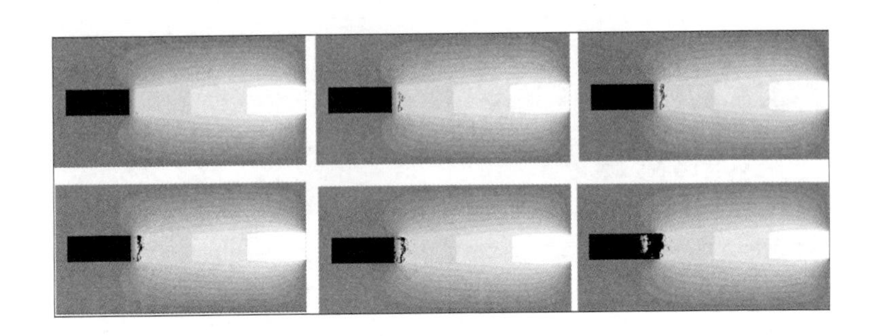

注：图中最亮色区域为瓦斯压力 5 MPa，递减梯度为 10%

图 3 - 12　应力—瓦斯压力诱发突出启动阶段的瓦斯压力场

应力峰值区域煤体受到压缩，裂隙闭合，封堵了瓦斯通道，阻碍瓦斯渗出，所以在此区域形成了较高的瓦斯压力梯度，对两侧煤体施加了较高的拉应力。在瓦斯压力的作用下，煤体产生大量平行于暴露面的拉伸裂纹（图 3 - 10b、图 3 - 11b）。

图 3 - 13a 是图 3 - 11b 的局部放大图，可以看出，伴随着高瓦斯压力梯度区域的煤体被拉伸破坏，强度降低，上覆应力向两侧转移，其中叠加在外部煤体中的应力加剧了煤体的破坏。图 3 - 13b 所示为此阶段的应力及瓦斯压力曲线，掘进工作面的支承压力和拉伸破坏区引起的应力集中在保护煤柱上叠加，应力峰值达到了 53 MPa 左右，是原始应力 20 MPa 的 2.5 倍多，比单纯的支承压力峰值 35 MPa 还要高出 50% 左右。

3. 瓦斯压力冲破保护煤柱阶段（突出启动）

随着裂纹的扩展和贯通，在拉伸破裂区逐渐形成的过程中，瓦斯膨胀做功，并驱动裂纹进一步沿平行于暴露面的方向扩展，直至大量裂纹相互贯通。而暴露面附近的卸压带煤体已在集中应力和瓦斯压力作用下失去了承载能力，此部分煤体首

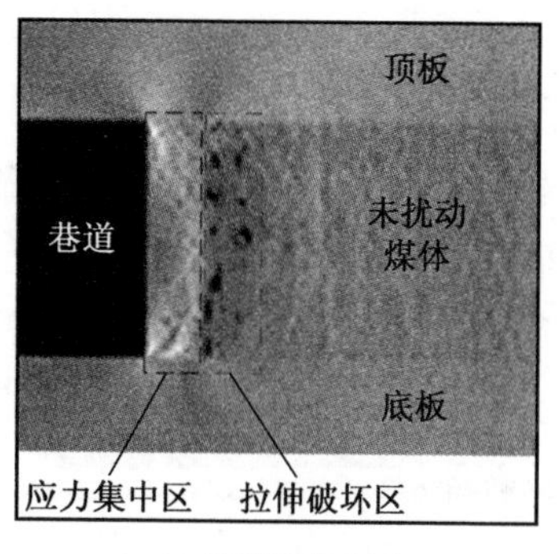

(a) 模型剪应力图

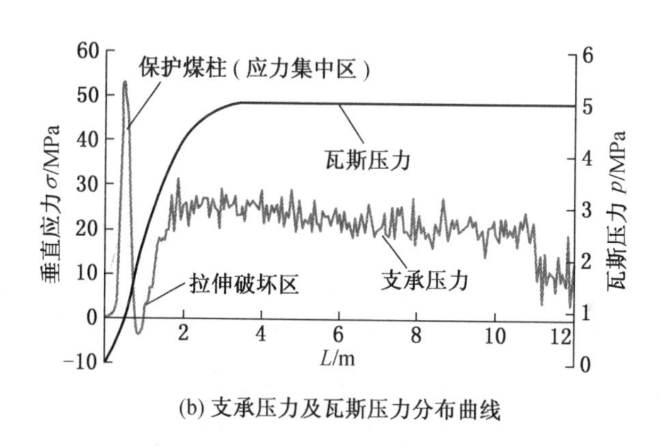

(b) 支承压力及瓦斯压力分布曲线

图 3-13 应力—瓦斯压力诱发突出阶段的应力分布图

先被瓦斯抛出。图 3-10c、图 3-11c 清楚地表明了裂纹扩展区以及卸压带碎煤在瓦斯膨胀作用下被抛出的过程。图 3-12 给出了此阶段煤柱破坏及瓦斯压力场变化的详细过程。掘进工作面暴露后，瓦斯释放，暴露面附近煤体内形成瓦斯卸压带，卸压带内部边缘则形成较高的瓦斯压力梯度，并且由于裂隙发育，积聚大量的游离瓦斯，瓦斯膨胀能成倍增加，作用在保护煤体上的载荷大大增加。同时，在瓦斯压力的拉伸作用下，煤

体被破坏，应力向两侧转移，卸压带煤柱在集中应力作用下被破坏，失去强度，被瓦斯压力抛出。

显然，此阶段“突出”的发生需要三个条件，一是较高的煤体强度，能够形成卸压保护带，保护带煤柱在初期基本完整，使突出不能形成；二是较高的瓦斯压力，能够对煤体产生拉伸破坏，形成新的应力卸压区；三是较高的原始应力，破坏煤体并使煤柱失稳破坏。

4. 瓦斯压力抛射碎裂煤岩阶段（即突出发展）

随着碎裂煤块的不断抛出，暴露面达到一种新的瞬间平衡态。而临近新暴露面的煤体继续被压裂，然后抛出，暴露面继续往煤层深部推进（图3－10e、图3－10f、图3－10g、图3－10h和图3－11e、图3－11f、图3－11g、图3－11h）。值得注意的是，与典型软煤突出持续时间较长相比，此次模拟的突出向深部发展了3～4 m后，突出即停止。煤体强度较高是突出快速停止的主要原因。硬质煤体强度高，单纯的瓦斯不能破坏煤体使突出发展，而集中应力压缩破坏煤体需要较长时间。新的暴露面及附近煤体已经受了瓦斯压力和地应力作用，裂隙更加发育，承载能力较低，使集中应力转到煤体更深部。由于硬质煤的透气性较好，高应力作用下裂隙发育，瓦斯释放快，高瓦斯压力梯度也转移到煤体深部，突出停止（图3－14）。

由以上数值模拟的突出过程可知，含瓦斯硬质煤破坏的特点与典型软煤突出不同。主要区别：①硬质煤的“突出”中地应力占据更重要的作用，突出的启动和发展需要高应力破坏煤体；②瓦斯压力的存在增加了“突出”破坏的强度，降低了破坏发生的门槛，但对突出的发生和发展不起主导作用；③硬质煤“突出”持续性差，终止较快。

图3－15、图3－16分别给出了突出前后煤层顶板上的支

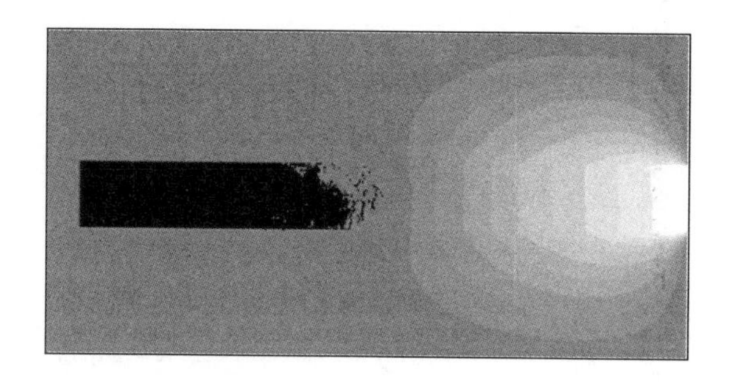

图 3-14 硬煤突出停止后的瓦斯压力场

承压力和煤层瓦斯的压力变化曲线。由图可以看出，中硬煤的强度较高，支承压力峰值更接近于暴露面，自然形成卸压带宽度较小，这也是突出能够启动的原因之一。突出发生后，由于煤体完整性被破坏，碎煤被瓦斯压力抛出，突出压力峰值向深部转移，卸压带加宽，而瓦斯压力随着突出的发生迅速降低，如果瓦斯压力和地应力共同作用不能破坏逐渐变宽的卸压带，则突出很快终止。

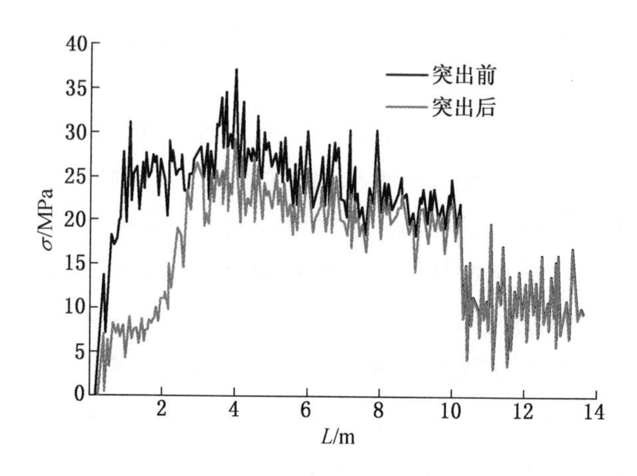

图 3-15 突出前、后支承压力分布

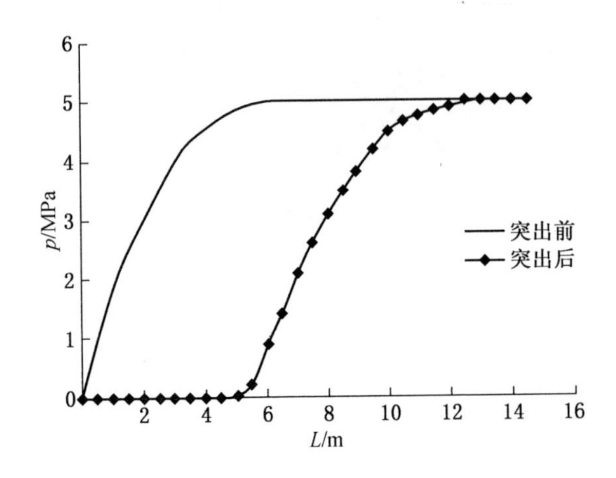

图3-16　突出前、后煤层瓦斯压力变化

3.2.3 “理想条件”下的突出及其发生条件

3.2.3.1 “理想条件”下的突出定义

“理想条件”下的突出类似于石门揭煤突出，是指假设采掘工程在揭开新的煤体之前，煤层内的瓦斯未经排放，保持着原始的瓦斯压力。当揭开（爆破或其他方式）煤体的瞬间，含瓦斯煤体上瓦斯压力状态突然改变，而这时新暴露的煤体表面上可以看作只受大气压力作用，在煤体内部则仍处于原始瓦斯压力状态，两者的瓦斯压力梯度很大，受地应力和高瓦斯压力梯度作用，煤体破坏并抛向采掘空间，形成突出。“理想条件”下的突出首先假设工作面前方煤层中的瓦斯在揭开之前没有泄露，然后假定煤体能够一次完全将阻挡层揭开，使整个煤层迅速完全暴露。这种条件下的突出称之为“理想条件”下的突出。

3.2.3.2 研究“理想条件”下突出的意义

现场条件下，煤层中的瓦斯一直处于向外界释放状态，尤其是煤层揭露后，暴露面附近煤体的瓦斯释放很快，并且受支承压力影响，采掘工作面前方煤体受压后处于峰后状态，裂隙更加发育，瓦斯释放更为容易，因此，一般情况下会在应力峰值之前形成保护带（瓦斯卸压带），瓦斯压力场分布类似图3－17a所示的情况，如果已确定是突出煤层，还要执行治理措施，使保护煤柱的范围更宽。即便是石门揭煤工程，在揭开煤体之前一般先要打钻孔排放或抽放瓦斯，正常条件下瓦斯压力场也很难会形成图3－17b所示的情况。现有预测和防治技术的相关指标也都依据煤层在开采正常条件下的突出危险性而确定的，并且绝大部分情况下都能发挥有效作用。

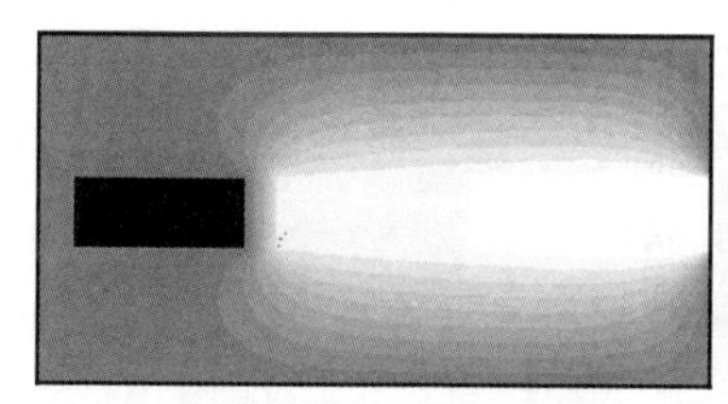

(a) 正常条件下的瓦斯压力场

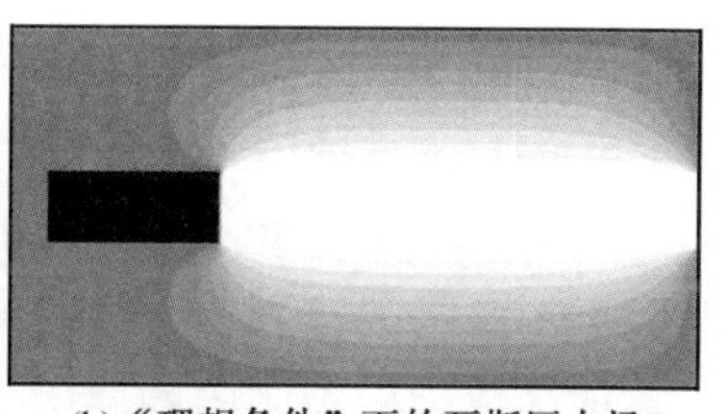

(b)“理想条件”下的瓦斯压力场

图3－17　正常条件和“理想条件”下瓦斯压力场对比图

然而，工程灾害预测应更偏于安全角度考虑，“理想条件下”的煤层突出是否能够发生才能真正反映煤层的突出危险性。因为，煤矿地下开采受众多条件影响，开采工序复杂，条件恶劣，地质条件多变，开采方法多样，管理水平和人员素质差别较大，尤其是不同矿区自然条件差异巨大，煤岩动力灾害发生条件各不相同，因此，以现场经验为主要依据的预测和防治技术虽然在绝大多数情况下能够起到防灾减灾的效果，但仍

不足以达到完全安全可靠的防治煤岩瓦斯动力灾害。例如，许多矿区采掘现场发生的低于突出危险预测指标值的突出事故、在实施解危措施过程中发生突出事故、深部开采冲击—突出互为诱因的复合型动力灾害等，使得煤岩瓦斯动力灾害仍为煤矿开采中最严重的安全隐患之一。

基于此，研究突出发生的“理想条件”具有重要的理论和现场指导价值，具体如下：

（1）根据突出发生的“理想条件”，判断含瓦斯煤层是否具有真正的突出危险；尤其是对于非突煤层，开采时不采取防治措施，通过“理想条件”的突出条件判断其是否真正具有突出危险性，可以指导矿山安全生产。

（2）指导预留合理宽度的保护煤柱。保护煤柱宽度应与地应力、瓦斯压力、煤体强度等诸多因素有关，因此根据突出“理想条件”，判断阻隔突出安全煤柱宽度。

（3）指导现场解危措施及指标检验。

3.2.3.3 “理想条件”下突出模拟实验及结果分析

前述物理模拟实验的突出接近“理想条件”下的突出，对突出发生的条件进行了初步的分析。但由于模拟突出的次数较少，判断数据不充分，仅能判断三因素对突出发生和强度影响的趋势，而不能形成较完备的判断条件。因此，应用数值模拟方法，对垂直应力、瓦斯压力、煤体强度三因素不同水平排列组合，对不同的组合条件进行模拟，分析突出发生的条件及强度。

三个因素中的煤体强度指标最易分类，所以以煤体的单轴抗压强度 R_c 的水平分类，分为软煤、中硬煤、硬煤三个类别，共6个水平。垂直应力水平从最小 0.5 MPa 开始增加，以 1 MPa 为梯度增加，瓦斯压力水平从 0.1 MPa 开始增加，递增

梯度为0.1 MPa，见表3-3。

表3-3 变换三因素水平的数值模拟方案

分 类	水平 R_c/MPa	垂直应力 σ_z	瓦斯压力
软煤、中硬煤、硬煤	0.5、2.5、10、15、25、30	最小0.5 MPa，以1 MPa梯度递增	最小0.1 MPa，以0.1 MPa梯度递增

图3-18列出了含瓦斯煤突出的各种类型。可以看出，数值模拟能够很好地模拟含瓦斯煤的各种破坏类型，逼真地再现了煤矿现场的各种突出灾害。图3-18a所示为煤的压出，此类破坏发生在软煤中，破坏启动需要的瓦斯压力很小，破坏发生后煤层被压出而倾倒在暴露面附近，粉煤抛出距离很近，破坏持续性不强，煤体压出后突出很快停止，在煤矿现场，软煤层浅部开采时经常遇到这种情况。图3-18b所示为软煤的突出，当瓦斯压力较大时（相对于煤的强度），强度较低的软煤在瓦斯压力作用下破坏成碎粉状，抛出剧烈，抛出距离较远，突出持续性较强。图3-18c所示为中硬煤的突出，要求瓦斯压力和垂直应力均较高，破坏后煤体成碎块状，抛出强烈，抛出距离较远，突出持续性较强，但比软煤的突出要终止快。图3-18d所示为硬煤的“突出”，发生在很高的瓦斯压力、垂直应力条件下，煤体被破坏成较大块状，抛出距离较近，突出发生后很快停止，瓦斯压力释放较快。

游离瓦斯以孔隙压力方式作用于煤体骨架，瓦斯压力越大突出的危险性越大，突出强度越大，第3章的实验与众多现场实例也已证明，而应力对突出的作用则与煤体强度以及应力水平有关系，因此，对同一强度煤体，模拟其不同应力水平下发

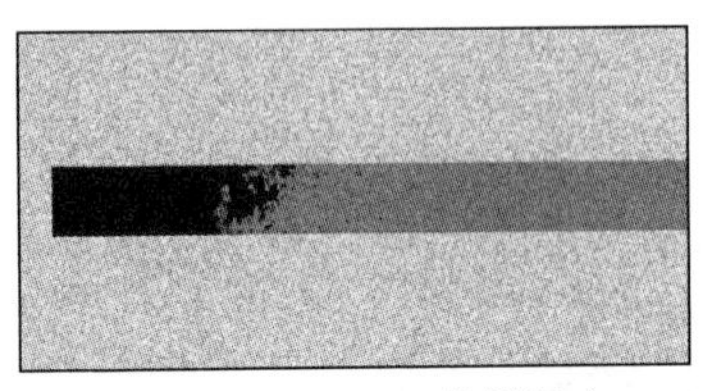
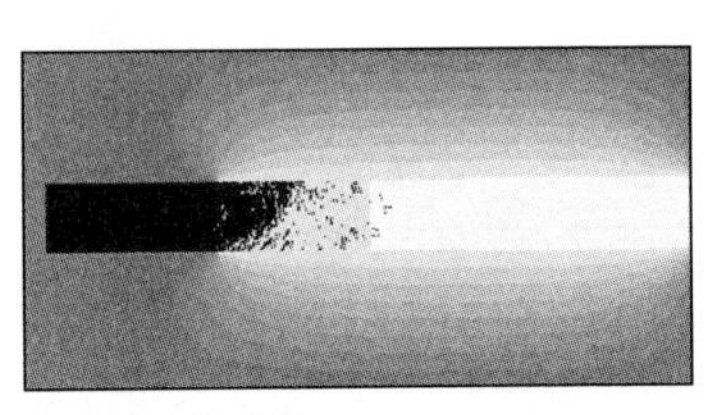

(a) 软煤压出（p=0.2，σ_z=1.0，R_c=0.5）

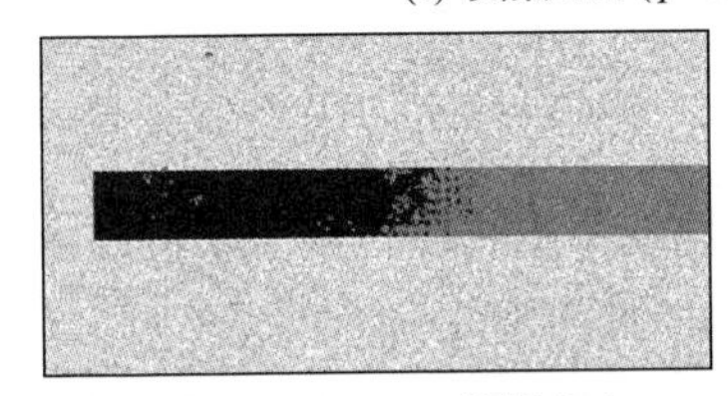
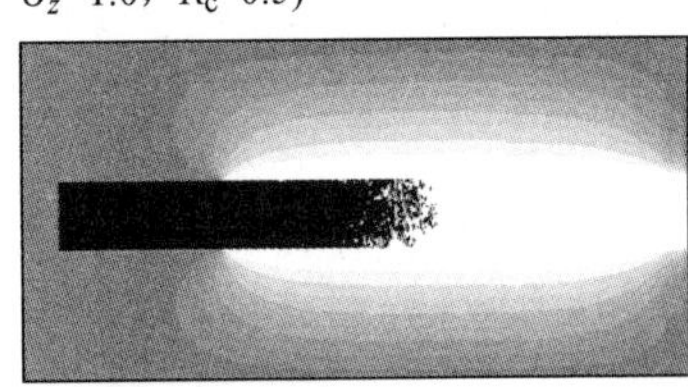

(b) 软煤突出（p=0.5，σ_z =1.0，R_c=0.5）

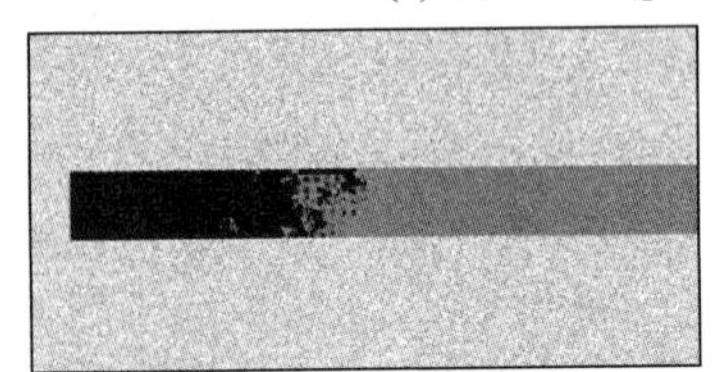
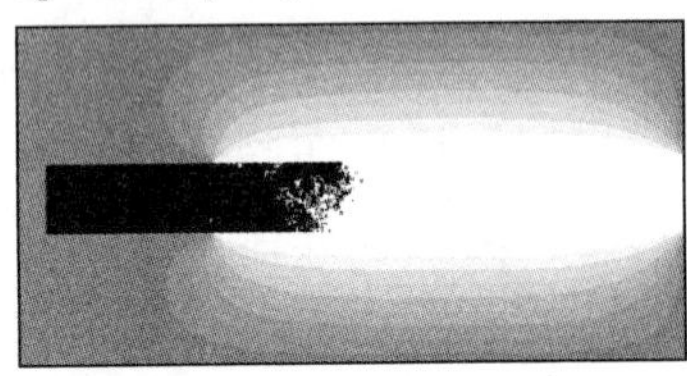

(c) 中硬煤突出（p=2，σ_z=5.0，R_c=15）

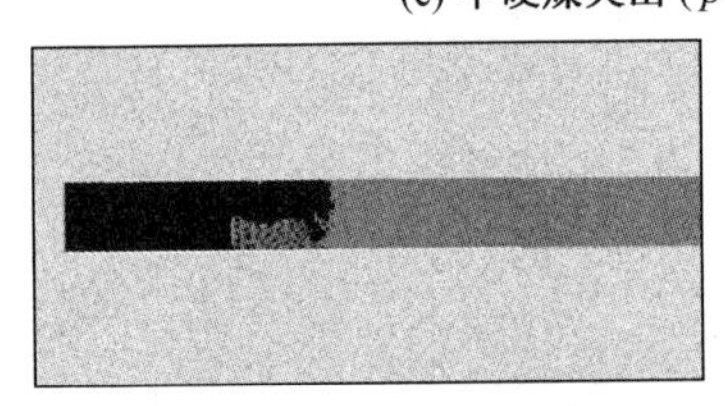
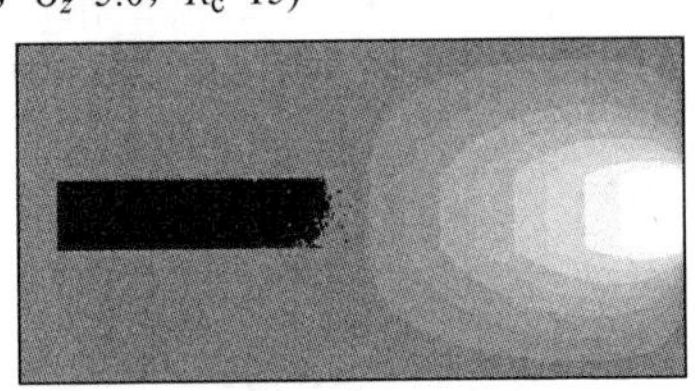

(d) 硬煤“突出”（p=10.0，σ_z=20.0，R_c=30）

图 3－18　各类煤的破坏类型

生突出的最小瓦斯压力值，结果如图 3－19 和图 3－20 所示。

图 3－19 所示为不同强度煤体，导致突出发生的应力（垂直应力）、瓦斯压力组合关系以及拟合曲线，横坐标表示垂直应力，纵坐标表示在该应力水平下发生“突出”的最小瓦斯

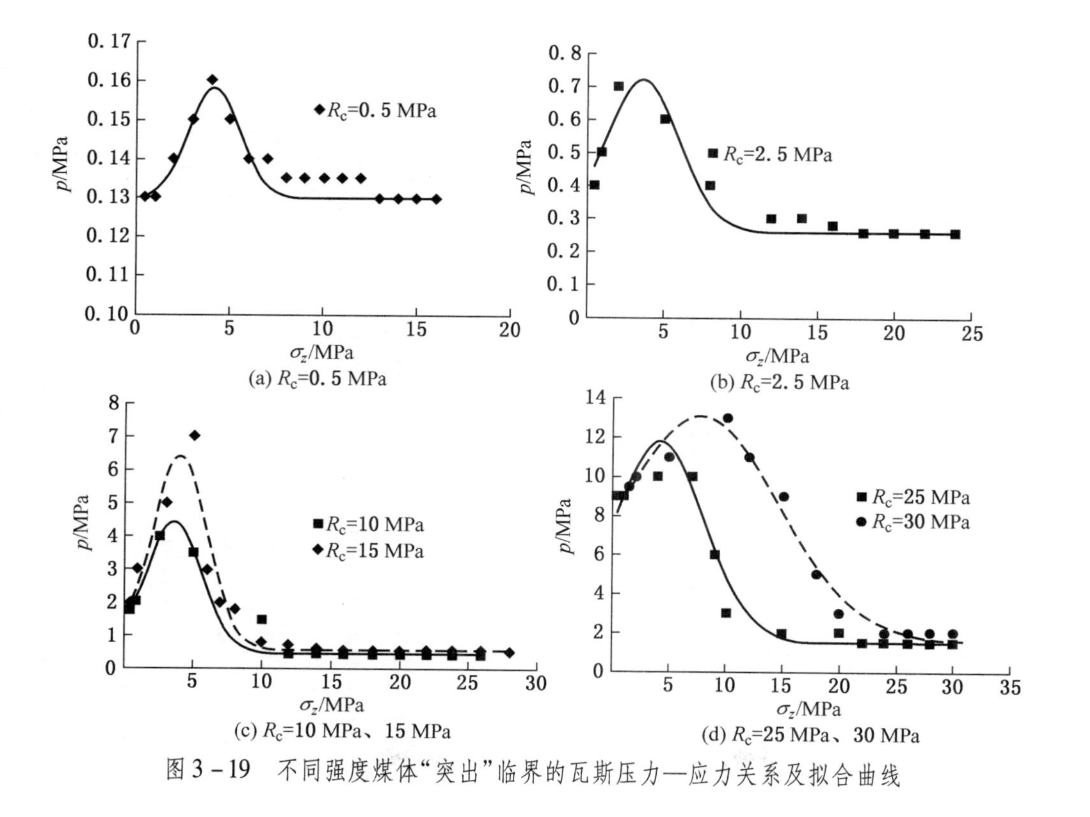

(a) R_c=0. 5 MPa

(b) R_c=2. 5 MPa

(c) R_c=10 MPa、15 MPa

(d) R_c=25 MPa、30 MPa

图 3-19 不同强度煤体“突出”临界的瓦斯压力—应力关系及拟合曲线

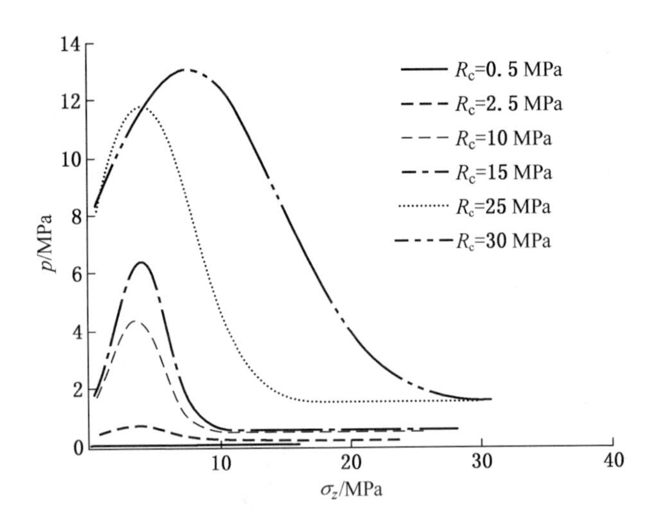

图 3-20　含瓦斯煤“突出”临界的瓦斯压力—应力拟合曲线

压力值。图中散点标记表示模拟实验值，曲线为应力—瓦斯压力平面上的突出指标的拟合曲线。显然，在落曲线以下应力—瓦斯压力组合点表示不发生“突出”，而如果应力—瓦斯压力组合点落在曲线以上，则发生“突出”破坏。虽然拟合关系曲线是数值模拟计算得到的，与现场煤矿开采相比，忽略了很多因素，但其反映出来的煤体强度—地应力—瓦斯压力三因素组合关系仍具有重要价值。

首先无论煤体强度如何，应力—瓦斯压力曲线均有两个拐点，应力水平与“突出”并不一直成正比关系。第一个拐点出现在低水平应力范围，在此范围内，随着应力的升高，发生“突出”需要的瓦斯压力增加，也就是说此时应力增长对“突出”危险性起到了负作用。但应力超过一定水平后，曲线出现峰值拐点，应力继续增加，发生“突出”需要的瓦斯压力很快减少，此时应力表现出对“突出”的正作用。随着应力继续增加，曲线出现又一个拐点，拐点后“突出”发生的瓦斯压力基本固定在某一水平，不再随应力的增加而变化。

曲线在峰值以前，发生“突出”主要以瓦斯压力作用为主，应力的增加对煤体起到了加固作用，相当于对煤体增加围压提高了其强度，所以应力表示出对“突出”的阻碍作用。曲线在峰值以后，应力水平已超过了使煤体压密的阶段，进行入线弹性或屈服阶段，此时应力、瓦斯压力共同破坏煤体，并且随着应力水平的增加，应力对煤体破坏的贡献值也增大。当曲线达到第二个拐点后，瓦斯压力降到较低水平，此时应力对煤体破坏起主导作用，瓦斯压力的作用主要是破坏具有残余强度的煤体，并使煤体抛出。

根据实验结果，应用 Matlab 智能非线拟合功能，选择出最适合此规律的 Gauss 方程进行拟合，得到各组实验的拟合曲线。拟合 Gauss 方程如下：

$$p = p_0 + \frac{a}{w\sqrt{\frac{\pi}{2}}} e^{-2\frac{(\sigma - \sigma_c)^2}{w^2}} \tag{3-24}$$

式中 p——瓦斯压力；

p_0——初始破坏的瓦斯压力；

σ——垂直应力；

σ_c——峰值时的应力，即第一个拐点时的应力；

a，w——待定常数。

表 3－4 为各组实验拟合曲线的控制参数及方差，可见，不同强度的煤体均有最小突出瓦斯压力 p_0，且最小突出瓦斯压

力 p_0 随煤体强度的增加而增大。各个拟合曲线的方差 R^2 均接近或超过 0.9，表示拟合曲线与实验数据相关性较好。

表 3-4 各组实验拟合曲线的控制参数及方差

分类	水平 R_c/MPa	p_0	σ_c	a	w	R^2
软煤	0.5	0.13	4.16	0.01	0.3	0.88
	2.5	0.38	3.3	2.3	3.4	0.92
中硬煤	10	2.5	3.6	19.6	4.0	0.92
	15	2.6	4.0	29.0	3.9	0.91
硬煤	25	4.56	4.12	100.2	7.8	0.86
	30	4.6	7.6	200.5	13.9	0.97

图 3-20 所示为各组实验拟合曲线的对比，可以看出，煤体强度对“突出”危险性影响显著。随着煤体强度增加，曲线以下的“安全区域”面积呈几何倍数增加。另外，与物理模拟实验结果相似，发生“突出”的瓦斯压力下限值与应力和煤体强度均有关系，当煤体强度很低时，“突出”瓦斯压力的下限值也极低，如对 $R_c=0.5$ MPa 的低强度煤体，安全瓦斯压力的下限值仅为 0.13 MPa（第 2 章的物理模拟实验为 0.15 MPa），同样也解释了松软煤层低指标突出（压出、倾出）的原因。

拟合 Gauss 方程中的另外 2 个常数 a，w 是与材料特性有关的常数，根据表 3-4 中的数据，可以将 a、w 与煤体强度 R_c 拟合（图 3-21），得到以下关系：

$$a=0.0927R_c^{2.2567} \tag{3-25}$$

$$w=0.3649R_c+0.5016 \tag{3-26}$$

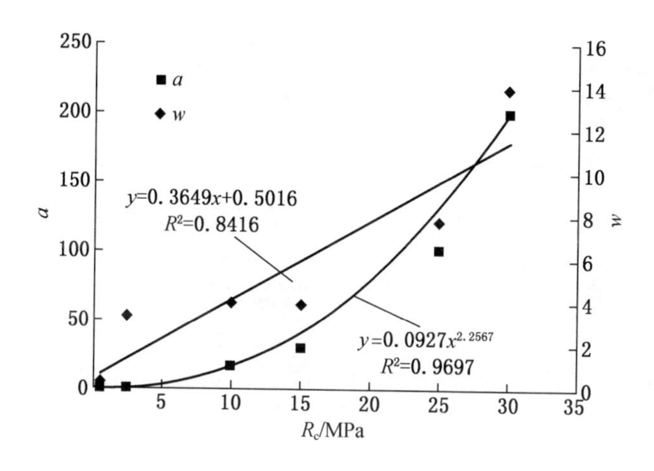

图 3 – 21　a，w 值与煤体强度拟合关系

3.2.4　保护煤柱对“突出”发生的影响

具有突出危险的煤层进行开挖时，要预先进行防突措施，这类措施主要以预先排放或抽放煤层瓦斯为主，使暴露面附近煤体瓦斯压力释放，从而在暴露面与突出煤体间保留一段不具有突出危险瓦斯卸压带，即保护煤柱，《煤矿安全规程》《防治煤与瓦斯突出规定》等法规要求具有突出危险煤层的保护煤柱不少于 5 m。显然，保护煤柱的合理范围跟瓦斯压力、地应力、煤体强度等因素有关，安全合理的保护煤柱范围不但能够起到阻碍突出的作用，还应尽量减少矿井防突措施的工程量。本文利用 $RFPA^{2D}$ – Flow 对有保护煤柱的煤层突出进行了模拟研究。

数值模拟的煤层及围岩条件与前面的突出模拟类似，在掘进头前方增加一段不含瓦斯的煤体，强度与含瓦斯煤相同，具体如图 3 – 4 所示，力学及渗流参数见表 3 – 1。

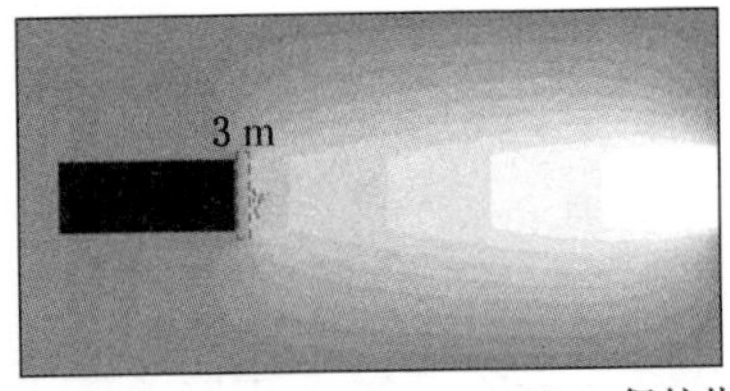

(a) 3 m 保护煤柱，突出发生

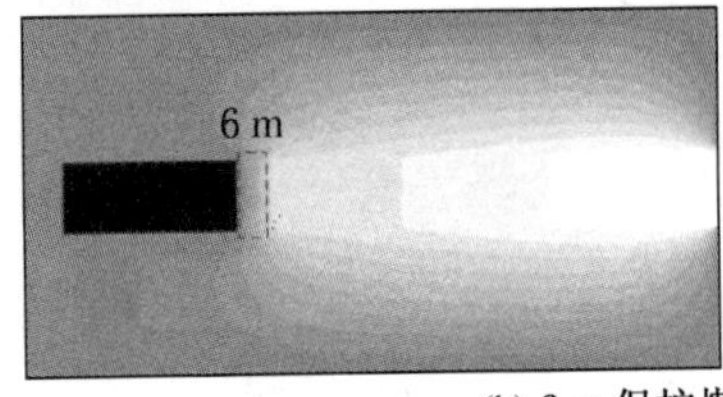

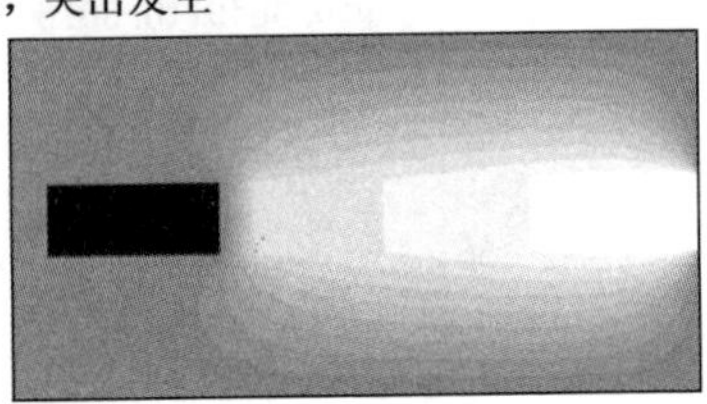

(b) 6 m 保护煤柱，突出不发生

注：模拟参数瓦斯压力 $p=3$ MPa，煤体强度 $R_c=15$ MPa

图 3-22　保护煤柱对突出的阻碍作用

图 3-22 所示为模拟条件为煤体强度 15 MPa，垂直应力 5 MPa，瓦斯压力 3 MPa，当保护煤柱留 3 m 时，保护煤柱在瓦

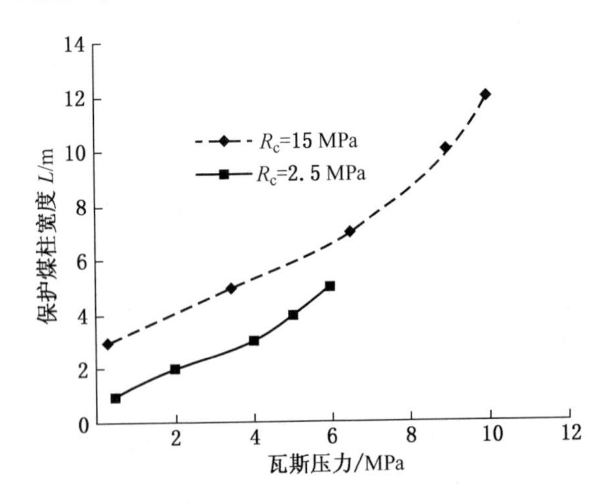

图 3-23　保护煤柱宽度与极限瓦斯压力关系

斯压力和地应力作用下被破坏，突出发生，加宽保护煤柱到6 m，则阻碍了突出的发生。

为得到煤柱对突出阻碍作用的规律，在保持垂直应力不变的情况下（5 MPa），对不同瓦斯压力、不同煤体强度下安全煤柱留设的合理距离进行模拟。模拟参数和结果如图 3－23 所示。可知，瓦斯压力升高，所需要的保护煤柱宽度也相应增加，此关系的力学原理简单清楚，不必赘述，后文中有关于煤柱破坏的深入研究。

4 含瓦斯煤动态破坏力学机理分析

自法国发生世界上第一次煤与瓦斯突出事故以来，人们就对突出的机理进行了深入的研究，提出了各种各样的假说。目前，人们普遍承认综合作用假说，即认为突出是由地应力、瓦斯压力和煤体强度综合作用的结果。但是，对于有效预测和防治含瓦斯煤突然破坏引发的动力灾害而言，仅停留在这样的认识水平上是不够的，要掌握突出的规律，必须了解突出发生的具体条件，掌握突出过程中地应力、瓦斯压力间相互作用、相互影响的关系。

煤与瓦斯突出过程是非常复杂的，影响因素众多，并且突出过程是一个动态过程，虽然突出过程时间短暂，却包含了突出准备、启动、发展、终止几个阶段，各阶段的力学过程各不相同，作用因素相互转变，因此，研究含瓦斯煤破坏的机理，必须在理论上说明以下问题：①形成煤和瓦斯突出的能量来源；②煤和瓦斯突出是怎样启动的；③煤和瓦斯突出破坏面是如何向深部发展的；④煤和瓦斯突出为何停止。另外，还要解释为何突出的瓦斯量远多于突出煤本身所含有的瓦斯量，为何现场瓦斯突出区域呈带状分布等。

4.1 含瓦斯煤破坏的条件

4.1.1 含瓦斯煤岩强度准则

岩石力学的基本问题之一是岩石的破坏准则或强度理论问题。在岩土工程中,需要确定岩石处于某种应力状态下是否会发生破坏。岩石的强度准则又称为破坏判据,用于表征岩石在极限应力状态下(破坏条件)的应力条件和岩石强度参数之间的关系。

4.1.1.1 岩土材料的 Drucker-Prage 强度准则

大量的研究表明，煤、含瓦斯煤及复合煤岩体，在三向压力作用的峰值强度的 $I_1 - J_2^{1/2}$ 关系曲线，同目前在岩土力学领域中较为广泛使用的 Drucker-Prage 强度判据是一致的。因此，以 Drucker-Prage 强度准则为基础构建含瓦斯煤岩的强度准则。

D-P 准则是在 Mohr-Coulomb 准则和塑性力学的 Mises 准则基础上的扩展和推广得出的：

$$f = \alpha I_1 + \sqrt{J_2} - K = 0 \tag{4-1}$$

式中，$I_1 = \sigma_{ii} = \sigma_1 + \sigma_2 + \sigma_3 = \sigma_x + \sigma_y + \sigma_z$ 为主应力第一不变量；$J_2 = \frac{1}{6}[(\sigma_1 - \sigma_2)^2 + (\sigma_2 - \sigma_3)^2 + (\sigma_3 - \sigma_1)^2]$ 为应力偏量第二不变量；α，K 是与岩石内摩擦角 φ 和内聚力 c 有关的实验常数。

根据 D-P 准则圆锥面与 Coulomb 准则不等角六棱锥面之间的关系（图 4-1），常数 α，K 与材料的内聚力 c 和内摩擦角 φ 之间有三种不同的关系式。

由图 4-2 中 D-P 准则的圆锥面与 Coulomb 准则不等角棱锥面的位置关系可导出以下关系：

（1）D-P 准则与 Coulomb 准则相外接时，有：

$$\begin{cases} \alpha = \dfrac{2\sin\varphi}{\sqrt{3}(3 - \sin\varphi)} \\ K = \dfrac{6c\cos\varphi}{\sqrt{3}(3 - \sin\varphi)} \end{cases} \tag{4-2}$$

式中　c——材料的内聚力；

φ——材料的内摩擦角。

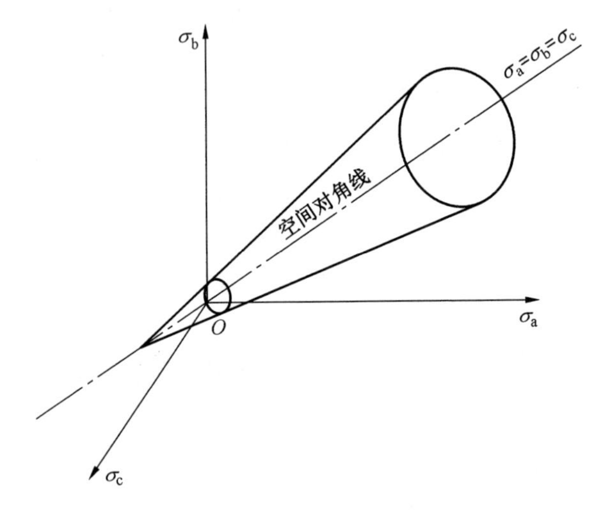

图 4-1　主应力空间的 Drucker-Prage 屈服面

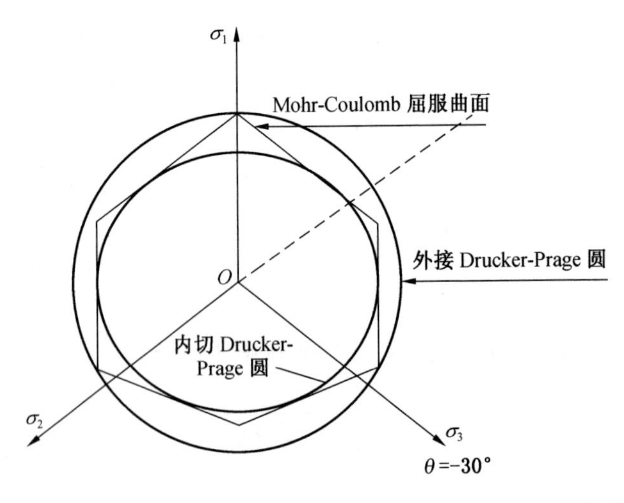

图 4-2　偏应力平面上 D-P 屈服面与 C-M 屈服面的关系

（2）当 D－P 准则与 Coulomb 准则相内接时，有：

$$\begin{cases} \alpha = \dfrac{2\sin\varphi}{\sqrt{3}(3+\sin\varphi)} \\ K = \dfrac{6c\cos\varphi}{\sqrt{3}(3+\sin\varphi)} \end{cases} \tag{4-3}$$

（3）当 D－P 准则与 Coulomb 准则相内切时，有：

$$\begin{cases} \alpha = \dfrac{\tan\varphi}{\sqrt{9+12\tan^2\varphi)}} \\ K = \dfrac{3c}{\sqrt{9+12\tan^2\varphi)}} \end{cases} \tag{4-4}$$

4.1.1.2 有效应力原理

由于煤层的孔裂隙中存在着瓦斯压力的作用，所以煤层中一点的应力应为有效应力。有效应力最早由 Terzaghi 提出，它表示成：

$$(\sigma_{ef})_i = \sigma_i - p \quad (i=1,2,3) \tag{4-5}$$

式中 σ_{ef}——有效应力；

σ_i——主应力；

p——孔隙介质中流体的压力。

Terzaghi 提出的有效应力理论奠定了土力学的基础。然而，大量有关岩石在孔隙流体作用下变形的观测与实验研究认为，Terzaghi 公式并不适用于岩石类材料，于是又提出了修正的 Terzaghi 公式：

$$(\sigma_{ef})_{ij} = \sigma_{ij} - \alpha p\delta_{ij} \quad (0 \leqslant \alpha \leqslant 1) \tag{4-6}$$

式中 $(\sigma_{ef})_{ij}$——有效应力张量；

σ_{ij}——总应力张量；

α——等效孔隙压力系数；

δ_{ij}——Kroneker 函数。

$$\delta_{ij}=\begin{cases}1, i=j\\0, i\neq j\end{cases} \tag{4-7}$$

赵阳升、孙德培等研究了瓦斯孔隙压作用下的煤体有效应力变化规律。他们共同的结论是，对于孔隙裂隙岩体 $\alpha=1$。由此可见，采用总应力与瓦斯压力差表示的有效应力，对岩石类材料在某些情况下是合理的。

4.1.1.3 含瓦斯煤岩强度准则

鲜学福等考虑到该判据在实用上有一定的局限性，所以对 D－P 准则作了一些修正和完善，其做法是：

（1）考虑到三维静水压力能对岩土类材料产生破坏，所以在这里引进一个帽盖，使破坏面在三维应力空间中形成一个封闭曲面，为数学上处理方便，帽盖选为球面。

（2）考虑到岩土类材料受拉破坏的情况，应引入一个材料受拉时的破坏判据，并选择材料达到其单轴抗拉强度时即发生破坏。

（3）根据含瓦斯煤层中一点地应力状态的研究，应将所提出的判据中的各主应力分量改写成为有效应力。

于是，修正和完善后含瓦斯煤岩的强度判据就可以表示成：

$$\begin{cases}F_1=\sigma_3'-\sigma_t=0 \quad (I_1'\leqslant\sigma_1)\\F_2=\sqrt{J_2'}-\alpha' I_1'-k'=0 \quad (\sigma_t<I'_1\leqslant I_0')\\F_3=J_2'+(I_1'-I_0')^2-(\alpha' I_0'+k')^2=0 \quad (I_1'>I_0')\end{cases} \tag{4-8}$$

式中　σ_i'——取 σ_i-p；

σ_t——材料的单轴抗拉强度；

J_2'——有效应力偏量第二不变量；

I_0'——第一应力张量不变量 I_1' 之临界值；

α'，k'——与材料内摩擦角和内聚力相关的系数，可由实验确定；

p——煤层中的瓦斯压力。

上述的判据在三维主应力空间中的破坏面，为一以图4－3所示的迹线绕I_1'轴旋转而成的轴对称旋转曲面。从图4－3上可以看出，若代表含瓦斯煤层应力状态的一点落在图4－3迹线F_1、F_2和F_3所围区域内，则含瓦斯煤体处于稳定状态；反之，则处于非稳定状态。

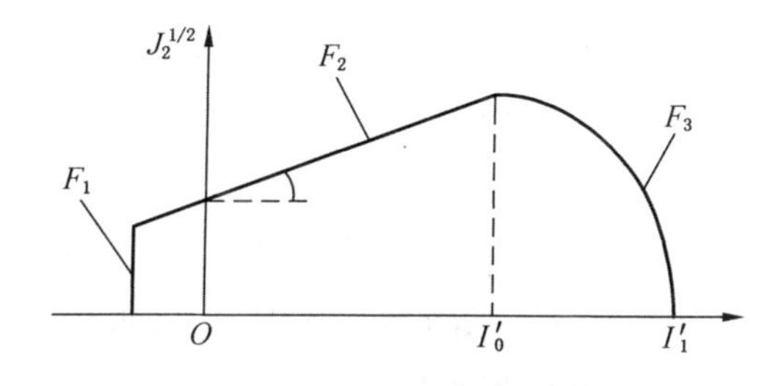

图4－3　含瓦斯煤岩强度准则

众多理论和实验已验证，岩石类材料抗拉强度远小于抗压强度，在压应力作用下，一般是剪切破坏。由于岩石材料自身布满微裂隙，在拉应力作用下，裂隙扩展，拉伸破坏起主要作用，而C－M准则、D－P准则等对岩石类材料在受拉区的适应性并不理想。如果不受孔隙压力作用，工程现场的主应力场绝大多数是压应力，而不考虑孔隙压力进行工程计算和设计时，可以应用C－M准则、D－P准则，但考虑孔隙压力时，大多数情况下，会出现主应力为拉应力的情况，C－M准则、D－P准则变得不适用，所以应根据材料的受力情况，采用组合方法确定含瓦煤岩的强度准则。

受文献的启发，基于第3、4章的模拟实验的研究结果，本文提出了一种D－P准则和Griffith准则组合的含瓦斯煤岩强度准则，具体表述如下：

（1）考虑到岩石类材料受拉破坏的情况，主应力第一不变量为拉应力时，引入Griffith强度准则作为材料受拉时的破坏判据，即认为材料达到其单轴抗拉强度时即发生破坏。

（2）三个方向主应力均为压应力时，采用D－P准则作为判据，基于安全考虑，α，K值的计算选用与Coulomb准则相内切的方程式。

（3）根据含瓦斯煤层中一点地应力状态的研究，及修正的Terzaghi公式，将所提出的判据中的各主应力分量改写成有效应力。

$$\begin{cases} F_1 = \sigma'_3 - \sigma_t = 0 \quad (I'_1 < 0) \\ F_2 = \sqrt{J'_2} - \alpha' I'_1 - k' = 0 \quad (I'_1 \geqslant 0) \end{cases} \tag{4-9}$$

式中　σ_t——材料的单轴抗拉强度；

I'_1——第一应力（有效应力）张量不变量；

J'_2——应力偏量第二不变量；

α'，k'——与材料内摩擦角和内聚力相关的系数。

这样，强度准则在应力空间的正应力范围内为一个圆锥形的屈服面，在负应力范围内有一个垂直面，与圆锥相交，如图4－4所示。从图4－4上可以看出，若代表含瓦斯煤层应力状态的一点落在屈服面所围区域内，则含瓦斯煤体处于稳定状态；反之，则发生破坏处于非稳定状态。

4.1.2 “理想条件”下突出的发生条件

4.1.2.1 边界条件

如前所述，理想条件下的突出即为揭开煤体的瞬间，暴露面两侧存在突变的瓦斯压力梯度，煤体受垂直于暴露面方向的

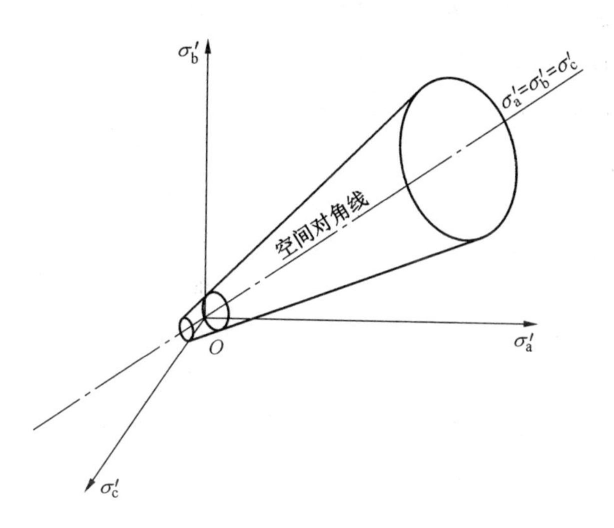

图4-4 有效主应力空间修正的D-P屈服面

拉应力作用，而其他两个方向仍为压缩状态，其受力状态如图4-5所示。

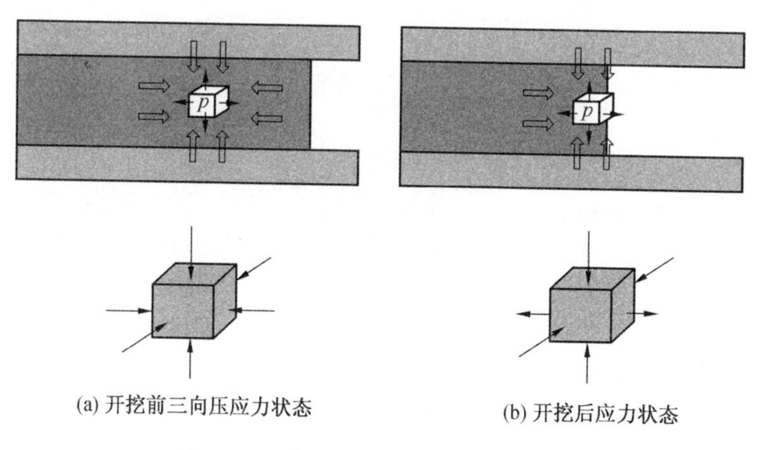

图4-5 理想条件下突出的应力演化图

4.1.2.2 “理想条件”下突出的发生条件

根据上述的边界条件和含瓦斯煤的强度准则，就可以确定“理想条件”下突出发生的判据。

突出发生必须满足两个条件，一是煤体在应力及瓦斯压力作用下失去强度发生破坏，二是破坏煤体在瓦斯压力作用下抛出。强度准则是对煤体破坏与否的判断，也即对煤体是否已处于峰后强度的判断，而煤体是否突出，则决定于瓦斯压力是否能够将破坏后的煤体抛出。对于强度很低的松软煤体，其本身不能承受拉应力，则认为在开挖前已经破坏（但其仍能承受压应力作用），判断突出的条件演变为瓦斯压力能否将其抛出。

假定煤层为各向同性的水平煤层，暴露面为垂直面，并且不考虑构造应力影响，则煤层所受的三个有效主应力分别为σ_1'垂直煤层平面方向，σ_2'平行于煤层及暴露面相交的方向，σ_3'为垂直于暴露面方向，如图4-6所示。

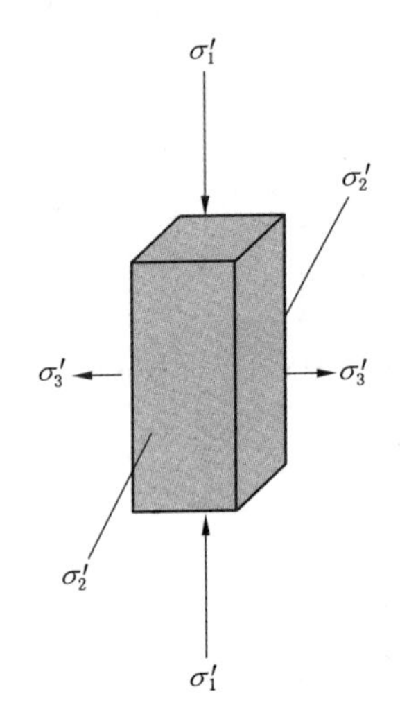

图4-6　突出时暴露面煤体主应力分布

首先讨论煤体破坏的条件，根据矿压理论，上覆岩层形成的垂直应力 σ_z 为

$$\sigma_z = \gamma H \tag{4-10}$$

式中　γ——上覆岩层的平均重力密度，N/m^3；

H——上覆岩层厚度，m。

由于煤体一侧挖空，引起应力集中，实际煤体受到的垂直应力 σ_1 为

$$\sigma_1 = \lambda \sigma_z \tag{4-11}$$

式中　λ——应力集中系数。

根据弹性力学理论，侧向主应力 σ_2 为

$$\sigma_2 = \frac{\mu}{1-\mu}\sigma_z \tag{4-12}$$

式中　μ——材料的泊松比。

由于暴露面一侧为自由面，则

$$\sigma_3 = 0 \tag{4-13}$$

煤体内瓦斯压力为 p，根据前述修正的 Terzaghi 公式，有效主应力为

$$\sigma_i' = \sigma_i - p \tag{4-14}$$

式中　i——取 1，2，3。

将式（4-9）、式（4-10）、式（4-11）、式（4-12）、式（4-13）、式（4-14）联立，整理可得由垂直应力、瓦斯压力和煤体特性决定的破坏判据：

$$\begin{cases} f_1 = p - \sigma_t = 0 & (A\sigma_z - 3p < 0) \\ f_2 = B\sigma_z - \alpha'(A\sigma_z - 3p) - k' = 0 & (A\sigma_z - 3p \geqslant 0) \end{cases} \tag{4-15}$$

其中，$A = \lambda + \dfrac{\mu}{1-\mu}$，$B = \left(\lambda - \dfrac{\mu}{1-\mu}\right)^2 + \left(\dfrac{\mu}{1-\mu}\right)^2 + \lambda^2$。

可以看出，式（4-15）中的变量为垂直应力 σ_z、瓦斯压

力 p 以及材料参数 α' 和 k'，因此，得出了含瓦斯煤的理想条件下突出的判据。把式（4－15）中的变量无纲量归一化，可以得到以垂直应力 σ_z、瓦斯压力 p 以及材料参数 α' 和 k' 为坐标空间的突出判别曲面，如图 4－7 所示，在曲面以下为稳定状态，即理想条件下不发生突出的条件，曲线以上为非稳定状态。可以看出，强度突出的条件三因素判别曲面呈近似“凸”形，此判别方法很好地体现了突出发生与三因素的关系，煤体强度增加，突出所要求的瓦斯压力和地应力也增加，即发生突出的危险性降低；瓦斯压力增加，突出所要求的煤体强度和地应力减少，即发生突出的危险性增加；图 4－8 所示是判别准则在应力平面上的投影，取煤体强度的几个水平得到的曲线，可见应力对突出条件影响分两种情况，一种情况是当煤体强度较低时，应力与突出的关系为反抛物线形，即随应力的增加突出危险出现先降低后增加的现象，另一种情况是当煤体强度较高时，应力与突出危险性成单调递增关系。此现象与实验及数值模拟的结果相似，其原因是当煤体强度很低时（抗拉强度远小于瓦斯压力），煤体强度本身对突出的阻碍作用很小，而顶底板压力对煤体的夹持作用成为阻碍突出的重要因素，所以会出现应力增加突出危险减小的情况，但当应力超过一定水平，夹持煤体被应力压出，此时应力又转变为引起突出的因素；而当煤体强度较高时，单纯的瓦斯压力不能破坏煤体，应力必须起到破坏煤体的作用才能引起突出，所以突出危险性随应力的增加而增加。

4.1.3 有卸压带保护突出的发生条件

正常开采条件下，煤层的采掘总是循环进行，煤体暴露面从揭开到被开挖要经历一段时间，在这段时间内（如果没有发生突出），由于集中应力作用，暴露面附近煤体被压裂处于峰

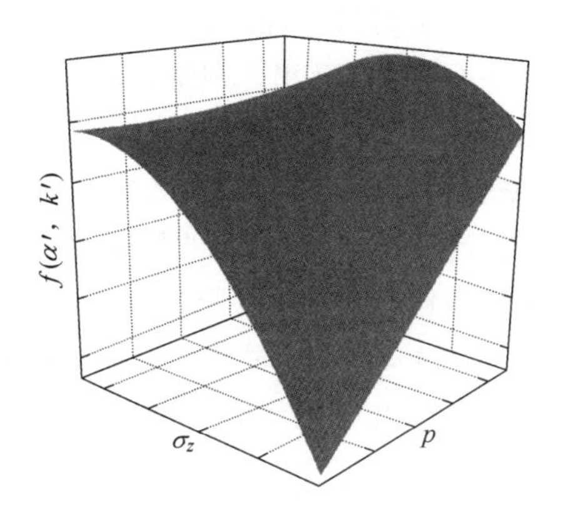

图4-7 三因素坐标空间的突出判别曲面

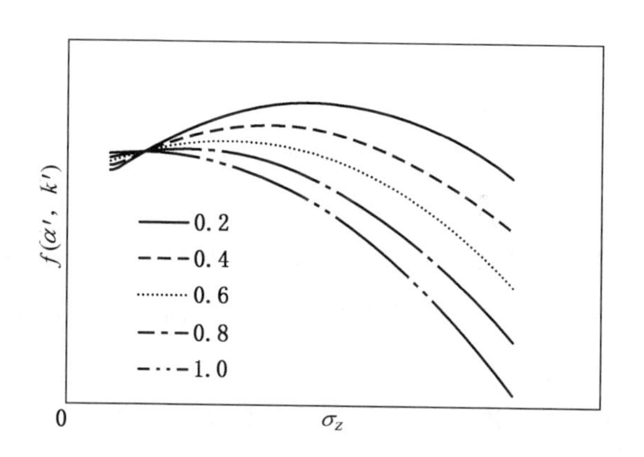

图4-8 不同强度煤体突出条件与应力关系

后状态，仍具有残余强度，裂隙增多为瓦斯提供了溢出通道，煤体前方瓦斯排出，高瓦斯压力梯度向煤体深部转移，如图4-9所示。煤体被开挖后，新的暴露面所承受的煤体瓦斯压力梯度和应力均远小于“理想条件”突出时的水平。所以，

很多情况下含瓦斯煤层的条件都达到了突出的“理想条件”，但是正常开采时并不会发生突出。判断有卸压保护带条件下的突出分为以下两种情况。

4.1.3.1 开挖后立即突出

如图 4－9 所示，煤体开挖后新的暴露面承受支承压力及渗流瓦斯压力梯度作用，瓦斯压力梯度大小为 dp_L，此时，暴露面的边界条件与图 4－6 相同，只不过瓦斯压力梯度 dp_L 较理想条件下突出时的压力梯度 p 要小，dp_L 的大小则可根据渗流理论求得：

$$dp_L = -\frac{q\mathrm{d}x}{\omega} \tag{4-16}$$

式中 q——开挖断面的瓦斯比流量，可根据现场瓦斯涌出量计算；

ω——煤层透气性系数；

dx——内部煤体到暴露面的距离。

所以，可以根据“理想条件”下突出的发生条件［式（4－15）］判断突出是否后发生。显然，此种情况下的突出与前述的“理想条件”突出的发生很类似，区别为瓦斯压力梯度变小、煤体强度的不同。

4.1.3.2 瓦斯渗流场调整状态下的突出——延期突出

煤矿现场的煤与瓦斯突出常常发生在爆破落煤后的几分钟到十几分钟，被称为延期突出。许多研究者认为，延期突出是煤体发生流变强度降低而引起的失稳破坏。但实际上，大量实验证明，煤岩材料虽具有流变特性，但流变发生至破坏的时间往往较长，少则几天，多则几个月，而在十几分钟发生流变并导致材料破坏的情况很少见。因此，作者认为，真正引起突出的原因是煤体开挖后，暴露面附近煤体内的瓦斯渗流场变化，

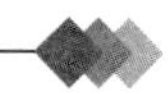

因为煤体开挖后，如果没有发生突出，煤体内的瓦斯渗流场仍在发生变化，新揭露的暴露面附近煤体瓦斯排放快，而深部煤体内瓦斯排放速度慢，会造成煤壁前方瓦斯压力梯度变陡，如图4－9所示，同样 dx 宽度的煤体，在煤壁刚揭露后两侧的瓦斯压力梯度为 dp_L，而经过一段时间的瓦斯排放，瓦斯压力梯度升为 dp，如果在这一过程中，煤体被压坏，则会发生突出，即延期突出。当然，如果突出不发生，则瓦斯渗流场会慢慢地趋于平衡，整个煤体内的应力场、瓦斯渗流场又演变为掘进前的状态。

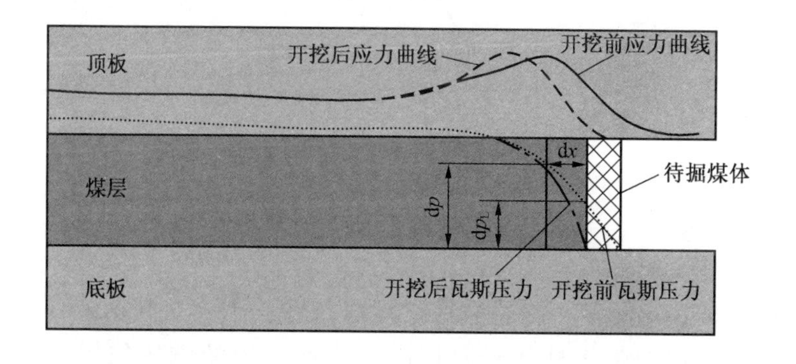

图4－9　煤体开挖过程中应力—瓦斯应力分布

与“理想条件”下的突出不同，煤体开挖后，暴露面由于瓦斯压力和应力水平较低不发生突出，可是前方煤体内的瓦斯压力梯度仍在，尤其是暴露面附近瓦斯释放很快，而煤体内部瓦斯渗出需要较长时间，造成压力梯度增加。此时，暴露面附近煤体形成卸压保护带，阻碍突出的发生，如图4－10所示。但是，当内部的瓦斯压力梯度较高或者保护带煤体在支承压力作用（或人为作用）下强度降低，则仍有可能发生突出。而

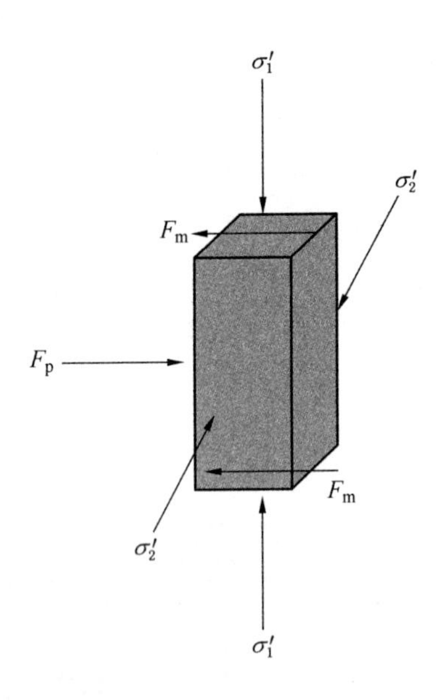

图 4－10　保护煤柱煤体主应力分布

此时的突出条件，除了满足“理想条件”下突出判据外，还要根据保护带煤柱能否阻挡内部瓦斯压力的破坏作用来判断。

根据矿压理论，由于保护带煤体处于峰后状态，抗剪及抗压强度较低，前方应力平衡方程为

$$m\mathrm{d}p-2\sigma_1 f_1\mathrm{d}x-2\sigma_2 f_2\mathrm{d}x=0 \tag{4-17}$$

式中　$\mathrm{d}x$——卸压带宽度；

$\mathrm{d}p$——$\mathrm{d}x$ 范围内瓦斯压力梯度，可由煤层渗透系数和暴露面揭露时间计算；

m——采高；

f_1——煤层与岩层间的摩擦系数；

f_2——煤层间的摩擦系数。

根据极限平衡理论，当处于极限平衡应力状态时，采场前方煤体内的垂直应力分布满足：

$$\sigma_z = N_0 e^{\frac{2f \cdot dx}{m}\left(\frac{1+\sin\varphi}{1-\sin\varphi}\right)} \quad (4-18)$$

式中 N_0——煤帮的支撑能力，根据极限平衡理论，$N_0 = e^c$；

c——煤体的内聚力；

φ——煤体内摩擦角；

f——煤岩层间的摩擦系数。

根据式（4－17）、式（4－18），σ_1 和 σ_2 分别用 σ_z 表示，代入式（4－17），整理得

$$\frac{dx}{dp} = \frac{m}{2e^{c+\frac{2f_1 \cdot dx}{m}\left(\frac{1+\sin\varphi}{1-\sin\varphi}\right)}\left(f_1 + \frac{f_2\mu}{1-\mu}\right)} \quad (4-19)$$

由此可见，如果认为岩层及煤层间的摩擦力为常数，此安全保护煤柱的宽度与瓦斯压力梯度及煤层采高成正比，与煤体强度成反比。假设煤层瓦斯压力 p 为 1 MPa，掘进后压力梯度 dp 取 0.8 MPa，采高 m 为 2 m，煤层内聚力取 0.5 MPa，内摩擦角取 30°，泊松比 μ 取 0.3，岩石及煤层间的摩擦系数 $f_1 = f_2 = 0.8$。代入式（4－19）得到卸压带安全煤柱宽度为 2.9 m。

4.1.3.3 瓦斯卸压保护带的防突机理

对于已鉴定为突出的煤层，在开采时要实施防突解危措施。解危措施最主要的方法就是向煤体打钻孔排放或抽放瓦斯，图 4－11 所示为解危措施后瓦斯压力分布与不采取措施时瓦斯压力分布的比较。由于在掘前实施了超前排放钻孔措施，煤壁及前方瓦斯被大量排出，在开挖煤体之前预先形成卸压保护区域，如图 4－11 所示，此区域两侧的瓦斯压力梯度由原来的 dp 降低到 dp_J，发生突出的危险性大大降低。当然，排放钻

孔在施工过程中也要注意施工方法，如果煤层透气性差，钻孔排放或抽放需要一定的时间，为了追求瓦斯排放速度而盲目增加钻孔数量，反而会由于人为的降低卸压带煤体强度以及煤体与顶底板的摩擦力，使煤体强度降低而引发突出。煤矿现场在实施钻孔排放措施时发生的突出大部分就属于这种情况。

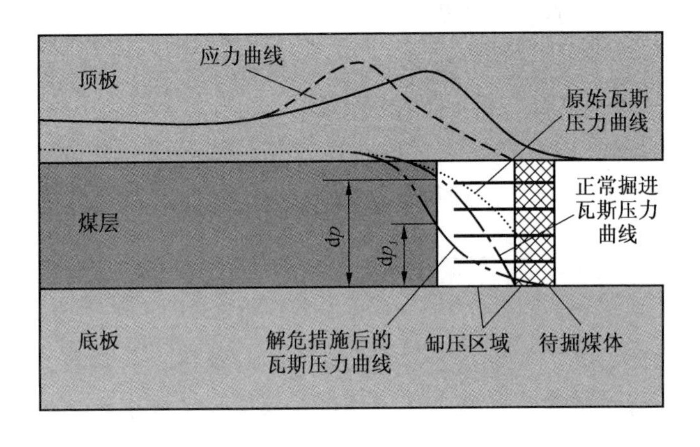

图 4－11　实施解危措施后的瓦斯压力曲线

4.1.4　冲击地压与突出复合型灾害发生的条件

4.1.4.1　冲击地压发生的机理及条件

一般情况下的煤岩体变形过程是比较缓慢的，可视为准静态过程。所以，在动态失稳前的含瓦斯煤岩体可以视为处于平衡状态。

典型的煤岩材料应力—应变曲线如图 4－12 所示。可以看出，煤岩材料在应力作用下可分为四个阶段。在 oa 区内，由于煤岩材料的原生裂纹被压密，曲线向下凹。应力增加进入 ab 阶段，在原生裂纹压密的同时，煤岩材料还会出现新的裂纹，在此阶段材料表现出线弹性特征。随着载荷继续上升，一

般在峰值强度的 70% ~80%，进入 bc 段，如果此时对岩石进行卸载至零，则会残留永久变形，表明煤岩材料已经出现塑性变形，大多数煤岩材料此阶段较短。载荷超过峰值强度后，煤岩材料承载能力随变形的增加而降低。如果实验机刚度不足，则在达到峰值强度后材料会发生突然失稳，类似矿山煤柱或岩柱的冲击失稳破坏。在刚性或伺服实验机上，还可以测到峰后曲线，此时虽然承载能力随变形的增加而降低，但要使煤岩材料继续变形仍需实验机做功。因此，在峰值强度前的材料处于应变硬化阶段，承载能力随变形的增加而增加，属于稳定材料。在超过峰值强度后，煤岩材料进入应变软化阶段，承载能力随变形的增加而降低。根据塑性力学中稳定材料的 Drucker 准则，此时煤岩体就会变为非稳定材料。

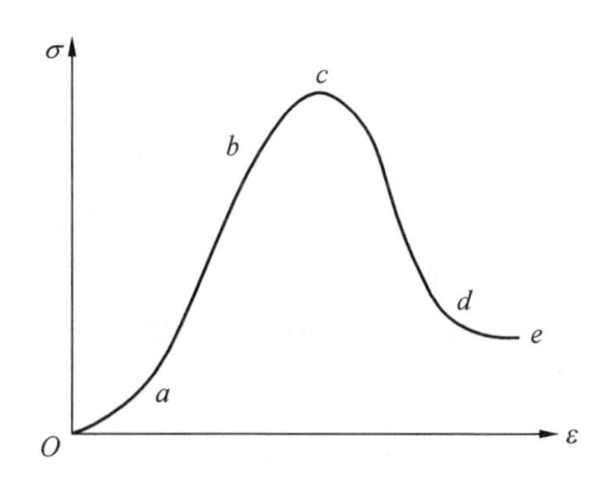

图 4－12　典型岩石材料的应力—应变曲线

煤矿地下开采的对象及围岩介质材料都为煤岩体，在开采扰动影响下，这些煤岩体结构中的部分材料不可避免地要在超过峰值强度的变形区承载。比如，巷道开挖或煤体回采后，会对周围的围岩产生应力集中，在采煤工作面煤壁或巷道周边附近，应力如超过围岩的峰值强度，这部分围岩材料变成了应变

软化的非稳定材料，而更深部受采动影响较小的区域仍处于稳定阶段。因此，煤岩材料及其结构可分成两个区域，距暴露面较远的深部区域是稳定材料，靠近暴露面边界的区域是非稳定材料，当然，这两部分区域范围的大小是随着煤岩结构自身特性及其所受载荷大小而变化的。随着开采范围扩大，承受载荷的增加，煤岩体处于不稳定状态的区域也相应加大，应变软化程度的加深，使得整体的煤岩结构由稳定状态向非稳定状态靠近。当煤岩整体结构达到非稳定平衡条件时，就会发生失稳破坏，从而引发冲击地压、突出等动力灾害。

4.1.4.2 Lippmann 煤岩冲击失稳理论

多年来，在煤岩冲击失稳发生机理、力学模型构建、冲击倾向指标确定及实验室研究等方面均取得了很大的成就。在煤岩冲击失稳力学模型方面，以德国慕尼黑工业大学 Lippmann 建立的煤岩冲击失稳初等理论最为著名。该理论假设煤层顶底板为刚性且相互平行，顶底板的摩擦阻力相同，煤层厚度为 h，受均匀铅直应力 q 和水平应力 λq 作用（λ 为侧压力系数），当巷道开挖后，巷道宽度为 $2b$，煤层当中的应力将发生变化，假设应力重分布仅仅发生在巷道附近的有限长度范围内，称此区域为扰动区，扰动区长度为 L。在扰动区内又分为塑性活动区和弹性活动区，其中塑性活动区的长度为 x_p。在 $x > L$ 的原岩应力区内，围岩处于弹性状态。

为简化力学条件，初等失稳理论有以下几个基本假设：

（1）静力学不考虑弯曲的薄板理论是适用的，且重力可以忽略。这时应力和应变不再是 y 的函数，微元平衡方程及协调方程简化为

$$\frac{\partial \sigma_x}{\partial x} = \frac{\tau_R}{h} \tag{4-20}$$

$$\varepsilon = \frac{\Delta h}{h} \tag{4-21}$$

式中 τ_R——煤岩交界面上的滑动阻力；

ε——垂直方向应变；

Δh——煤层的压缩量；

σ_x——水平应力。

（2）采用 Mohr – Coulomb 屈服准则，且忽略煤层中剪应力的影响。

$$|\bar{\tau}_m| - \bar{\sigma}\sin\varphi - c\cos\varphi = 0 \tag{4-22}$$

$$\bar{\tau}_m = \frac{\sigma_y - \sigma_x}{2};\bar{\sigma} = \frac{\sigma_y + \sigma_x}{2}$$

式中 c，φ——煤层的内聚力和内摩擦角。

（3）煤岩交界面上的滑动摩擦满足 Mohr – Coulomb 型条件，即

$$\tau_R = \bar{c} + p\tan\bar{\varphi} = 0 \tag{4-23}$$

式中 $\bar{\varphi}$——界面摩擦角；

$\bar{c}$——界面内聚力。

（4）煤层上下岩层为刚性体。假定扰动使未知长度 L 范围内的煤岩界面的黏附摩擦变为滑动摩擦，将此未知长度定义为活动区长度，将活动区长度细分为塑性活动区和弹性活动区。根据基本假设，初等理论中给出了活动区长度和巷道两侧的应力分布规律。

因此，问题的边界条件为当 $x=0$ 时，$\sigma_x=0$，当 $x=L$ 时，$\sigma_x=\lambda q$。

初等理论中除总应变 ε 外，只有三个相关量 σ_x，σ_y，τ_R，在塑性活动区有相应的三个方程式（4 – 21）、式（4 – 22）和式（4 – 23）。因为没有涉及变形，塑性流动法则是不需要的，

在弹性活动区式（4－22）不能用了，需补充弹性本构方程，当然，也就记为 $\Delta h=0$。由分析模型不考虑构造原因等造成的水平应力，所以有

$$\frac{\sigma_x}{\sigma_y}=\frac{1-\mu}{\mu} \tag{4-24}$$

式中　μ——泊松比。

由此 σ_x，σ_y 可分别在 $x_p \leqslant x \leqslant L$ 和 $0 \leqslant x \leqslant x_p$ 两个区中唯一确定。则模型必须满足下面的条件：

$$bq=\int_0^{\infty}(\sigma_y-q)\mathrm{d}x \tag{4-25}$$

式中　b——巷道宽度的一半。

它表示原来由巷道所在位置的煤承受的载荷在巷道开出后必须移至它邻近的煤层。将式（4－20）、式（4－23）、式（4－24）代入式（4－25）可得：

$$\frac{l}{h}=\frac{\lambda-(b/h)\tan\overline{\varphi}}{(\overline{c}/q)+\tan\overline{\varphi}} \tag{4-26}$$

l 确定后，亚临界压力分布就可以确定了，其特点是 p 在塑性活动区结束 x_p 处有一个跳跃，σ_x，σ_y 的分布定性地示于图4－13中。

按照式（4－26），原岩应力 q 增加，活动区长度 L 也增加，但 L 的极限为 $a\cot\varphi-(b/h)$。而塑性区长 x_p 随 q 增加很快，因而必然在某个称为“临界压力”的原岩载荷 q_k 下，$x_p=L$，活动区全进入塑性状态时黏附摩擦就不可能存在，从而导致突出发生。q_k 可由下式确定：

$$q_k=\frac{\left(\lambda\cos\overline{\varphi}-\frac{b}{h}\right)\overline{c}}{h\lambda-b\tan\overline{\varphi}\left(1+\frac{1}{h}\right)-a} \tag{4-27}$$

式中　a，b——将屈服条件线性化时引入的常数。

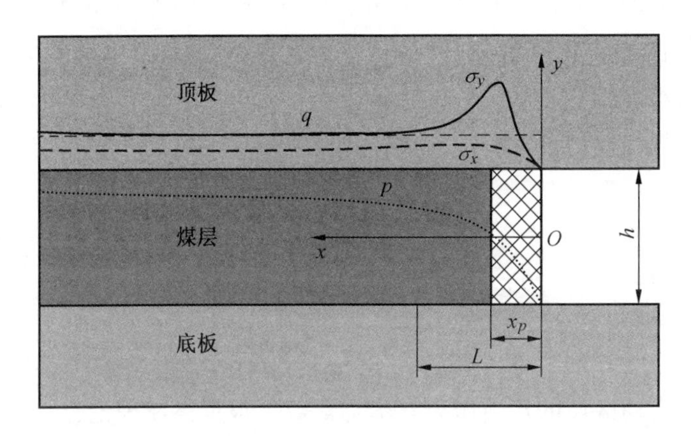

图 4-13 活动区瓦斯压力与应力分布图

4.1.4.3 含瓦斯煤的冲击失稳判据

煤层中瓦斯对冲击的作用有两个方面，一方面是吸附在煤体中的瓦斯可以改变煤体本身的力学性能。大量研究及实验表明，煤体吸附瓦斯量后，煤体的强度会降低，这方面已有大量研究工作，一般认为瓦斯压力与煤体强度参数有线性关系：

$$D = D_0 - bp \tag{4-28}$$

式中 D_0——反映纯煤体的强度参数，可取抗压强度、内聚力、弹性模量等；

D——含瓦斯煤的强度参数；

b——拟合常数；

p——瓦斯压力。

瓦斯对煤层冲击作用的另一个方面是煤层中的瓦斯以孔隙压力形式作用于煤体上，对煤体内的应力场产生影响。

对于图 4-13 所示的边界条件，q 作为煤体内部孔隙压

力，力的方向垂直作用面向外，因此与 σ_y 的方向相反，而对 x_p 范围的煤体来说 σ_x 是由于 q 施加在煤体上产生的侧向力，方向与 x 轴相反，所以 q 方向与 σ_x 相同。因此，在 Lippmann 提出的活动区内，q 对 σ_y 和 σ_x 的作用是不同的。根据有效应力原理：

$$\sigma_i' = \sigma_i - p \tag{4-29}$$

把式（4－29）代入式（4－24）得

$$\sigma_x' = \sigma_y' \frac{1-\mu}{\mu} + \frac{p}{\mu} \tag{4-30}$$

活动区域的瓦斯压力并不是常数，根据渗流理论：

$$p = \frac{qx}{\omega} \tag{4-31}$$

式中　q——开挖断面的瓦斯比流量，可根据现场瓦斯涌出量计算；

ω——煤层透气性系数；

p——距暴露面 x 距离的瓦斯压力。

根据式（4－28）重新推导可得含瓦斯煤的失稳冲击条件：

$$q_k' = \frac{\left(\lambda \cot \bar{\varphi}' - \frac{b}{h}\right)\bar{c}'}{(1+p)\left[h\lambda - b\tan \bar{\varphi}'\left(1+\frac{1}{h}\right) - a\right]} \tag{4-32}$$

由式（4－32）可以看出，由于 $\bar{c}' < c'$，$p>0$，所以含瓦斯煤失稳的临界压力值 q_k' 小于 q_k，这就是在瓦斯压力 p 作用下，含瓦斯煤更易失稳的原因。

4.1.4.4　复合型动力灾害的发生条件

复合型动力灾害是指冲击和突出互为诱因，在同一时段发生在同一区域的动力现象。根据前述研究，冲击地压主要是由

于开挖引起的应力集中对暴露面煤体的破坏，因为应力集中的范围在暴露面煤体附近，所以能量释放后会很快达到平衡，破坏持续性不强，根据式（4－26）破坏范围为 L，一般不会破坏深部煤体。突出是由瓦斯压力与应力共同作用，煤层中的瓦斯压力一直存在，所以造成破坏的持续性较强。发生冲击地压后，卸压带煤柱被破坏，新暴露面瓦斯压力较高，可能引起突出，从而发生冲击诱发突出动力现象。突出如果发生其持续性较强，并且破坏一起在发展，一般不会再引起冲击地压，如果突出孔洞体积较大，可能会在破碎顶板区域内引起顶板冒顶。

因此，复合型动力灾害的发生条件是：

（1）不满足条件（即在正常采掘时不发生的突出）时：

$$\frac{\mathrm{d}x}{\mathrm{d}p}=\frac{m}{2\mathrm{e}^{c+\frac{2f_1\cdot\mathrm{d}x}{m}\left(\frac{1+\sin\varphi}{1-\sin\varphi}\right)}\left(f_1+\dfrac{f_2\mu}{1-\mu}\right)}$$

（2）满足条件时：

$$q'_{\mathrm{k}}=\frac{\left(\lambda\cot\overline{\varphi'}-\dfrac{b}{h}\right)\overline{c'}}{(1+p)\left[h\lambda-b\tan\overline{\varphi'}\left(1+\dfrac{1}{h}\right)-a\right]}$$

（3）同时满足，突出的“理想条件”：

$$\begin{cases}f_1=p-\sigma_t=0 \quad (A\sigma_z-3p<0)\\ f_2=B\sigma_z-\alpha'(A\sigma_z-3p)-k'=0 \quad (A\sigma_z-3p\geqslant 0)\end{cases}$$

所以，复合型动力灾害主要是冲击地压破坏了卸压带保护煤柱，新暴露煤体的应力和瓦斯压力达到了突出的“理想条件”，从而继续发生突出。图4－13中曲线 p 表示瓦斯压力分布曲线，可知，冲击强度越大，冲击破坏的范围越大，发生突出的可能性越大。

4.2 突出的终止

关于瓦斯突出的终止，大部分研究者认为是由于以下几种原因之一：①激发突出的能量已耗尽，继续放出的能量不足以破坏煤体；②煤体强度不均匀，突出过程中遇到硬煤；③突出孔道受阻碍，不能继续在孔洞壁形成大的地应力梯度和瓦斯压力梯度。突出停止后，碎煤及粉煤沉降，其中的瓦斯继续解析并涌向巷道。同时，由于煤的喷出，在煤体中形成某种特殊形状的孔洞。孔洞壁与洞口间的瓦斯压力梯度，虽然不能把煤抛出，但可以使孔洞周围参与突出的煤体继续破碎，加剧瓦斯放散，这就是突出以后相当长一段时间内还存在瓦斯大量涌出的原因。

这三种情况只能对部分条件下突出的终止进行解释，比如在构造带附近的瓦斯异常区，突出后异常瓦斯释放，突出终止。但是，正常煤层赋存的情况下，埋深相差不大的同一地质区域，瓦斯压力基本相等，因此，突出发生后，后续补充能量不会大幅度降低。对突出现场的观察表明，大多数突出后能够明显看到突出孔洞，突出孔洞口并没有被堵住。因此，突出的终止应从力学角度进行分析。

4.2.1 普氏平衡拱理论

地下洞室的松动冒落范围和压力计算理论中，最常用的是普氏平衡拱理论。在 1907 年由俄罗斯的普罗托奇雅阔诺夫提出的，普氏经过大量的观测发现，地下洞室开挖之后，由于围岩破碎或受到裂隙节理的切割，洞顶岩体产生塌落，但塌落到一定的程度之后，会形成一个自然的平衡拱，此时，即使不作支护，洞室的顶部也将保持自我平衡。

4.2.1.1 普氏理论的基本假设

普氏在自然平衡拱的理论基础上，作了以下假设，以便从理论上进行计算：

（1）洞顶的岩体由于应力作用在开挖后形成松散围岩体，但是这些松散的围岩体自身仍具有一定的内聚力。

（2）地下洞室开挖后，洞顶松散岩体塌落过程中将形成一个自然平衡拱。沿洞室的两侧壁产生2个滑动面，滑动面方向与侧壁夹角成$45°-\frac{\varphi}{2}$。图4-14所示为平衡拱的计算模型图。因而，在计算洞顶压力时，仅考虑自然平衡拱范围内的岩体自重。

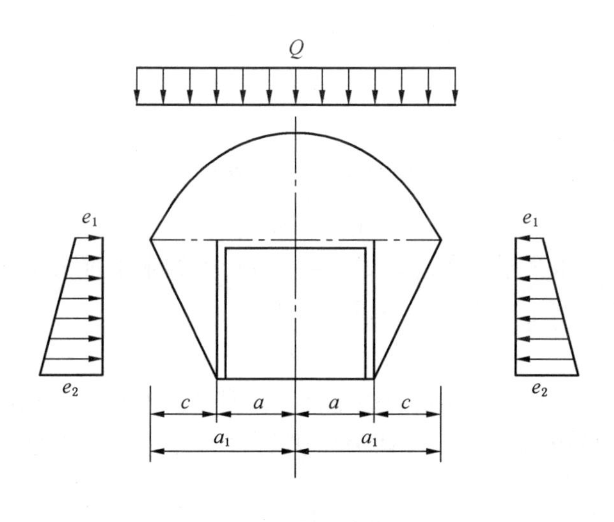

图4-14 平衡拱计算模型图

（3）岩体的强度用坚固系数f来表示，其计算方法和代表的物理意义为$f=\frac{\sigma}{\tau}=\frac{c}{\sigma}+\tan\varphi$。在实际应用中，为计算方便，取$f=R_c/10$。$f$值是一个无量纲的常数，在实际应用中，还得

考虑岩体结构的完整性以及地下水的影响。

（4）由于洞顶围岩破碎，因而自然平衡拱的洞顶岩体只能承受压应力，不能承受拉应力。

4.2.1.2 普氏理论的计算公式

自然平衡拱轴线方程的确定：

要计算平衡拱的平衡条件，确定围岩压力，首先必须确定平衡拱轴线平衡方程，然后计算轴线到洞顶距离，以计算平衡拱内岩体的自重。假设平衡拱边线是一个二次曲线，如图4-15所示。在拱边线上任取一点$M(x, y)$，由于岩体不承受拉应力，所以所有外力对应点的弯矩应为零，即

$$\sum M = 0 \qquad T_y - \frac{Qx^2}{2} = 0 \tag{4-33}$$

式中　Q——洞顶上部平衡拱范围岩体自重产生的均布载荷；

T——平衡拱拱顶截面的水平推力；

x，y——M点的x，y轴坐标。

根据水平平衡条件，式（4-33）中的水平推力T与作用在拱脚的水平推力，大小相等，即

$$T = T' \tag{4-34}$$

为了保持平衡拱的自然平衡，拱脚承受的推力应在能够保持平衡的范围内，普氏认为拱脚的水平推力必须满足下列要求：

$$T' \leqslant Qa_1f \tag{4-35}$$

即作用在拱脚处的水平推力必须要小于或等于垂直反力所产生的最大摩擦力，这样才能保持拱脚的稳定。出于安全考虑，普氏在进行计算时，又将这最大摩擦力降低了一半，令$T' = \frac{Qa_1f}{2}$。将上式代入原方程式（4-33）可得拱轴线方程为

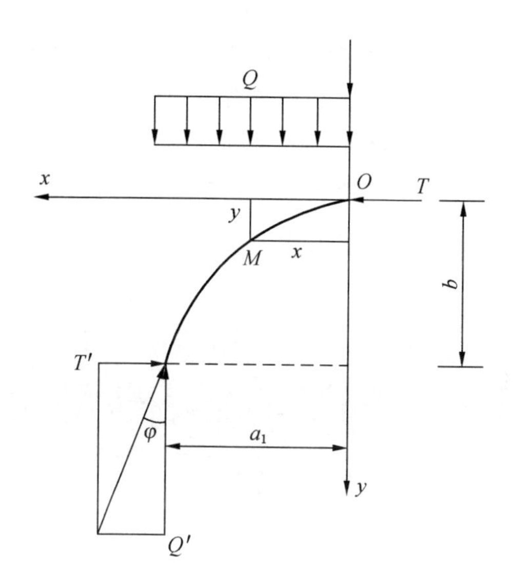

图 4－15　自然平衡拱计算简图

$$y = \frac{x^2}{a_1 f} \tag{4-36}$$

显然，拱边线方程是一条抛物线。根据式（4－36）就可求得拱边线上任意一点的高度。而当 $x = a_1$，$y = b$ 时，可得

$$b = \frac{a_1}{f} \tag{4-37}$$

式中　b——拱的矢高，即为自然平衡拱的最大高度；

a_1——自然平衡拱最大跨度，如图 4－14 所示。

$$a_1 = a + h\tan\left(45° - \frac{\varphi}{2}\right) \tag{4-38}$$

根据上式，可以很方便地求出自然平衡拱内的最大围岩压力值。

4.2.2 瓦斯压力作用下的平衡拱模型

含瓦斯煤突出时煤体已被破坏松散，在孔隙压力作用下抛出形成拱形孔洞，孔隙压力的作用可以看作是煤体内的体力。突出孔洞受力模型如图4－16所示，将模型右旋90°，孔隙压力的作用就类似于煤体重力，所以图4－16所示的力学模型就类似于著名的平衡拱理论的受力条件。

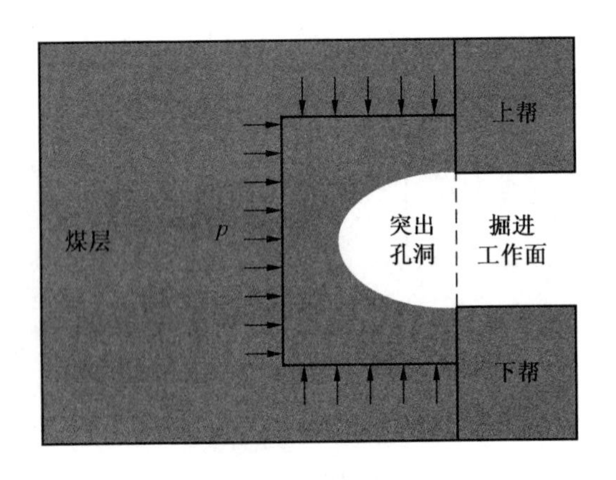

图4－16　突出孔洞受力模型图

因此，认为突出孔洞模型满足平衡拱假设，由于突出煤层的瓦斯压力远大于煤层的自重应力，计算过程中忽略煤体自重的影响。在图4－15中，用孔隙瓦斯压力 p 替换煤层中由重力产生的均布载荷 Q，就可以看作是与普氏平衡拱相同的应力分布情况，所以突出的终止是由于瓦斯压力作用下煤层突出孔洞形成了平衡拱，如图4－17所示。

根据平衡拱原理，文献中提出了瓦斯作用下煤体平衡拱失稳的经验公式，用来判断突出是否启动。

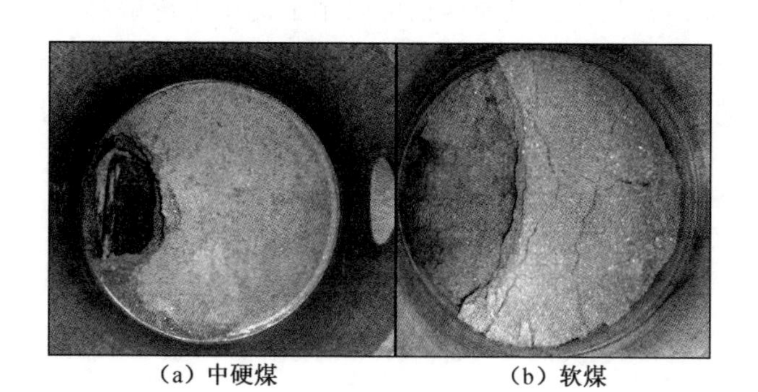

图 4-17 突出后形成的平衡拱

$$p - p_c \geqslant [1 - 0.00875(\varphi_i - 20°)] \Big/ \left(1 - 0.00175\frac{R_i}{t_i}\right)\left(0.3E\frac{t_i^2}{R_i^2}\right) \tag{4-39}$$

式中 p——煤层内的瓦斯压力，MPa；

p_c——煤层外部的瓦斯压力，MPa；

φ_i——应力拱的边缘与曲率中心构成的中心角的一半；

E——煤体的弹性模量，MPa；

t_i——煤壳的厚度，m；

R_i——应力拱的曲率半径，m。

显然，随着突出的进行，应力拱半径 R_i 增大，当条件不满足式（4-39），突出即停止。

式（4-37）和式（4-39）说明，突出孔洞的大小随煤的强度成反比，与瓦斯压力成正比，这也很好地解释了，硬煤的突出持续时间不长、终止快，是由于其形成平衡拱的尺寸较小。

煤矿现场对煤体进行水力冲孔消突时，会发生多次喷孔

（钻孔突出）现象。其原因也可以用平衡拱理论解释。当钻孔内发生突出后，也会形成平衡拱，而在高压水作用下，拱顶冲开小的孔洞，破坏了平衡拱的结构，形成了又一次的突出。

5 平顶山矿区瓦斯动力现象特征分析

5.1 煤岩瓦斯动力灾害发生概况

5.1.1 煤与瓦斯突出概况

平顶山矿区位于平顶山煤田东部，东西长约 55 km，南北宽 10 ~ 20 km，含煤面积约 650 km^2。平煤集团公司本部现有生产矿井 20 对，其中：10 对低瓦斯矿井（二矿、高庄煤矿、大庄煤矿、朝川煤矿、香山煤矿、三环公司、七星公司、天力先锋煤矿、吴寨煤矿、劳服云台煤矿）；1 对高瓦斯矿井（十一矿）；9 对突出矿井（一矿、四矿、五矿、六矿、八矿、香山公司、十矿、十二矿、十三矿）。目前主要开采煤层为$丁_{5-6}$、$戊_8$、$戊_{9-10}$、$己_{15}$、$己_{15-16}$、$己_{16-17}$ 6 层，煤层厚度 2.0 ~ 6.0 m。截至 2006 年 3 月底，平煤集团（不包括禹州、汝州地区）共发生煤与瓦斯突出 143 次，按矿井划分，一矿 1 次（丁组 1 次）、四矿 13 次（丁组 11 次、己组 2 次）、五矿 13 次（己组 13 次）、六矿 2 次（丁组 2 次）、八矿 38 次（戊组 22 次、己组 16 次）、十矿 48 次（丁组 25 次、戊组 17 次、己组 6 次）、十二矿 26 次（己组 26 次）、十三矿 2 次（己组 2 次），按突出煤层分类，丁组煤层 39 次、戊组煤层 39 次、己组煤层 65 次，按突出地点分类，掘进工作面突出 102 次、回采工作面 39 次，石门揭煤 2 次。

从突出地点的分布看，平顶山矿区煤与瓦斯突出主要集中在矿区东部，八矿、十矿、十二矿共突出 112 次，占总突出次数的 78.3% ，已组煤层、戊组煤层共突出 104 次，占总突出次数的 72.7% ，掘进工作面突出 102 次，占总突出次数的 71.3% 。另外从突出强度看，大型突出均集中在已组煤层和戊组煤层，如戊组煤层最大一次突出发生在八矿戊二皮带下山，突出煤量 562 t，瓦斯量 30130 m^3，已组煤最大一次突出发生在八矿已$_{15}$－14180 风巷，突出煤量 478 t，瓦斯量 40217 m^3，丁组煤层主要集中在回采工作面,并且强度较小,如十矿丁$_{5-6}$－21130 采煤工作面先后发生 25 次突出，最大突出强度 33 t，最小 3 t。

近几年来，随着矿井开采深度的增加，部分采掘工作面的埋藏深度达到了 800 m 以上，矿山冲击危害在个别矿井开始显现，如 2007 年 11 月 12 日十矿已$_{15}$－24110 回采工作面发生了 1 次以矿山冲击为主导作用的煤与瓦斯突出，煤炭近 2000 t，瓦斯 40000 m^3，造成 12 人死亡。除十矿外，矿山冲击危害在八矿、十一矿、十二矿、十三矿等均有不同程度的表现。

5.1.2 冲击地压及岩爆发生概况

实证分析是科学探索的重要方法和有效途径。十一矿自建矿以来没有发生过突出，但是发生过冲击地压 10 余次（表 5－1），主要发生在已组煤层及底板岩巷，表现为动力现象应力特征明显，一般发生在固定巷道壁，巷道围岩突然变形，支架受损严重，震感明显，甚至波及地面，动力现象发生后，瓦斯一般变化不大。符合冲击地压的基本特征。通过对这些“动力现象”事件进行实证分析，从中探寻它们的共性特征和一般规律，可以为十一矿煤岩动力灾害的防治提供针对性较强的科学依据和有效途径。

表5-1 十一矿冲击地压发生情况统计

序号	发生时间	发生地点	x	y	水平深度/m	地面标高/m	垂深/m	发生原因
1	2002-06-16	己$_{16-17}$-22120风巷	22850.4583	44265.98	-677	160	837	
2	2005-01-03	己$_{16-17}$-22120风巷	23043.5772	44176.7186	-683	169	852	
3	2006-01-12	己二皮带下山机头硐室	23071.1936	43819.8611	-580	141	721	巷道应力叠加
4	2007-08-06	己$_{16-17}$-22062机巷	21973.7705	44489.4843	-613	187	800	开采应力叠加
5	2007-09-04	丁戊煤上仓带式输送机巷机尾硐	22987.8371	43864.5195	-557	143	700	巷道应力叠加
6	2008-04-23	己$_{16-17}$-22062风巷	21734.1905	44367.6134	-584	187	771	开采应力叠加
7	2008-04-30	己二皮带下山二台带式输送机机头	23257.6355	44193.6604	-745	183	928	巷道应力叠加
8	2008-10-31	己二采区二、三区段车场	23009.3425	43990.6049	-638	151	789	开采扰动+应力叠加
9	2009-10-21	己二采区二区段车场	22941.7247 22916.2122 22908.4611	43994.6175 44232.1597 44208.803	-612 -684 -670	148 168 167	760 852 837	开采扰动+应力叠加
10	2009-12-17	己$_{16-17}$-22122开切眼	22059.6947	44756.8052	-685	150	835	开采应力叠加
11	2010-01-15	己$_{16-17}$-22122开切眼	22070.3968	44776.6845	-689	153	842	开采应力叠加
12	2010-02-19	己$_{16-17}$-22122开切眼	22087.1756	44810.1128	-695	158	853	开采应力叠加

十一矿首次有危害的冲击地压于2002年6月16日发生在己$_{16-17}$-22120风巷掘进迎头工作面,表现为顶板岩层面垂直巷道走向断裂出一条10~20 m长的裂隙,迎头左上角煤层沿软、硬层交面呈现一个“瓶”状的孔洞,从迎头碎煤堆积状况和瞬间瓦斯涌出的数量判断,这应是一次小型的有瓦斯参与的煤岩动力灾害。

在2002—2006年间，共发生过3次动力灾害，其中2次发生在同一地点己$_{16-17}$-22120风巷，分别为掘进（2002年6月16日）和回采期间（2005年1月3日），发生地点两侧均有小断层，受其影响此区域应力分布不均，是引起动力现象发生的主要原因。另一次发生在2006年1月12日，发生地点为己二皮带下山机头硐室，主要原因是周围巷道硐室很多，且交叉布置，多处形成孤岛煤柱，应力分布不均，在局部叠加严重，是典型的矿柱型岩爆。

2007年以后，发生动力灾害的频度有所增加，但主要分布在开采形成的应力集中区域。2007年8月6日在己$_{16-17}$-22062机巷掘进时发生动力现象，下帮内移和底板鼓起，瓦斯变化不大。此次动力现象发生在己$_{16-17}$-22062机巷掘进至上分层（己$_{16-17}$-22080采煤工作面）终采线附近，受上分层开采形成的支承压力及前方断层影响，此区域为应力集中区，具备了发生冲击的条件。

2007—2009年，在己二采区下山二、三区段区域发生了4次冲击地压，其中后两次规模较大，震级均超过2.0级，根据采掘布置及开采过程对这几次冲击地压发生原因进行分析认为，前2次（2007年9月4日丁戊煤上仓带式输送机巷机尾硐，2008年4月30日己二皮带下山二台带式输送机机头）规模较小，西翼回采工作面距离较远，受采动支承压力影响较小，主要是因为此区域巷道、硐室较多，应力集中程度高且分

布复杂，应力梯度大，围岩在长期高应力作用下发生蠕变，形成小规模的岩爆，与前述2006年1月发生在己二皮带下山机头硐室的岩爆类型一样。后2次（2008年10月31日己二采区二、三区段车场，2009年10月21日己二采区二区段车场）冲击规模很大，震级分别为2.0级和2.2级，主要受采动支承压力、巷道应力叠加和断层影响。首先这两次冲击地压分别发生在己$_{16-17}$-22101采煤工作面、己$_{16-17}$-22062采煤工作面推进至终采线附近时，此时采动造成了顶板大面积活动，采动支承压力与原有巷道应力叠加，对岩体原有系统平衡状态造成强烈扰动，另外，此区域分布有数条断层，应力扰动也致使断层活化，从而引起大规模的冲击地压。

2008年4月23日在己$_{16-17}$-22062风巷900 m处（下层己$_{16-17}$-22061采煤工作面开切眼外留煤柱处）发生小规模动力现象，造成两架支架损坏，巷道底鼓。其主要原因是己$_{16-17}$采用分层开采，下分层开切眼外错，而冲击地压就发生在上下分层两开切眼之间的巷道，可见主要是受到上分层回采形成的支承压力影响，是典型的压力型冲击，规模较小。2009年12月至2010年2月期间在己$_{16-17}$-22122开切眼掘进期间发生过3次冲击地压，其发生位置距离很近，发生原因基本相同，均是下分层为布置在原生顶板处，开切眼外错，与上分层开切眼间距20 m左右，位于应力集中区域，该开切眼掘进过程中发生因应力突然释放造成的冲击地压。

5.2　瓦斯动力灾害的分布规律

5.2.1　平煤四矿瓦斯参数与动力灾害分析

5.2.1.1　*矿井瓦斯涌出量*

从四矿历年的矿井瓦斯等级鉴定结果显示，绝对瓦斯涌出

量和相对瓦斯涌出量总体均呈上升趋势，而 CO_2 的涌出量基本恒定。四矿从 1991 年到 1996 年被鉴定为低瓦斯矿井，从 1997 年第一次突出以后到现在被鉴定为突出矿井。

从图 5－1 中可以看出四矿的绝对瓦斯涌出量从 1991 年到 1998 年保持一个较低的水平，自 1999 年开始上升，2003 年超过 40 m^3/min，到现在一直保持在 50 m^3/min 左右。表明近年来虽然矿井产量逐步增加，矿井通风能力仍然能够满足生产需要。

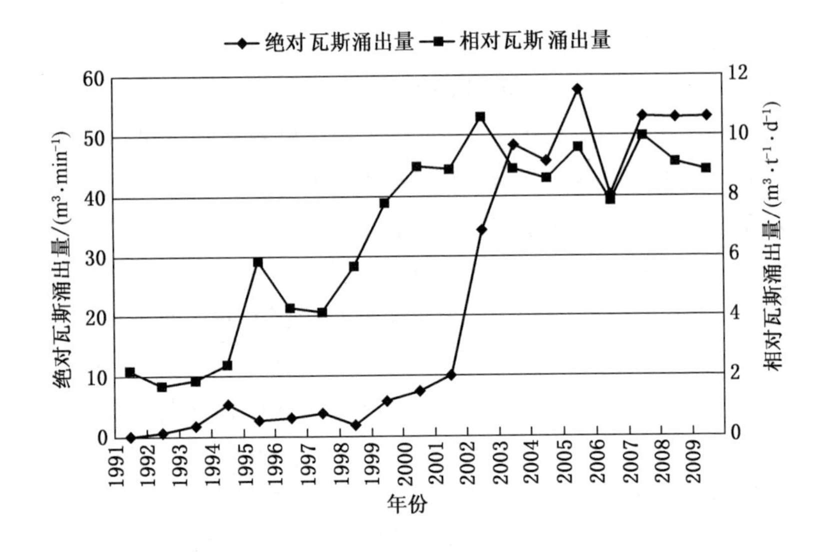

图 5－1　历年绝对/相对瓦斯涌出量统计

2002 年以前，相对瓦斯涌出量总体是上升的趋势，到 2002 年达到最大值 10.544 m^3/(t·d)，表明煤层瓦斯含量随着采深的加大而增加的趋势，2003—2007 年处于稳定阶段，基本在 10 m^3/t 以下，这与四矿加强瓦斯综合治理措施、采用

解放层开采、预抽煤层瓦斯等方法的有效实施有关。自 2002 年以来四矿已连续 8 年无瓦斯突出事故。

5.2.1.2 煤层瓦斯压力及瓦斯含量

1. 地质勘探阶段测试结果

四矿是多煤层开采，各煤层瓦斯含量、瓦斯压力各不相同，根据勘探阶段的 1987 年煤炭工业部一二九煤田地质勘探队提供的《煤层瓦斯测定成果表》地质报告，以及对各煤层瓦斯含量、瓦斯压力测定结果，各煤层原始瓦斯参数具体见表 5-2。丁$_{5-6}$煤层瓦斯压力最大，达到了 5.04 MPa，四矿开采过程中的瓦斯突出也大多发生在丁$_{5-6}$煤层。戊$_{9-10}$和己$_{16-17}$煤层瓦斯含量较高，而与其相邻的戊$_8$、己$_{15}$煤层瓦斯压力和含量均较低，是理想的保护层。各煤层的透气性系数均很低。

表 5-2 矿井各煤层原始瓦斯参数

序号	煤　层	瓦斯压力/MPa	瓦斯含量/($m^3 \cdot t^{-1}$)	煤层的透气性系数/($m^2 \cdot MPa^{-2} \cdot d^{-1}$)
1	戊$_8$	0.62	2.034	0.006
2	戊$_{9-10}$	0.95	12.6	0.0561
3	己$_{15}$	0.54	1.4	0.0074
4	己$_{16-17}$	1.1	11.25	0.064
5	丁$_{5-6}$	5.04	0.48	0.034

依据《一、四、六矿深部扩勘地质报告》，本区范围内有 11 个钻孔获得己组煤层瓦斯含量实验成果，CH_4 含量为 1.394 ~ 7.435 m^3/t。其分布规律为，东部瓦斯小，西部瓦斯大，36 勘探线以东瓦斯逐渐变小，36 勘探线以西至 40 勘探线瓦斯含量较大。沿倾斜方向，虽然实验数据离散性较大，但具有随着煤

层埋深的增加，瓦斯含量逐渐加大的趋势，如图 5－2 所示。

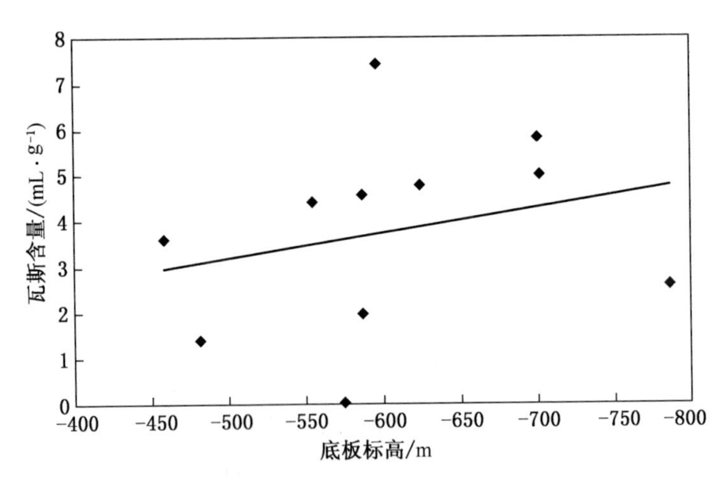

图 5－2　己组煤层原始瓦斯参数

2. 生产阶段测试结果

查阅四矿的瓦斯参数台账，对各煤层的瓦斯参数进行了整理，各煤层瓦斯压力及瓦斯含量结果见表 5－3 至表 5－6。

表 5－3　$丁_{5-6}$煤层瓦斯压力及瓦斯含量测定结果

测定地点	测定煤层	标高/m	垂深/m	瓦斯含量/($m^3 \cdot t^{-1}$)	瓦斯压力/MPa	测定时间	备注
$丁_{5-6}$－19190 采煤工作面风巷 725 m 上帮	$丁_{5-6}$	－418	780	2.9564	0.09	2009－06－10	保护范围内
$丁_{5-6}$－19190 采煤工作面风巷 950 m	$丁_{5-6}$	－418	785	4.65	可解吸含量 2.4	2009－03－09	保护范围内
$丁_{5-6}$－19190 风巷外口 95 m 煤柱区上帮	$丁_{5-6}$	－418	720	11.8831	0.69	2009－06－10	

表5-4 戊$_{9-10}$煤层瓦斯压力及瓦斯含量

测定地点	测定煤层	标高/m	垂深/m	瓦斯含量/($m^3 \cdot t^{-1}$)	瓦斯压力/MPa	测定时间
戊九采区戊$_8$-1-9190风巷+35 m	戊$_{9-10}$	-503.4	723.4	12.6	0.95	2005-09-20
戊$_{9-10}$-19140风巷或机巷煤柱区	戊$_{9-10}$	-502		10.1723	0.52	
戊$_{9-10}$-19140工作面开切眼	戊$_{9-10}$	-502		1.2345	0.03	保护范围内

表5-5 己$_{14-15}$煤层瓦斯压力及瓦斯含量

测定地点	测定煤层	标高/m	垂深/m	瓦斯含量/($m^3 \cdot t^{-1}$)	瓦斯压力/MPa	测定时间
三水平回风下山(三水平上部变电所)	己$_{15}$	-617.3	987.3	6.7	0.1	2009-02-15
三水平副井车场三水平中部变电所东头	己$_{15}$	-823	1148	6.696	1.69	2009-02-15
三水平副井车场三水平中部变电所西头	己$_{15}$	-823	1148	无	2.2	2009-02-15
己三采区免揭煤巷东端上帮	己$_{15}$	-546	951	6.897	0.1	2008-04-15
己三采区免揭煤巷东端下帮	己$_{15}$	-546	951	6.897	0.4	2008-04-15
三水平上部车场上部变电所	己$_{15}$	-617	987	6.96	0.3	2008-08-15

表 5-5（续）

测定地点	测定煤层	标高/m	垂深/m	瓦斯含量/($m^3 \cdot t^{-1}$)	瓦斯压力/MPa	测定时间
三水平副井车场三水平中部变电所东头	$己_{14}$	-823	1148	无	1.68	2009-02-15
三水平副井车场三水平中部变电所西头	$己_{14}$	-825	1150	7.84	0.1	2009-02-15

表 5-6　$己_{16-17}$煤层瓦斯压力及瓦斯含量

测定地点	测定煤层	标高/m	垂深/m	瓦斯含量/($m^3 \cdot t^{-1}$)	瓦斯压力/MPa	测定时间
己三采区十号仓附近	$己_{16-17}$	-370.9	630	6.7	0.7	2003-04-15
己三采区$己_{15}$-23070机巷片盘	$己_{16-17}$	-470.9	890	11.25	1.1	2003-06-15
己三采区$己_{15}$-23140风巷450 m	$己_{16-17}$	-523.2	943.2	6.96	0.85	2008-07-15
己三采区三水平明斜井（免揭煤处）	$己_{16-17}$	-546	951	9.8	0.1	2008-05-15
三水平上部车场上部变电所	$己_{16-17}$	-616.2	986.2	10.34	1.1	2008-07-15
三水平副井车场三水平中部变电所东头	$己_{16}$	-823	1148	9.13	2.35	2009-02-15
三水平副井车场三水平中部变电所西头	$己_{16}$	-823	1148	7.19	2.1	2009-02-15

表5-6（续）

测定地点	测定煤层	标高/m	垂深/m	瓦斯含量/($m^3 \cdot t^{-1}$)	瓦斯压力/MPa	测定时间
三水平副井车场三水平中部变电所东头	己$_{17}$	-823	1148	5.88	1.4	2009-02-15
三水平副井车场三水平中部变电所西头	己$_{17}$	-823	1148	8.89	2.6	2009-02-15
己$_{16-17}$-23060采煤工作面	己$_{16-17}$	-465	895	2.83	0.12	2008-05-15 保护范围内
己$_{16-17}$-23030采煤工作面机巷2号孔	己$_{16-17}$	-427	756	2.213	0.3	2009-09-10 保护范围内
己$_{16-17}$-23030采煤工作面机巷3号孔	己$_{16-17}$	-424	753	2.114	0.28	2009-09-10 保护范围内
己$_{16-17}$-23030采煤工作面机巷以西21 m 5号孔	己$_{16-17}$	-421	750	2.213	0.3	2009-09-10 保护范围内

矿区内丁$_{5-6}$煤层大部分已回采结束，现已不是四矿的主采煤层，仅余东翼两个区段未采，但其未在保护范围内的瓦斯含量和压力仍然较高，并且受两侧大面积采空影响煤体内应力较高，煤体具有中等偏强冲击倾向。所以，丁$_{5-6}$煤层仍然具有发生动力灾害的物质条件和力源条件。

戊$_{9-10}$煤层原始瓦斯压力和含量均较高，由于戊$_8$煤层作为保护层先采，在保护范围内戊$_{9-10}$煤层瓦斯释放效果明显，如保护范围内的戊$_{9-10}$－19140 工作面开切眼测试的瓦斯压力和含量仅为 0.03 MPa 和 1.2345 m^3/t。

己组煤是四矿现有的主采煤层，己$_{15}$煤层作为保护层先采，但随着采深的增加，己$_{15}$煤层的瓦斯压力和含量显著增加，如图 5－3 所示，在埋深接近 1150 m 时，最大瓦斯压力达到了 2.2 MPa，远远超过了《防治煤与瓦斯突出规定》中瓦斯压力的单项指标临界值 0.74 MPa。根据现有测试数据，己$_{15}$煤层瓦斯压力 p 与埋藏深度 D(m) 回归分析得到，己$_{15}$煤层的瓦斯压力梯度为 0.89 MPa/100 m，根据式（5－1）可以推算出在 1022 m，己$_{15}$煤层压力达到 0.74 MPa。

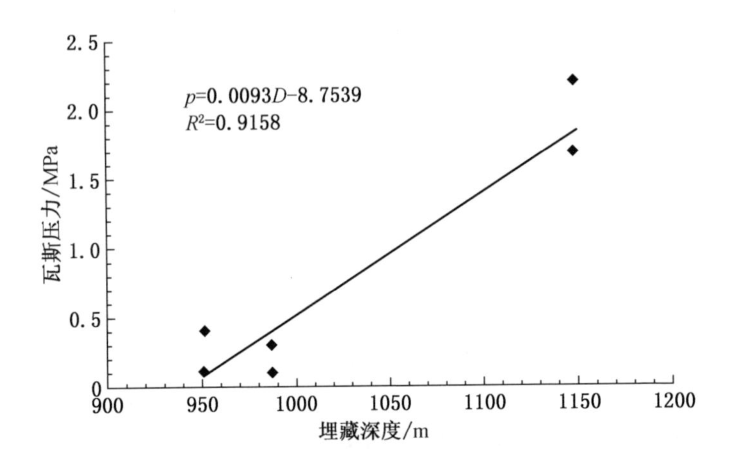

图 5－3　己$_{15}$煤层瓦斯压力与埋藏深度关系图

$$p = 0.0089D - 8.3563 \quad (R^2 = 0.92) \qquad (5-1)$$

己$_{16-17}$煤层为四矿现在的主采煤层，具有瓦斯突出危险，瓦斯压力和含量测试数据较多。图 5－4 所示为己$_{16-17}$煤层瓦斯压力与埋藏深度的关系（不包含保护范围内的测试数据）。

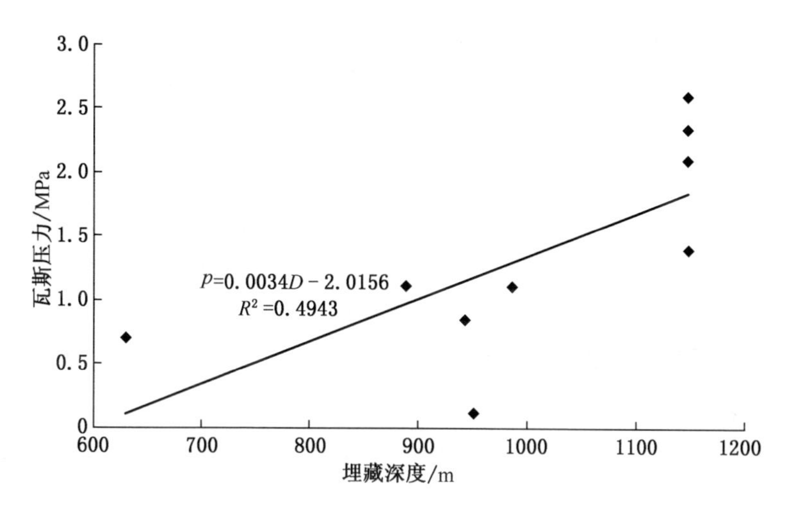

图5－4　己$_{16-17}$煤层瓦斯压力与埋藏深度关系图

己$_{16-17}$煤层瓦斯压力 p(MPa) 与埋藏深度 D(m) 回归分析得到：

$$p = 0.0034D - 2.0156 \quad (R^2 = 0.49) \qquad (5-2)$$

回归值瓦斯压力梯度为0.34 MPa/100 m。

己$_{16-17}$埋深820 m以深的区域瓦斯压力基本上都大于0.74 MPa，瓦斯压力总体趋势与埋藏深度呈正比关系，虽然结果具有较高离散性，但与客观规律基本一致。测得的最大瓦斯压力在三水平副井车场，达到了2.6 MPa。三水平是四矿的接替水平，是未来矿井的主要生产区，但其深度很大，超过1100 m，瓦斯压力大，平均达到了1.91 MPa，平均瓦斯含量达到8.53 m³/t，均超过了《防治煤与瓦斯突出规定》中区域预测的突出指标。而且从统计数据来看，随着深度的增加，瓦斯压力增加的速度更快，因此在深部发生煤与瓦斯动力灾害的可能性大大增加。

庚$_{20}$煤层现在刚开拓完成，准备好了首采 21040 工作面，现仅有深部三水平的测试数据，埋深在 1150 m 时，最大瓦斯压力达到了 2.4 MPa，瓦斯含量为 7.37 m^3/t，可以推测庚组煤深部开采时也会受到煤岩瓦斯动力灾害的威胁。

四矿自建矿以来共发生突出 21 次，丁组煤层 17 次，己组煤层 4 次，突出时煤体整体位移或煤体有一定距离的抛出，有时无孔洞、有时有孔洞呈口大腔小的楔形孔洞；压出的煤呈块状，无分选现象；压出后，在煤层与顶板之间的裂隙中，常留有细煤粉，整体位移的煤体上有大量的裂隙；压出后巷道瓦斯涌出量增大，符合压出的基本特征，所以说四矿历次突出全部以压出类型为主。通过对这些“动力现象”事件进行实证分析，从中探寻它们的共性特征和一般规律，可以为四矿煤岩瓦斯动力灾害的防治提供针对性较强的科学依据和有效途径。

5.2.1.3 时序分布特征

煤与瓦斯突出动力事件在时间序列上的分布并不均衡，表现出阶段性特征。大体可划分为三个阶段，如图 5－5 所示，详细资料见表 5－7。

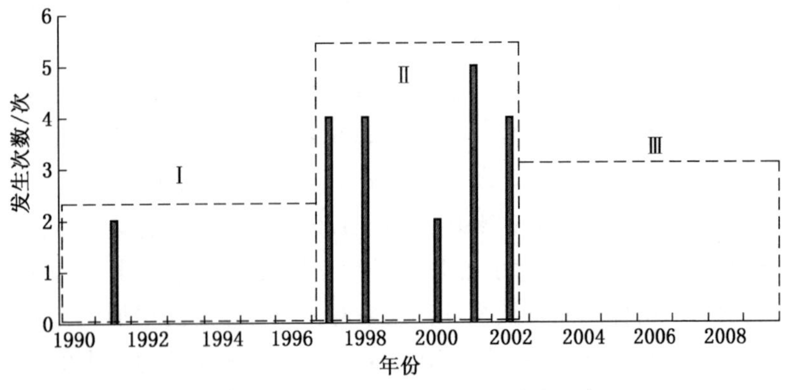

图 5－5　四矿煤与瓦斯动力灾害时序分布图

表5-7　四矿历次煤与瓦斯动力灾害统计表

序号	突出涌煤量/t	瓦斯涌出量/m^3	地面高程/m	水平标高/m	时　间	埋藏深度/m	吨煤瓦斯涌出量/($m^3 \cdot t^{-1}$)	煤　层
1	8	—	295	-413	1991-10-18	708	—	己$_{16-17}$
2	1	—	291	-390	1991-07-19	681	—	己$_{16-17}$
3	5.45	237	325	-425	1997-01-11	750	43.49	丁$_{5-6}$
4	10	369	325	-425	1997-01-13	750	36.90	丁$_{5-6}$
5	10	403	334	-444	1997-03-23	778	40.30	丁$_{5-6}$
6	44.7	386.4	341	-447	1997-03-09	788	8.64	丁$_{5-6}$
7	60	140	265	-410	1998-10-20	675	2.33	丁$_{5-6}$
8	10	269	261	-406	1998-11-24	667	26.90	丁$_{5-6}$
9	15	332	268	-400	1998-11-06	668	22.13	丁$_{5-6}$
10	33	198	280	-393	1998-08-26	673	6.00	丁$_{5-6}$
11	12	400	260	-450	2000-01-22	710	33.33	丁$_{5-6}$
12	40	3206	450	-485	2000-12-05	935	80.15	己$_{16-17}$
13	16.3	255	260	-454.9	2001-03-12	714.9	15.64	丁$_{5-6}$
14	25	1380	270	-441	2001-03-20	711	55.20	丁$_{5-6}$
15	35	676	385	-395	2001-04-12	780	19.31	丁$_{5-6}$
16	18.6	610	380	-396	2001-04-16	776	32.80	丁$_{5-6}$
17	18	149	346.4	-498.2	2001-06-11	844.6	8.28	丁$_{5-6}$
18	11	352	268	-399	2002-01-15	667	32.00	丁$_{5-6}$
19	13	582	270	-400	2002-01-29	670	44.77	丁$_{5-6}$
20	25	1540	278	-405	2002-03-10	683	61.60	丁$_{5-6}$
21	72	2050	213.5	-409	20020-4-12	622.5	28.47	己$_{16-17}$

第Ⅰ阶段，1997年以前。

这一阶段发生次数比较少。仅1991年在己$_{16-17}$煤层的21220机巷掘进时发生过两次比较小的动力现象，属于动力压

出现象。“突出”地点标高 -413 m，埋藏深度约 700 m。突出点附近有一条落差 2.6 m 的逆断层横断该巷道掘进方向，附近煤质松软，层理较紊乱，表现出构造煤的特征。因以往未发生过突出，因此此次动力灾害前未采取防突措施，也没有记录突出的瓦斯涌出量。

此前在戊组小于 700 m 的深度开采尽管也遇到过类似的煤层组、开采条件和更为复杂的地质构造条件，但均未发生过“突出”。据此推测，在平煤四矿的开采和煤系地层条件下，应力强度（包括地应力和瓦斯压力，直观表现为开采深度）是决定发生突出的必要条件，尽管发生突出的煤层条件、煤质及其结构构造条件、地质构造条件和开采扰动条件都具备了发生“突出”的基本条件和属性，但是地应力和瓦斯压力的强度不够，破坏煤体的内能便不足，“突出”很难发生。但应力强度不是决定发生“突出”的充分条件，是否发生突出还需要煤层条件、煤质及其结构构造条件、地质构造条件和开采扰动等条件的适宜组合。

尽管在“突出”发生的早期，煤矿应对“突出”的技术和心理准备还不充分，但在此阶段以后几年中，并没有突出事故发生，因此此阶段表现出井田内煤—瓦斯系统的局部不稳定及动力灾害的偶发性特征。

第Ⅱ阶段，1997—2002 年。

这一阶段的 5 年中，在丁组煤层发生了 17 次“突出”，己组煤层发生了 2 次“突出”，平均频度为 3.8 次/a。

由于第一阶段并没发生过真正意义上的“突出”，煤矿在防治突出方面的技术和心理准备方面显然还不成熟，到第二阶段后，随着开采深度的增加，丁组煤层普遍满足了突出发生的基本条件，突出已经具有常发性的特征。防突措施稍有不

慎，就可能发生突出，煤—瓦斯系统表现出系统不稳定的特征。

此阶段丁$_{5-6}$煤层的突出主要集中在 -390 m 水平（最小埋深680 m）以下的丁$_{5-6}$ -19160、19130、19180 采掘范围内，密集发生了 15 次“突出”，此前丁组煤层未曾发生过“突出”。由此推测，此期间密集发生的“突出”，属于系统不稳定阶段中的局部剧烈失稳。

此阶段己组煤层发生过 2 次突出，一次在 2000 年 12 月 5 日己$_{16-17}$ -23080 机巷，突出点位于两条小断层交叉点附近，是典型的地质构造变化引起的突出。另一次发生在 2002 年 4 月 12 日己$_{16-17}$ -23020 开切眼掘进期间，突出煤量达到 72 t，瓦斯涌出量 2050 m^3，是典型的中型突出。由此可见，进入 23 采区后，己$_{16-17}$煤层已接近或达到发生突出的应力和瓦斯条件，并且己$_{16-17}$煤层的动力强度明显高于丁$_{5-6}$煤层，由于煤矿采取了针对性的防治措施，突出现象仅是偶有发生。

第Ⅲ阶段，2003 年以后。

虽然开采强度增大，开采深度持续增加，但 2003 年至今，四矿已连续 8 年没有发生过煤与瓦斯突出现象。

其原因主要：客观方面，井田内丁$_{5-6}$煤层西翼的储量大部分回采结束，东翼煤层瓦斯含量和压力明显较低，发生突出的瓦斯应力条件没有达到。

主观方面，四矿经过前一阶段的学习和实践，掌握了矿井动力现象的发生规律，制定了较完善的预测和防治措施。尤其是成立了防突科和防突队后，采用抽放瓦斯和开采保护层区域防突措施，很好地控制了突出事故的发生。由此可见，尽管开采难度增大，但只要加强管理，采取有效措施，就能抑制动力灾害的发生。

5.2.1.4 空间分布特征

四矿的煤与瓦斯突出具有显著的分带特征。煤与瓦斯突出集中发生在一个长1600 m、宽700 m的区域范围内，该区域是四矿在没有成立防突科之前开采的较深区域，可见突出的发生受埋藏深度的影响也较大（图5-6）。

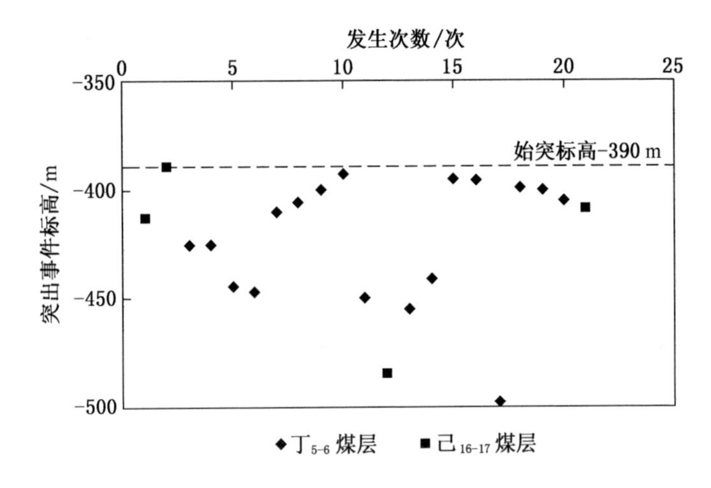

图5-6　四矿煤与瓦斯突出事件标高分布

（1）四矿丁$_{5-6}$煤层的煤与瓦斯突出具有显著的分带特征。由图5-7可知，煤与瓦斯突出集中发生在一个长1600 m、宽700 m的区域范围内，沿北西—南东方向展布的狭长条带内。该条带与四矿煤层走向基本一致，可见条带分布方向受埋藏深度控制。该条带应确定为四矿区域煤与瓦斯突出高危带，其南侧边界（粗实线）基本可以确定，北侧边界和东西两个延伸方向（虚线）随着开采深度增加可能还将扩展。

突出绝大部分分布在井田西翼，这与《一、四、六矿深部扩勘地质报告》中的勘探结果“井田内东部瓦斯小，西部瓦

斯大”的规律吻合。

（2）存在煤与瓦斯突出的初始临界深度，标高 -390 m 是四矿各煤层组的始突深度。高于此标高，无论采取何种采煤方法和在何种煤层中开采，均未发生过煤与瓦斯突出。从突出等深度图（图5-7、图5-8）可以看出，绝大部分突出分布在

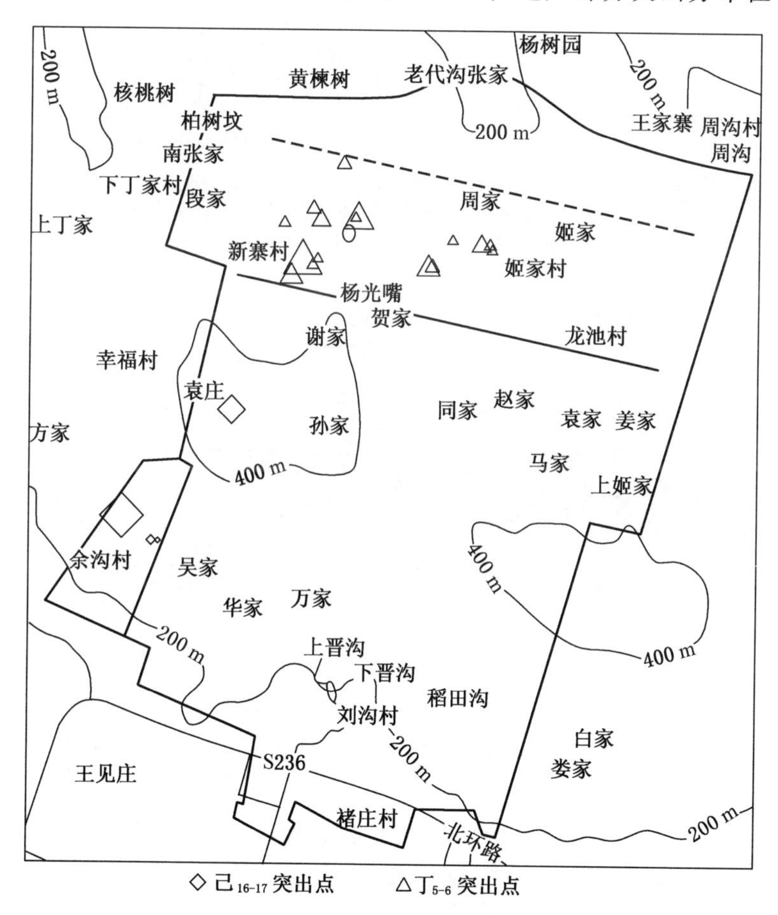

（图中标志的大小表示突出强度规模）

图5-7　四矿煤与瓦斯突出位置分布图

埋深620～800 m之间，这表明埋深超过620 m，达到了突出发生的应力条件，而埋深大于800 m的突出次数变少主要是因为平煤集团全面推广应用“九五”瓦斯治理技术，加强了瓦斯治理。

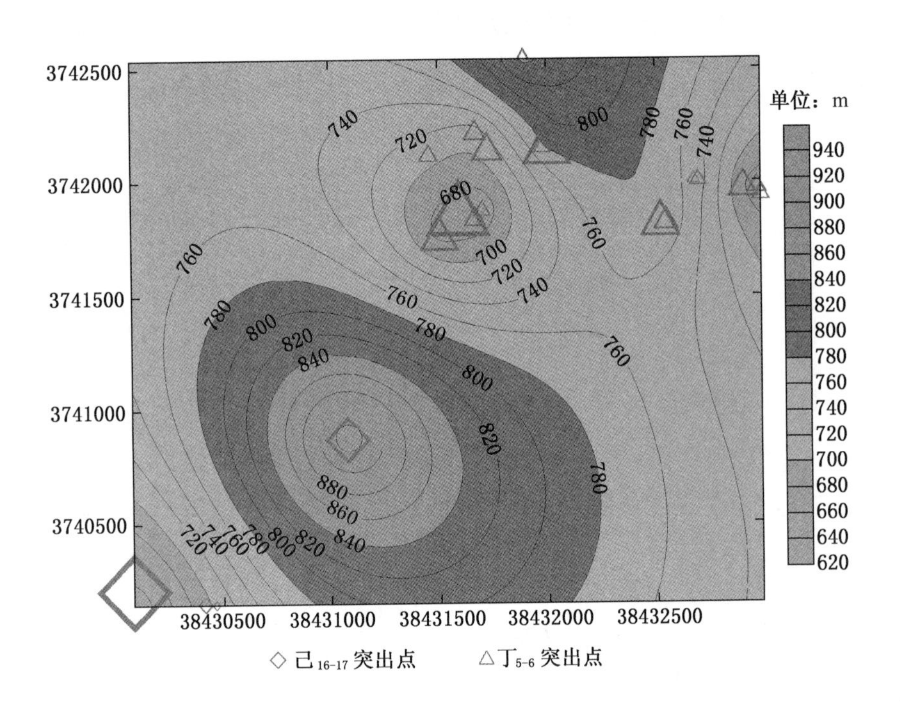

（图中标志大小表示突出强度规模）

图5-8　发生煤与瓦斯动力灾害点等深度（m）分布图

（3）从突出点的地质构造分析，虽然四矿井田内没有大的地质构造（图5-9）。唯一显著的特征是，地表起伏较大，最高处达到506 m，最低处仅200 m左右，地表高程陡增，煤层的埋藏深度梯度变大，因此，应力（地应力与瓦斯压力）

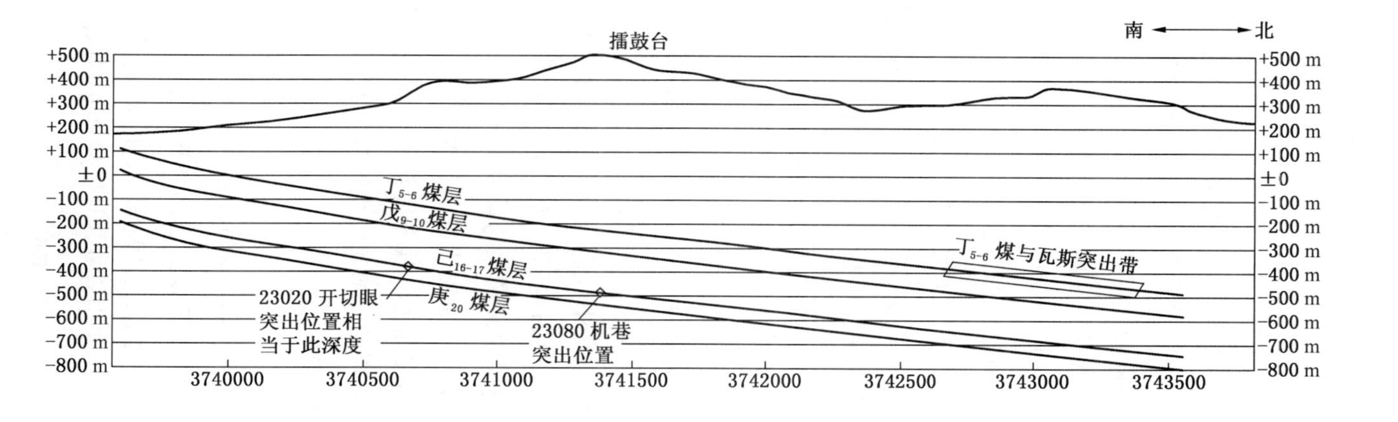

图 5-9　煤与瓦斯突出带 39 号勘探线剖面图

强度等值线在此将会密集，梯度陡增。另外，小断层发育较多，相当部分（共有13次，占总突出次数的62%）的突出发生在小断层附近，这也表明断层附近应力梯度高，煤质松软、构造煤发育使得这些区域非常利于突出的发生。

由此得出这样的认识：在四矿的瓦斯地质条件下，尽管地质构造比较复杂，但地应力强度没有达到一定程度，便不具备发生突出的作用力和内能，而达到一定埋藏深度后，应力强度增大使得煤与瓦斯具备了发生突出的内能，尽管没有复杂的地质构造，突出也会发生。同一煤层组存在一个始突深度，在此深度之上一般不会发生突出，但接近这一深度如遇有导致地应力增大的特殊地质构造（如逆断层），便补充了由于深度不够而应力强度和煤与瓦斯发生突出内能的不足，使得在浅于具有普遍意义的始突深度条件下也有偶发情况。从而推导出一个结论：相同煤层组，应力强度是发生突出的最重要因素；应力梯度增大的部位易于发生煤与瓦斯突出。

从图5－8和图5－9中我们能够看出，动力灾害发生最多的深度分布在660～780 m之间，最浅的一次发生在622.5 m处，发生在己$_{16-17}$煤层中，最深的动力灾害发生点深944.6 m。

可见四矿存在煤与瓦斯突出的初始临界深度，垂深620 m是四矿各煤层组的始突深度。浅于此深度，无论采取何种采煤方法和在何种煤层中开采，均未发生过煤与瓦斯突出。

5.2.1.5 强度分布特征

1. 动力灾害类型

四矿自1991年发生首次煤与瓦斯突出以来，至今已经发生突出21次。其中丁组17次、己组4次。丁组煤层的突出全部发生在丁$_{5-6}$煤层的丁$_{5-6}$－19160采面及以下，均为压出。己$_{16-17}$煤层突出4次，其中在1991年发生的是规模很小的2

次压出，2 次突出，其中瓦斯涌出量最大的 1 次发生在地面标高陡升的擂鼓台山峰下面，埋深达到了 935 m。

2. 突出煤体总量

突出煤体总量一般反映参与突出作用力（地应力与瓦斯压力）的强度。

第Ⅰ阶段，仅在己$_{16-17}$煤层出现过 2 次规模很小的压出，突出煤体的总量分别为 1 t 和 8 t。第Ⅱ阶段，丁组突出煤体的总量均小于 50 t/次，平均 21.3 t/次，己组突出 2 次，分别为 40 t 和 72 t，平均 56 t/次，强度均不高。但己组煤突出强度明显高于丁组，这与己组煤层埋深更大，瓦斯含量更高相符合，如图 5－10 所示。

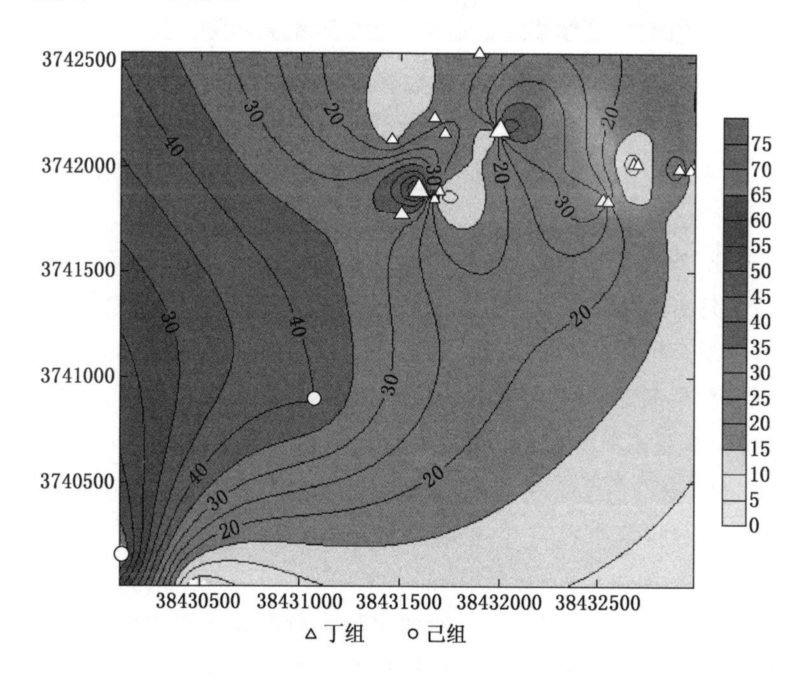

图 5－10　煤与瓦斯突出事件突出煤量（t/次）平面等值线图

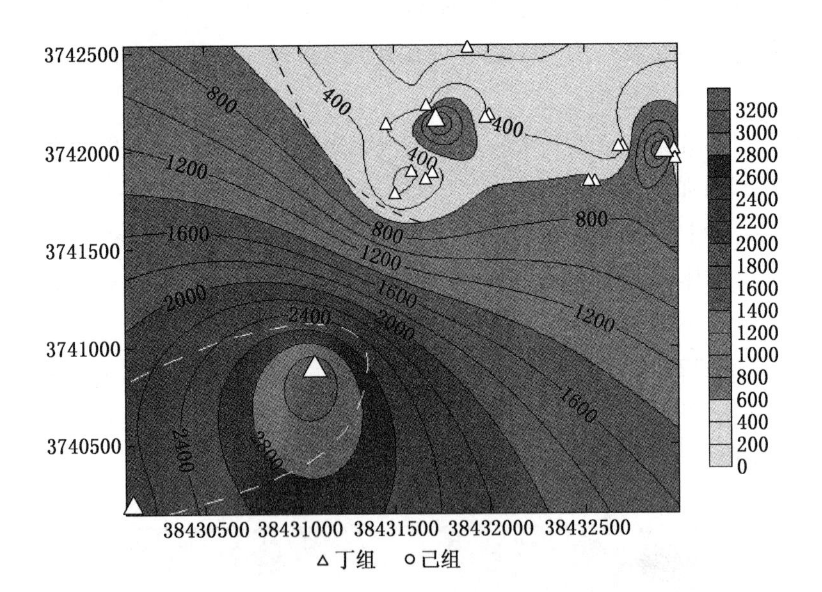

图5－11 煤与瓦斯突出事件瓦斯涌出量（m^3/次）平面等值线图

3．突出瓦斯总量

突出瓦斯总量反映瓦斯参与突出的作用。第Ⅰ阶段的2次突出没有记录瓦斯涌出量数据。第Ⅱ阶段，丁$_{5-6}$煤层突出瓦斯的总量较低，大部分在1000 m^3/次以下，平均487 m^3/次，己$_{16-17}$煤层突出瓦斯量较高，2次突出均大于1000 m^3/次，平均2628 m^3/次。这与前述己组煤层瓦斯含量高的客观规律相吻合，还表现出采深增加，瓦斯在突出中的绝对作用力渐次增强的规律。

4．抛出煤体的吨煤瓦斯涌出量

“突出”事件的吨煤瓦斯涌出量是判断是否突出的一个指标，也是反映瓦斯在突出作用中的相对贡献程度。国家标准AQ 1024—2006《煤与瓦斯突出矿井鉴定规范》指出，当瓦斯

动力现象的煤与瓦斯突出基本特征不明显，尚不能确定或排除煤与瓦斯突出现象时，其中的一个判断指标是用抛出煤的吨煤瓦斯涌出量是否大于或等于 30 m^3/t 判断。

四矿丁$_{5-6}$煤层突出的吨煤瓦斯涌出量不高（图 5－11 和图 5－12），平均 28.8 m^3/t，最大的一次为 61.6 m^3/t，相对平煤集团其他矿井，瓦斯压力和瓦斯含量均相对较低，瓦斯参与突出的作用不甚显著。己$_{16-17}$煤层发生在 23080 机巷的突出，埋深达到了 935 m，吨煤瓦斯涌出量达到了 80.15 m^3/t，瓦斯参与突出的作用显著，发生在 23020 开切眼的突出吨煤瓦斯涌出量为 28.47 m^3/t，但涌出煤量为历次最多(72 t)，此区域地表起伏较大，煤层应力梯度大，应力参与突出的作用更为显著。

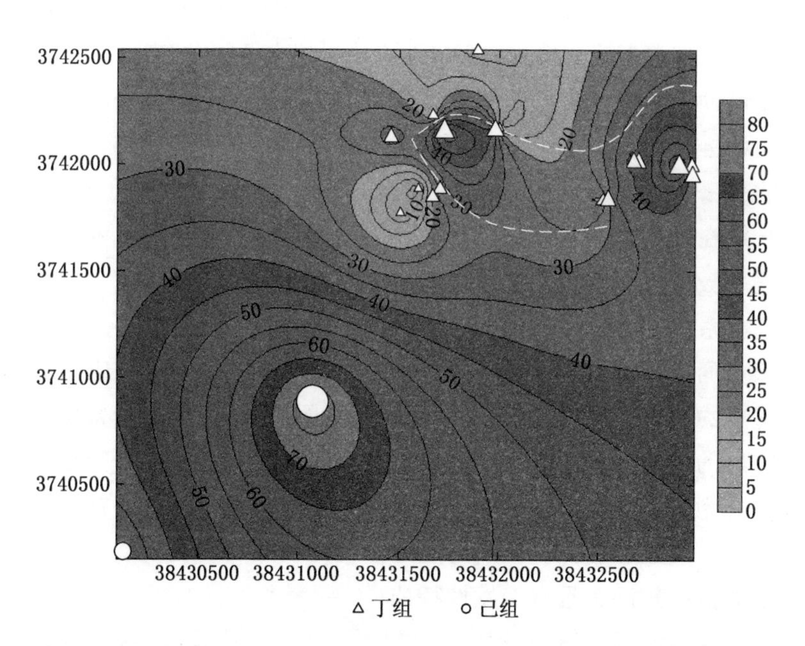

图 5－12　煤与瓦斯突出事件吨煤瓦斯涌出量（m^3/t）平面等值线图

5.2.1.6 四矿动力灾害情况总结

（1）四矿各煤层瓦斯含量和压力符合随深度增加而增大的规律，丁$_{5-6}$、己$_{15}$、己$_{16-17}$和庚$_{20}$煤层均有最大瓦斯压力超过突出指标的测定数据，也意味着这几层煤均具有潜在的突出危险，开采浅部时己$_{15}$煤层作为己$_{16-17}$的保护层开采，进行深部开采后（1000 m 以深），己$_{15}$煤层本身也具有潜在突出危险，因此，在进行开采时应先对己$_{15}$煤层消除突出危险。

（2）根据煤与瓦斯动力灾害发生的深度和强度特征，大体可分为煤—瓦斯系统的局部不稳定阶段、系统不稳定阶段和有效治理后稳定阶段三个顺序排列的时序阶段。各阶段的主要特征是：

局部不稳定阶段（第Ⅰ阶段）：全部发生在己组煤层掘进巷道；埋藏深度 680 m，原岩地应力的环境强度不高，一般需要借助特殊的地质构造和采动应力才能具备发动突出的内能和初始推动力；全部为压出，表现为低煤、低瓦斯和低吨煤瓦斯的“三低”特征，反映出参与突出的总体作用力强度不高，瓦斯在一定程度上参与了突出过程但其相对贡献较低；发生的概率较低，具有偶发性特征。

系统不稳定阶段（第Ⅱ阶段）：主要发生在丁$_{5-6}$-19160工作面以下的井田西翼，埋藏深度 670～850 m，原岩应力和瓦斯的作用开始增强，无须借助特殊的地质构造即已具备发动突出的内能，采动应力可以成为突出的触发动力；部分突出已表现为低煤、高瓦斯和高吨煤瓦斯的“一低两高”特征，瓦斯的作用显著加强，瓦斯内能是推动持续压出的主要动力，发生的概率较高，具有多发性特征。

有效治理后稳定阶段（第Ⅲ阶段）：虽然开采强度增大，开采深度持续增加，但 2003 年至今，四矿已连续 8 年没有发

生过煤与瓦斯突出现象。其原因主要是：客观方面，井田丁$_{5-6}$煤层西翼的储量大部分回采结束，东翼煤层瓦斯含量和压力明显较低，发生突出的瓦斯应力条件没有达到。主观方面：四矿经过前一阶段的学习和实践，掌握了矿井动力现象的发生规律，制定了较完善的预测和防治措施。尤其是成立了防突科和防突队后，采用抽放瓦斯和开采保护层区域防突措施，很好地控制了突出事故的发生。

（3）煤与瓦斯突出具有显著的分带特征。煤与瓦斯突出集中发生在一个长1600 m、宽700 m，沿北西—南东方向展布的狭长条带内。该条带与四矿煤层走向基本一致，可见条带分布方向受埋藏深度控制。

（4）存在发生煤与瓦斯突出的初始临界深度，标高-390 m是四矿各煤层组的始突深度。高于此标高，无论采取何种采煤方法和在何种煤层中开采，均未发生过煤与瓦斯突出。绝大部分突出分布在埋深620～800 m之间，这表明，埋深超过620 m，达到了突出发生的应力条件。

（5）己组煤层虽然发生的突出事件很少，但突出强度、突出瓦斯量和吨煤瓦斯涌出量都明显超过丁组煤层。己$_{16-17}$煤层是四矿的主采煤层，深部还有丰富的储量，坚持开采保护层等区域综合治理措施是保证安全开采的必要条件。

（6）发生煤与瓦斯动力灾害需要具备一定的条件：地应力强度、瓦斯压力与含量和存在构造软煤是发生突出的基本条件和必要条件；在瓦斯压力、瓦斯含量和煤的破坏类型具备了发生煤与瓦斯突出的基本条件下，尚需达到基本的孕育和发生煤与瓦斯动力灾害的环境应力强度，因此表现出初始深度问题和需要特殊地质构造助力问题；对于具备了发生煤与瓦斯动力灾害基本条件的煤层，发生动力灾害往往需要一定的触发动

力，厚层坚硬顶板大面积悬空和破断、采掘强烈扰动和爆破震动是发生煤与瓦斯动力灾害的主要触发作用力，在900 m以下深部，煤与瓦斯突出和冲击地压可以相互作用和触发。

（7）在煤与瓦斯突出高危带内也存在突出的相对危险和相对安全区段。存在构造软煤的部位是煤与瓦斯突出相对危险区段，特别是构造软煤刚刚揭露部位是高危区段。不存在构造软煤部位是煤与瓦斯突出相对安全区段，但在垂深约900 m以下，无构造软煤的硬煤带却可能是冲击地压的高危区段。

（8）煤与瓦斯动力灾害的直接诱因与前兆信息比较明确。煤与瓦斯动力灾害多发生在采面割煤和巷道爆破掘进的强烈开采扰动期间；构造软煤的存在是绝大多数突出发生的必要条件，煤层变软、变厚、合层、层理紊乱的部位易于发生突出；断层构造不是发生突出的必要条件，但存在断层的位置易于发生突出，尤其是遇到前方煤层抬高的断层容易突出；绝大多数突出前存在明显的前兆信息，响煤炮、片帮掉渣、顶板来压和瓦斯异常、喷孔、顶钻等是可靠的前兆信息。

5.2.2　平煤十矿与瓦斯动力灾害特征实证分析

平煤十矿自1988年4月发生首例煤与瓦斯突出，至今已发生具有煤与瓦斯突出典型特征的动力现象50次，其中包括倾出、压出、突出和冲击地压参与的突出，泛指这一群体时下称“煤与瓦斯动力灾害”。本文通过对这些“动力现象”事件进行实证分析，从中探寻它们的共性特征和一般规律，为十矿煤岩瓦斯动力灾害的防治提供针对性较强的科学依据和有效途径。

5.2.2.1　时序分布特征

煤与瓦斯突出动力事件在时间序列上的分布并不均衡，表现出阶段性特征。大体可划分为三个阶段，如图5－13所示。

第Ⅰ阶段，1988—1995年上半年。

这一阶段发生在戊组煤层，以1988年4月22日在戊$_{9-10}$-20090机巷发生的首例“突出（压出）”为起始标志。此次“突出”发生在戊$_{9-10}$组合层煤20090采煤工作面的回采巷道，“突出”地点海拔高程-247 m，埋藏深度420 m。在距巷道迎头第一支架3.5 m处存在一条落差1.5 m的逆断层横断该巷道掘进方向，附近煤质松软，层理较紊乱，表现出构造煤的特征。在戊$_9$和戊$_{10}$煤层间存在一层厚度0.5 m的软煤层和厚度0.1 m的软矸。“突出”前存在片帮和爆破后瓦斯浓度升高前兆。因以往未发生过突出，因此此次动力灾害前未采取防突措施。

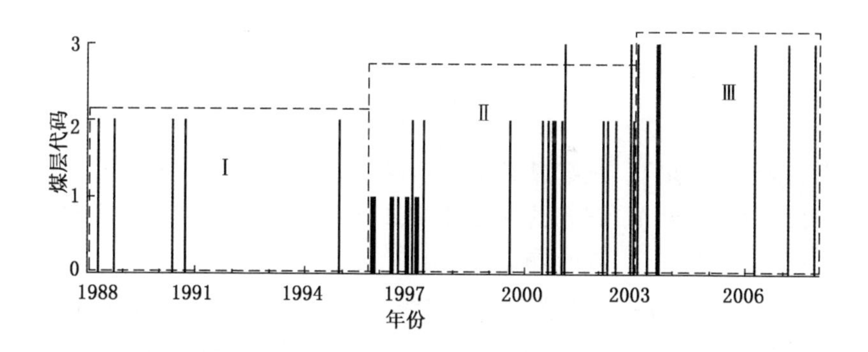

注：煤层代码，1为丁组煤层，2为戊组煤层，3为己组煤层

图5-13　十矿煤与瓦斯动力灾害时序分布图

此前在戊组小于420 m的深度开采尽管也遇到过类似的煤层组、开采条件和更为复杂的地质构造条件，在丁组煤层开采深度大于420 m的区域也存在类似的开采条件和地质构造条件，但均未发生过“突出”。据此推测，在平煤十矿的开采和

煤系地层条件下，应力强度（包括地应力和瓦斯压力，直观表现为开采深度）是决定发生突出的必要条件，尽管发生突出的煤层条件、煤质及其结构构造条件、地质构造条件和开采扰动条件都具备了发生“突出”的基本条件和属性，但是地应力和瓦斯压力的强度不够，破坏煤体的内能便不足，“突出”很难发生。但应力强度不是决定发生“突出”的充分条件，是否发生突出还需要煤层条件、煤质及其结构构造条件、地质构造条件和开采扰动等条件的适宜组合。

尽管在“突出”发生的早期，煤矿应对“突出”的技术和心理准备还不充分，但在此阶段的7.5年中，仅发生了5次“突出”，均发生在戊$_{9-10}$煤层，平均频度0.7次/a，发生的频度较低，全部为压出，发生的强度也不高，表现出井田内煤—瓦斯系统的局部不稳定及动力灾害的偶发性特征。

第Ⅱ阶段，1995年下半年至2002年。

这一阶段的7.5年中，在丁组煤层发生了24次“突出”(全部为压出)，戊组煤层发生了12次“突出”（其中10次压出，2次倾出)，己组煤层发生了2次“突出”（其中1次突出，1次压出)，平均频度为5.1次/a。

相信经过第一阶段的防突实践，煤矿在防治突出方面的技术和心理准备已经渐趋成熟，但突出事故还是不断发生，大有难以控制之势。这一阶段的防突措施稍有不慎，就可能发生突出，煤—瓦斯系统表现出系统不稳定的特征。

此阶段的1995年下半年至1997年上半年，在丁组煤层的丁$_{5-6}$-21130采煤工作面密集发生了24次“突出”，平均频度12次/a，此前丁组煤层未曾发生过“突出”。由此推测，此期间密集发生于丁$_{5-6}$-21130采煤工作面的“突出”，属于系统不稳定阶段中的局部剧烈失稳。

第Ⅲ阶段，2003—2007年。

此阶段在己$_{15-16}$煤层有6次煤与瓦斯突出，戊组发生1次“突出”（压出），虽然平均频度1.2次/a，但己组煤层其中4次是狭义类型的“突出”，1次是冲击地压参与的煤与瓦斯突出，煤与瓦斯突出绝对强度变大，动力现象变得更为剧烈，瓦斯相对强度降低，地应力的作用凸显。

5.2.2.2　空间分布特征

（1）十矿的煤与瓦斯突出具有显著的分带特征。煤与瓦斯突出集中发生在一个长3000 m、宽700 m，沿北西—南东方向展布的狭长条带内，仅有一例发生在带外。该条带与十矿区域褶皱和断裂构造线走向一致，可见条带分布方向受主体构造线的控制。该条带应确定为十矿区域煤与瓦斯突出高危带，其南侧边界基本可以确定，北侧边界和东西两个延伸方向随着开采深度的保持和增加可能还将扩展。因此，该条带和未来可能扩展的方向是十矿煤与瓦斯突出防治的关键部位。发生在该条带外的一例突出，附近是牛庄逆断层，沿该断层走向延伸方向应还具备发生突出的可能。

（2）存在煤与瓦斯突出的初始临界深度，垂深420 m是十矿各煤层组的始突深度。浅于此深度，无论采取何种采煤方法和在何种煤层中开采，均未发生过煤与瓦斯突出。各煤层组的始突深度存在差异，戊组始突深度420 m，丁组始突深度533 m，己组始突深度735 m。己组在536 m深度的大型断层（牛庄逆断层）位置发生一次，属于特例，说明牛庄逆断层附近的应力强度有可能高于其他区域，由此推测，沿该断层走向延伸方向应还具备发生突出的可能。

（3）从时间序列角度观察发生突出部位的深度，基本反映了开采由浅入深的演化进程。但从中可以分辨出，在第Ⅰ阶

段，突出部位的深度普遍介于420～520 m之间，第Ⅱ阶段突出部位的深度普遍介于550～750 m之间，第Ⅲ阶段突出部位的深度普遍大于750 m（图5－14）。因此，420 m、550 m和750 m是十矿煤与瓦斯动力灾害的三个临界深度。大于420 m，开始发生突出，但属偶发性质；大于550 m，突出发生的概率显著增高，属于多发性质；大于750 m，发生的概率虽然不高（这也与全面推广应用“九五”瓦斯治理技术，加强了瓦斯治理有关），但地应力的作用变得更为显著。

（4）从时空联合因素考察，三个阶段的突出条带由西南向东北顺序推移，深度渐次增大，这与煤层组的深度分布和开采进程相关。可见，开采深度与突出危险性呈正相关（图5－15）。

（5）从突出点的地质构造位置考察，“突出”带位于郭庄背斜的北翼，既不是处在常规理念认为地应力易于集中的背、向斜褶皱构造轴部，亦无大型断裂构造（图5－16）。唯一显著的特征是，这里煤层倾斜向深部延展、倾角变大，地表高程同步陡增，煤层的埋藏深度梯度变大，因此，应力（地应力与瓦斯压力）强度等值线在此将会密集，梯度陡增。而唯一发生在“突出”带外的己$_{15-16}$－22230的一次突出，埋藏深度536 m，位于牛庄逆断层附近。由此得出这样的认识：在十矿的瓦斯地质条件下，尽管地质构造比较复杂，但地应力强度没有达到一定程度，便不具备发生突出的作用力和内能，而达到一定埋藏深度后，应力强度增高使得煤与瓦斯具备了发生突出的内能，尽管没有复杂的地质构造，突出也会发生。同一煤层组存在一个始突深度，在此深度之上一般不会发生突出，但接近这一深度如遇有导致地应力增高的特殊地质构造（如逆断层），便补充了由于深度不够而应力强度和煤与瓦斯发生突出内能的不

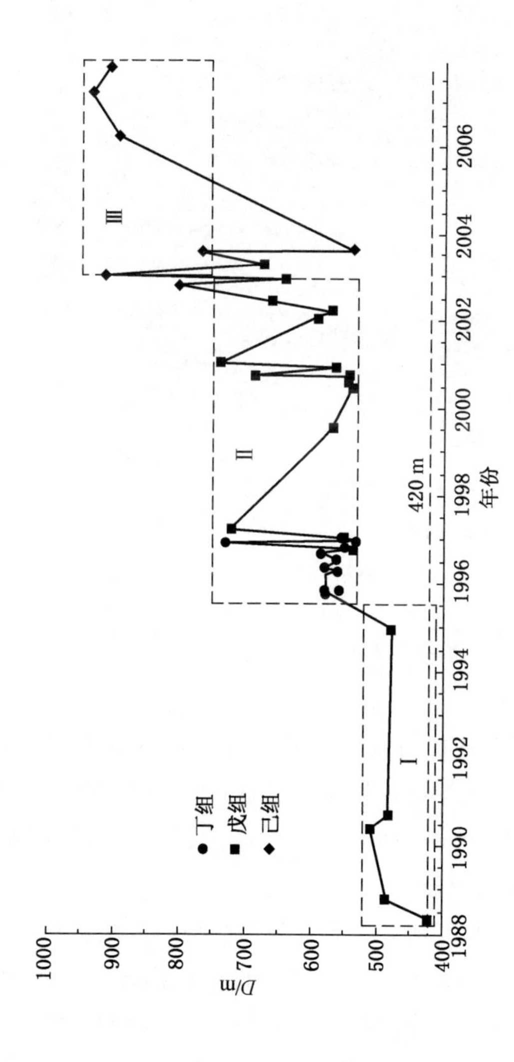

图 5-14 煤与瓦斯突出事件时间—深度(T—D)分布图

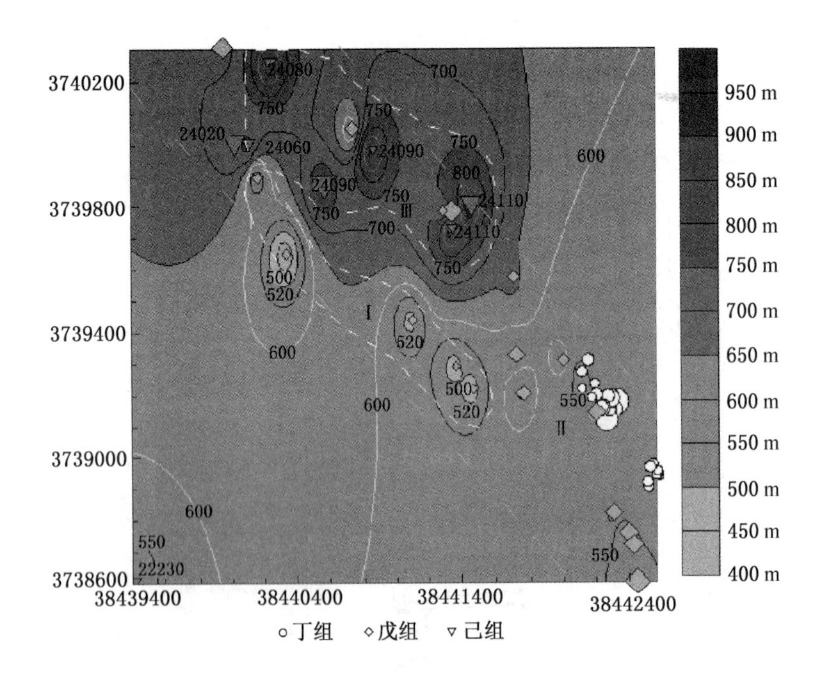

图 5－15　煤与瓦斯突出点等深度（m）分布图

足，使得在浅于具有普遍意义的始突深度条件下也有偶发情况。从而推导出一个结论：相同煤层组，应力强度是发生突出的最重要因素；应力梯度增大的部位易于发生煤与瓦斯突出。

5.2.2.3　强度分布特征

十矿目前的煤与瓦斯动力灾害分为倾出、压出、突出和冲击地压参与的突出四种类型，其动力现象剧烈程度顺次增强，体现了瓦斯与地应力作用的强烈程度和在突出中的贡献。

十矿自 1988 年发生首次煤与瓦斯突出以来，至今已经发生突出 50 次。其中丁组 24 次、戊组 18 次、已组 8 次。丁组

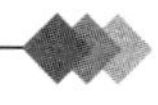

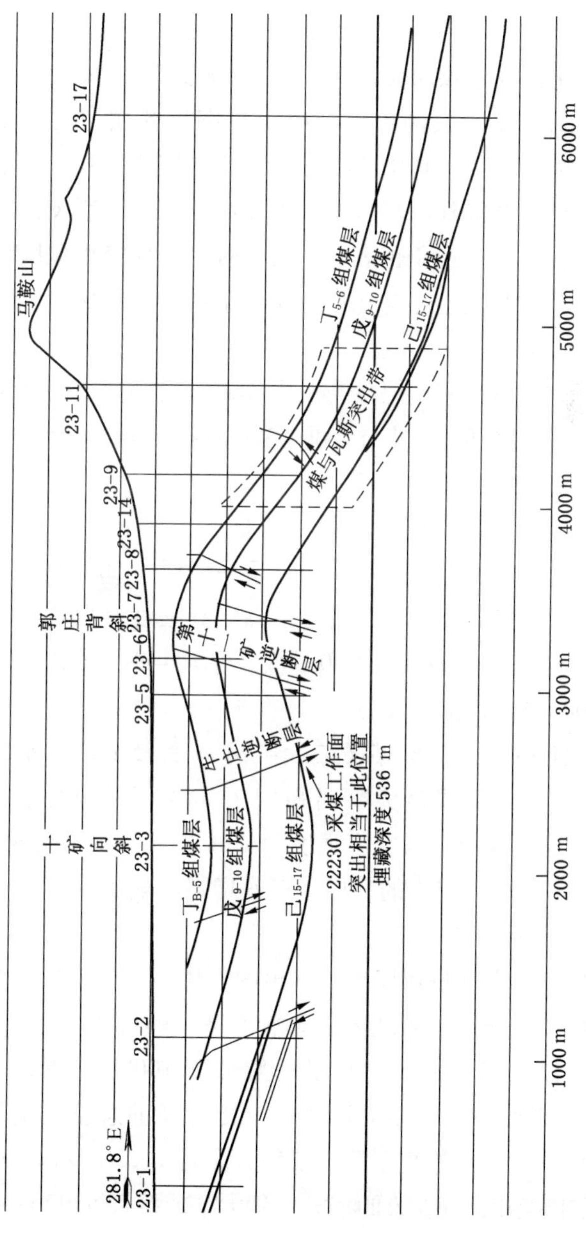

图5-16 煤与瓦斯突出带23号勘探线剖面图

煤层的突出全部发生在丁$_{5-6}$合层区的丁$_{5-6}$－21130采煤工作面，均为压出。戊组煤层突出18次，全部发生在戊$_{9-10}$煤层合层区，16次压出，2次倾出。己组煤层突出8次，均发生在己$_{15-16}$煤层的合层区，其中2次压出，5次突出，1次冲击地压参与的突出。开采到深部，冲击地压参与煤与瓦斯突出的新问题开始显现。上述现象也表明，具有煤与瓦斯突出危险性的煤层，煤层厚度与发生煤与瓦斯突出的危险性成正比。

1. 突出煤体总量

突出煤体总量一般反映参与突出作用力（地应力与瓦斯压力）的强度。三个阶段煤与瓦斯突出的抛出煤体量表现出“低—低—高”的特征。

第Ⅰ阶段，突出煤体的总量一般低于50 t/次，平均33.0 t/次。第Ⅱ阶段，戊组突出煤体的总量一般低于50 t/次，丁组低于25 t/次，平均28 t/次，强度不高。高强度突出均出现在第Ⅲ阶段的己组，一般大于200 t/次，平均497.9 t/次，最大者达到2000 t/次（图5－17）。

按煤层组划分，丁组煤层最大突出强度35 t/次，平均强度9.7 t/次。戊组煤层最大突出强度76 t/次，平均突出强度28.5 t/次。己组煤层最大突出强度2000 t/次，平均强度495.3 t/次，表现出各阶段突出的作用力渐次增强的规律。

2. 突出瓦斯总量

突出瓦斯总量反映瓦斯参与突出的作用。三个阶段煤与瓦斯突出的抛出瓦斯总量表现出“渐次增高”的特征。

第Ⅰ阶段，突出瓦斯的总量一般低于1000 m^3/次，平均740 m^3/次，强度较低。第Ⅱ阶段，突出瓦斯的总量丁组煤偏低、戊组煤偏高，总体高于第Ⅰ阶段，平均1923 m^3/次，强度较高。高强度突出出现在第Ⅲ阶段，一般大于或接近5000 m^3/次，

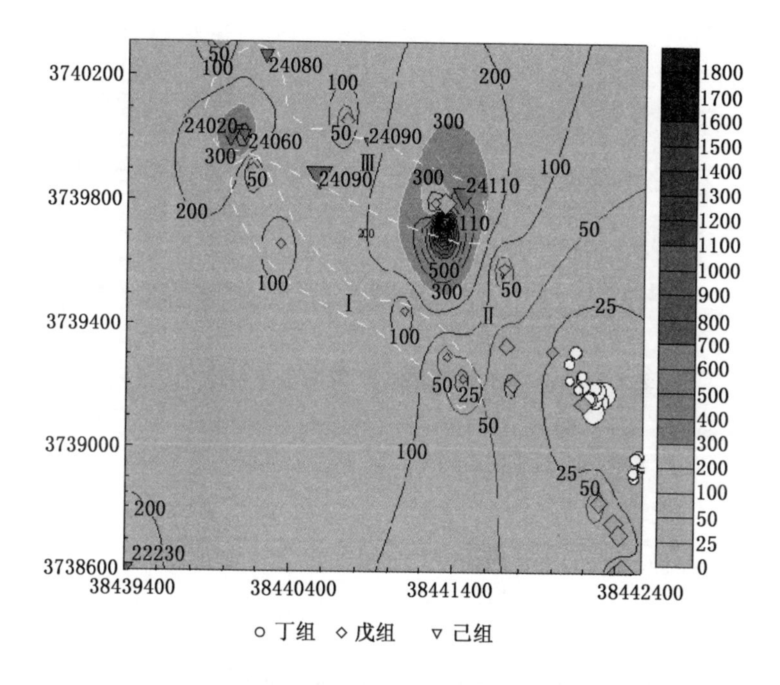

图 5－17　煤与瓦斯突出事件突出煤量（t/次）平面等值线图

平均 13077 m^3/次，最大者达到 40000 m^3/次。尽管第Ⅱ阶段的瓦斯参与突出的相对作用较显著（见下文叙述），但瓦斯的绝对涌出强度并不最高（图 5－18）。

按煤层组划分，丁组煤层最大突出强度 1728 m^3/次，平均强度 451 m^3/次。戊组煤层最大突出强度 7682 m^3/次，平均突出强度 2119 m^3/次。己组煤层最大突出强度 40000 m^3/次，平均强度 14919.3 m^3/次，表现出瓦斯在突出中的绝对作用力渐次增强的规律。

3. 抛出煤体的吨煤瓦斯涌出量

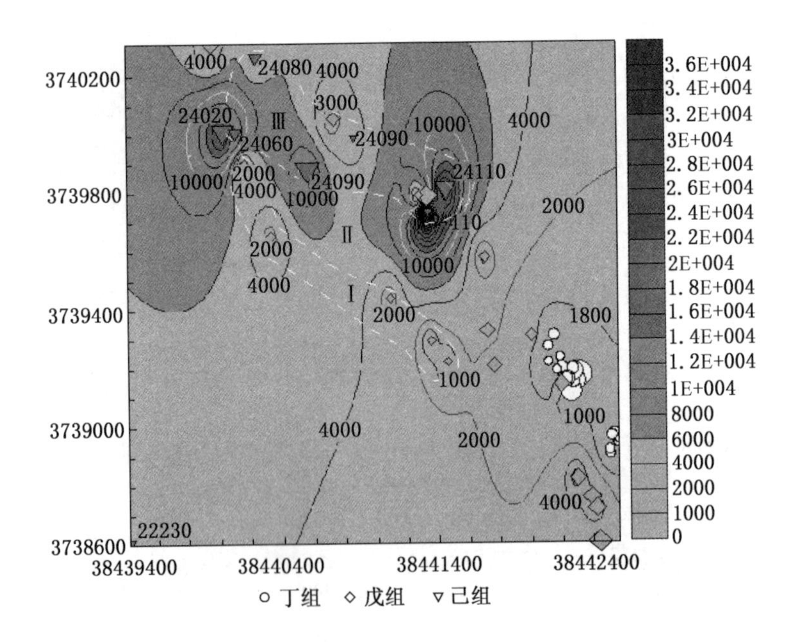

图 5－18　煤与瓦斯突出事件瓦斯涌出量（m^3/次）平面等值线图

“突出”事件的吨煤瓦斯涌出量是判断是否突出的一个指标，也是反映瓦斯在突出作用中的相对贡献程度。国家标准 AQ 1024—2006《煤与瓦斯突出矿井鉴定规范》指出，当瓦斯动力现象的煤与瓦斯突出基本特征不明显，尚不能确定或排除煤与瓦斯突出现象时，其中的一个判断指标是用抛出煤的吨煤瓦斯涌出量是否大于或等于 30 m^3/t 判断。

三个阶段煤与瓦斯突出的吨煤瓦斯涌出量表现出“低—高—低”的特征（图 5－19，图 5－20）。前后两个阶段突出中瓦斯的“低”相对贡献，其机理并不相同。

第Ⅰ阶段，“突出”事件的吨煤瓦斯涌出量普遍低于

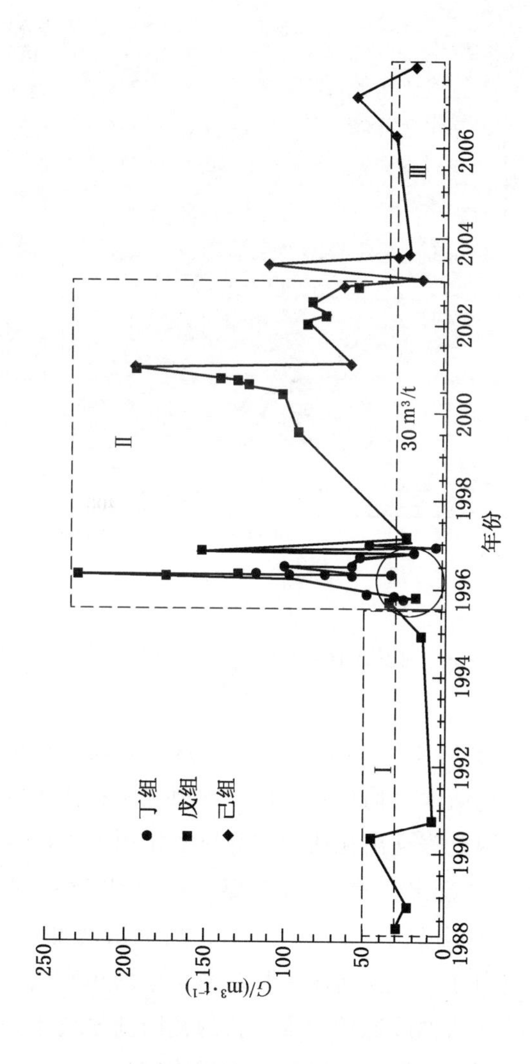

图5-19 煤与瓦斯突出事件时间—吨煤瓦斯涌出量(T—G)分布图

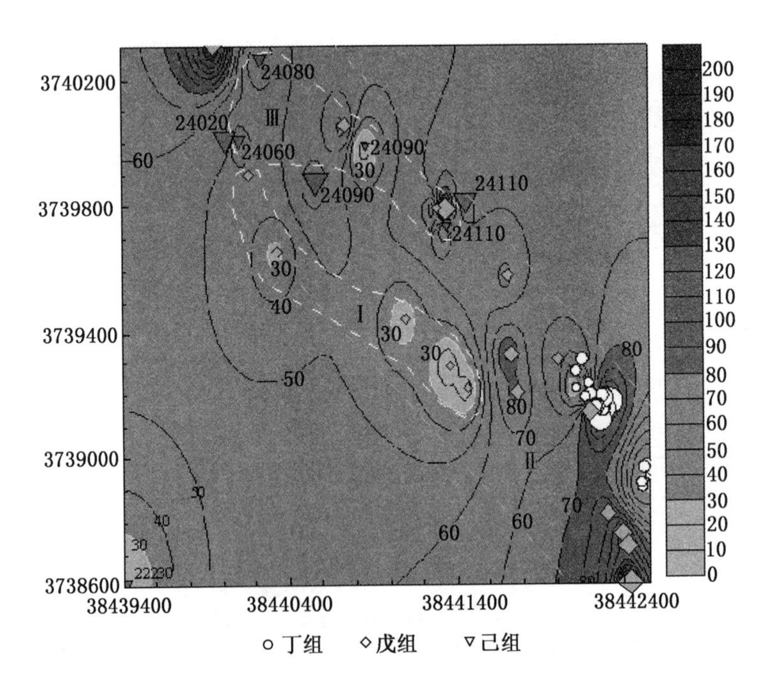

图 5-20 煤与瓦斯突出事件吨煤瓦斯涌出量（m^3/t）平面等值线图

30 $m^3/(t\cdot次)$，平均 22.5 $m^3/(t\cdot次)$。这一阶段的地应力强度、瓦斯压力和瓦斯含量均相对偏低，常规方法和技术的瓦斯抽放比较容易，因此表现出瓦斯参与突出的作用不甚显著。

第Ⅱ阶段，“突出”事件的吨煤瓦斯涌出量普遍高于 50 $m^3/(t\cdot次)$，平均 75.1 $m^3/(t\cdot次)$，局部出现低值变异。这一阶段的地应力强度、瓦斯压力和瓦斯含量均相对增高，常规方法和技术的瓦斯抽放比较困难，新的瓦斯抽放技术处于探索阶段，因此表现出瓦斯参与突出的作用比较显著。

第Ⅲ阶段，“突出”事件的吨煤瓦斯涌出量普遍低于

30 m³/(t·次)，个别较高，平均 40.9 m³/(t·次)。这一阶段的地应力强度、瓦斯压力和瓦斯含量均相对较高，但通过“九五”瓦斯治理科技攻关，新的瓦斯抽放技术渐趋成熟，而应对地应力的技术准备尚不充分，因此表现出地应力参与突出的作用比较显著，瓦斯在突出作用中的相对贡献程度降低。这一阶段的特征深度是 750 m，可能是十矿“深部开采”的临界深度。

剖面上显示出（图 5-21，图 5-22），第Ⅰ阶段的低吨煤瓦斯涌出量，突出点位于浅部，突出的总体作用力较低，瓦斯在突出作用中的相对贡献程度也低；第Ⅲ阶段的低吨煤瓦斯涌出量，突出点位于深部，突出的总体作用力较高，但瓦斯在突出作用中的相对贡献程度较低，地应力占到了主导地位。

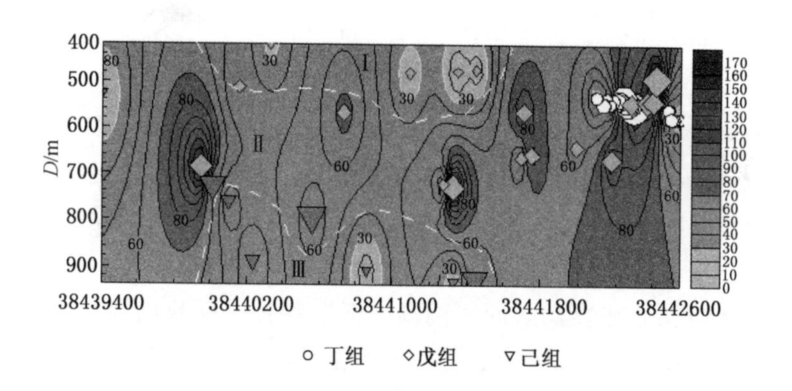

图 5-21 煤与瓦斯突出事件吨煤瓦斯涌出量（m³/t）东西方向剖面等值线图

按煤层组划分，丁组煤层最大突出强度 231 m³/(t·次)，平均强度 63 m³/(t·次)。戊组煤层最大突出强度 195 m³/(t·次)，平均突出强度 80.2 m³/(t·次)。己组煤层最大突出强度

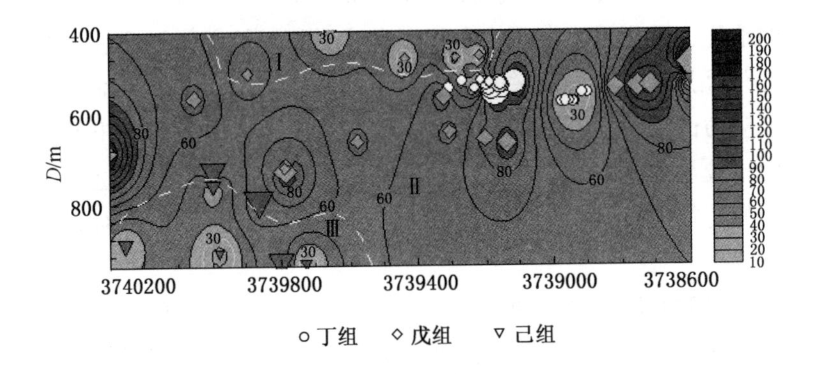

图 5-22　煤与瓦斯突出事件吨煤瓦斯涌出量（m^3/t）
南北方向剖面等值线图

64.7 $m^3/(t\cdot$次)，平均强度 37.2 $m^3/(t\cdot$次)。

煤与瓦斯突出强度总体表现出，第Ⅰ阶段为低煤、低瓦斯和低吨煤瓦斯的“三低”特征，反映出参与突出的总体作用力强度不高，瓦斯的相对贡献较低；第Ⅱ阶段为低煤、较高瓦斯和高吨煤瓦斯的“一低两高”特征，反映出参与突出的总体作用力强度不高，瓦斯的相对贡献较高；第Ⅲ阶段为高煤、高瓦斯和低吨煤瓦斯的“两高一低”特征，反映出参与突出的总体作用力强度较高，但瓦斯的相对贡献较低，地应力居于主导地位。

5.2.2.4　各演化阶段及煤层组动力灾害特征

1. 演化阶段划分

据前所述，煤与瓦斯突出表现出阶段性特征，大致可分为三个阶段。

第Ⅰ阶段全部发生在戊组煤层掘进巷道，埋藏深度 420 ~

550 m，表现为低煤低瓦斯和低吨煤瓦斯的“三低”特征，瓦斯的作用不显著，全部为压出。发生的概率较低，具有偶发性特征。本文称其为局部不稳定阶段。

第Ⅱ阶段发生在丁组煤层开采工作面和戊组煤层掘进巷道（其中吨煤瓦斯涌出量最大的一次发生在回采工作面），埋藏深度550～750 m，表现为低煤、高瓦斯和高吨煤瓦斯的“一低两高”特征，瓦斯的作用比较显著，除两次倾出外其余均为压出。发生的概率较高，具有多发性特征。本文称其为系统不稳定阶段。

第Ⅲ阶段主要发生在己组煤层的掘进巷道，其中煤与瓦斯突出强度最大的一次发生在回采工作面，埋藏深度一般大于750 m，表现为高煤、高瓦斯和低吨煤瓦斯的“两高一低”特征，煤与瓦斯绝对强度大，瓦斯相对强度小，突出类型为狭义的突出，比较剧烈，地应力的作用显著，瓦斯的作用居于次要地位。本文称其为地应力主导阶段，此阶段的后期，地应力的作用更为显著，开始有冲击地压参与。

2. 煤层组划分

十矿自1988年以来至今已经发生50次突出，其中丁组煤层的24次突出全部发生在丁$_{5-6}$合层区；戊组煤层突出18次，全部发生在戊$_{9-10}$煤层合层区；己组煤层突出8次，均发生在己$_{15-16}$煤层的合层区。因此，丁$_{5-6}$、戊$_{9-10}$和己$_{15-16}$三个煤层组是十矿区域的主要突出煤层而成为本文研究的主要对象。

3. 各演化阶段及煤层组的煤与瓦斯动力灾害特征

各煤层组处于不同的开采与演化阶段，因煤层的瓦斯地质、开采和应力条件的区别，煤与瓦斯动力灾害表现出差异性特征。

1）丁组煤层

丁组煤层是十矿开采的三组煤层中同比埋藏最浅的一组煤层。丁组煤含丁$_4$、丁$_5$、丁$_6$、丁$_7$四层煤。其中丁$_4$、丁$_7$不可采或局部可采，丁$_5$、丁$_6$普遍可采。丁$_5$煤层厚度稳定，一般厚1.15 m。丁$_6$煤层厚度较稳定，一般厚度1.6～2.0 m，这两层煤是当时矿井丁组煤主采对象。

在1995年10月至1997年1月间，丁组煤共发生突出24次，均发生在丁$_5$、丁$_6$合层的丁$_{5-6}$－21130采煤工作面，突出点标高－310～－337 m，埋藏深度533～580 m。发生时间处于本文所称的系统不稳定阶段（第Ⅱ阶段），平均抛出煤体10.2 t/次，涌出瓦斯557.4 m^3/次，吨煤瓦斯涌出66 m^3/(t·次)，突出强度表现出突出煤体总量低、突出瓦斯总量相对较高和吨煤瓦斯涌出量高的“一低两高”特征。而此前在－308 m标高之上的丁$_{5-6}$－20100、丁$_{5-6}$－20120、丁$_{5-6}$－20140、丁$_{5-6}$－20160、丁$_{5-6}$－20110、丁$_{5-6}$－20130、丁$_{5-6}$－20150和丁$_{5-6}$－20170采煤工作面掘进和开采从未发生过突出；1997年1月以后停止开采丁组煤，2007年下半年在丁$_{5-6}$－21150机巷开始掘进施工，现已安装完毕，未再发生“突出”。

丁$_{5-6}$－21130采煤工作面位于十矿井田的东部，其东侧与八矿的井田相邻。煤层为丁$_5$与丁$_6$煤合层，厚度2.3 m左右。煤层结构自上向下依次为0.4 m的硬煤、0.02 m的泥状软煤线、0.8 m的相对软煤，其余为硬煤。煤层直观相对光亮。丁组煤层煤质灰分在三组煤层中最高，达33%～35%。储层瓦斯压力未曾进行过测定，但其下的戊、己组煤层瓦斯压力在相同埋深分别为1.2 MPa和1.4 MPa，推测丁组煤层在丁$_{5-6}$－21130采煤工作面的瓦斯压力最大不超过1.2 MPa。

丁组煤层之所以在丁$_{5-6}$－21130采煤工作面频繁发生突出，从突出现场状况分析是顶板周期来压甚至顶板破断冲击造

成0.02 m厚的泥状软煤线带动下伏0.8 m的相对软煤首先发生流变的结果。丁$_{5-6}$煤层上覆超过20 m厚的细砂岩基本顶，在长距离回采工作面大面积悬空情况下，顶板采动周期压力将会很强，作用于大面积自由表面裸露的煤层，由于0.02 m的泥状软煤线弱面和其下伏0.8 m的相对软煤组合的存在，使该层首先发生流变并带动下部煤体发生突出。这可从以下现场观察到的现象得到佐证：

丁$_{5-6}$-21130采煤工作面每次突出均首先作用在0.02 m的泥状软煤线。突出后一般能够沿该煤线形成高0.1 m左右，深约4 m以上，沿采排长达数米的弧形缝隙。突出强度较大时可形成较高一些的缝隙甚至孔洞。突出强度不是太大时，缝隙之上的硬煤一般不被破坏。缝隙之下的煤体形成整体位移，位移量不大，最大者为1.9 m，从侧面看犹如拉开的一个平台。平均抛出煤体仅有10.2t/次，最大33t。可见软弱层发生流变、煤体整体位移后，因煤层瓦斯压力有限、煤层灰分高、煤质差、煤体硬等缘故，一旦打开了瓦斯释放的通道，突出作用力很快衰减，无力再持续推动煤体突出和破碎煤体做功，因此突出只能表现为沿流变滑动面的煤层整体位移。

丁组煤层的突出虽只发生在回采工作面，但在机巷掘进时就曾有过两次突出的征兆，特征都是在爆破后出现连续的煤炮声，巷道内瞬间瓦斯浓度接近10%。防突人员听到情况后立即到现场察看，但并未见到突出的孔洞、裂隙以及比平时爆破多出的煤量。之后也曾使用钻孔瓦斯涌出初速度法对其进行了测定，但均未发现异常。根据戊组煤层掘进时的突出总是超前于回采工作面突出这一实际情况，开始时对丁组采煤工作面的防突问题并未考虑，但采煤工作面贯通、安装后（采用高档普采），刚采第二米时即发生了突出。分析这是因为，掘进时虽

然基本顶悬空造成的采动周期压力也较强，但煤层没有形成大面积自由表面，0.02 m的泥状软煤线和其下伏0.8 m的相对软煤组合受到约束，缺乏产生流变的自由空间条件，顶板采动应力强度也不足，而未能发生流变和突出。而在回采时，煤层形成了大面积自由表面，同时基本顶大面积悬空造成的采动周期压力更强甚至可能产生顶板冲击，使0.02 m的泥状软煤线和其下伏0.8 m的相对软煤组合具备了发生流变突出的基本条件。

丁$_{5-6}$-21130采煤工作面的突出，构造应力的作用较小，采动应力的作用较大，顶板周期来压甚至顶板冲击是主要始突动力来源。0.02 m的泥状软煤线和其下伏0.8 m的相对软煤组合是始突软弱面。瓦斯的相对贡献较高，一则可能是瓦斯抽放的技术尚不成熟所致，二则是因突出作用力低导致的突出煤体强度小，如果处在目前的瓦斯抽放和防突技术水平，可能瓦斯的相对贡献会显著降低，采取区域预抽瓦斯、局部防突措施和适宜的顶板控制，应可避免发生煤与瓦斯突出。

2）戊组煤层

戊组煤层位于丁组煤层之下约90 m。含戊$_8$、戊$_9$、戊$_{10}$、戊$_{11}$、戊$_{12}$、戊$_{13}$ 6个煤分层。其中戊$_{12}$、戊$_{13}$属煤线不可采，戊$_8$煤层一般厚度0.8～1.0 m；戊$_9$煤层厚1.2～1.5 m；戊$_{10}$煤层厚2.8 m左右；戊$_{11}$煤层厚1.8 m左右。戊煤组在不同区段因各煤分层的层间距变化造成了煤层的分岔与合并。在层间距等于或大于最低可采厚度的区段，被夹矸分开的煤分层视为独立的煤层，这时表现为两层煤的分岔。在夹矸厚度小于最低可采厚度的区段，表现为不同煤分层的合并，它们属于同一复杂结构的煤层。在十矿井田范围内将戊$_8$、戊$_9$、戊$_{10}$三层煤的合层称为戊$_{8-10}$煤层，主要分布在戊二、戊四采区（已报废）。

戊$_{11}$煤层厚度不稳定，在井田中部及北翼25勘探线以东广大地区均为不可采。在可采地段煤厚度在0.6～2.56 m，平均厚1.8 m左右，该煤层结构复杂，薄层夹矸多达10余层，尤其在该层底部有一层厚达0.1～0.6 m的泥岩夹矸，致使煤层可采厚度变薄至1.2～1.4 m。

戊$_{9}$、戊$_{10}$合层形式出现时称为戊$_{9-10}$煤层，它是矿井和戊组主要可采煤层之一，厚度4.0～4.5 m，一般厚度在4.2 m左右。煤层灰分28%～31%。煤体结构自上向下依次为0.7 m的光亮硬煤、0.6 m的软煤、0.2 m的软矸、0.8 m的软煤和2 m左右的硬煤。埋深496～1012 m的实测储层瓦斯压力0.78～2.12 MPa。

戊$_{9-10}$煤层是十矿最先发生突出的煤层，自1988年4月以来共发生18次。戊组煤层的突出全部发生在戊$_{9-10}$合并煤层，其中以东部的合层区突出最为密集，中部次之，而西部的分层区至目前为止尚未发生过突出。绝大多数发生在掘进工作面，仅有一例发生在戊$_{9-10}$－21150的回采工作面，突出类型除两次发生在戊$_{9-10}$－20120采煤工作面专用回风巷是倾出外，其余均是煤与瓦斯压出。突出首先来自夹矸上下的软煤，煤体抛出时距离一般不大于7 m。

在1988—1994年的“局部不稳定阶段”，“突出”点标高－247～－320 m，埋藏深度420～511 m，突出煤体的总量平均33.2 t/次，突出瓦斯的总量平均725 m^3/次，突出的吨煤瓦斯涌出量平均23.4 m^3/(t·次)，突出强度表现出煤体总量、瓦斯总量和吨煤瓦斯涌出量“三低”的特征。实测煤与瓦斯突出预测指标数据，有82.3%测点煤的坚固性系数小于或等于0.5，平均0.38，煤质较软（图5－23）；而96%的测点瓦斯放散初速度小于10 L/min，平均5.55 L/min（图5－24），储

层瓦斯压力1.14~1.20 MPa；70.6%测点的k（$\Delta P/f$）值小于20，平均17.84（图5-25）；煤的破坏类型Ⅱ、Ⅲ。瓦斯内能不高，煤体材料特性与瓦斯内能间的相互关系一般不易发生“突出”。

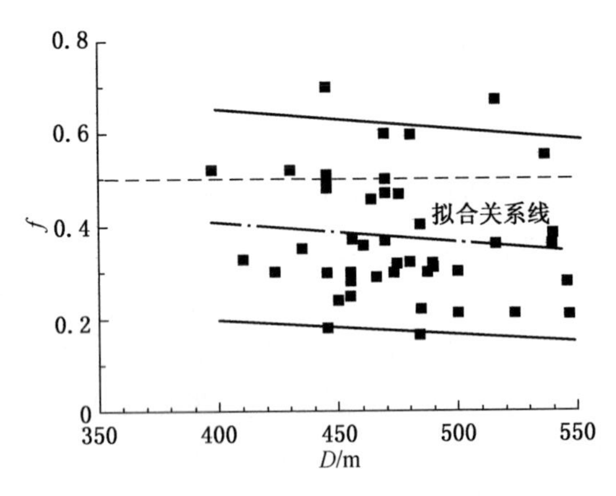

图5-23　埋藏深度与煤的坚固性系数关系图

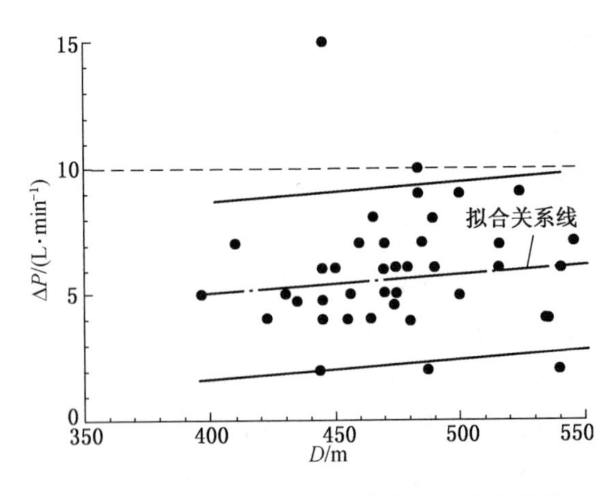

图5-24　埋藏深度与瓦斯放散初速度关系图

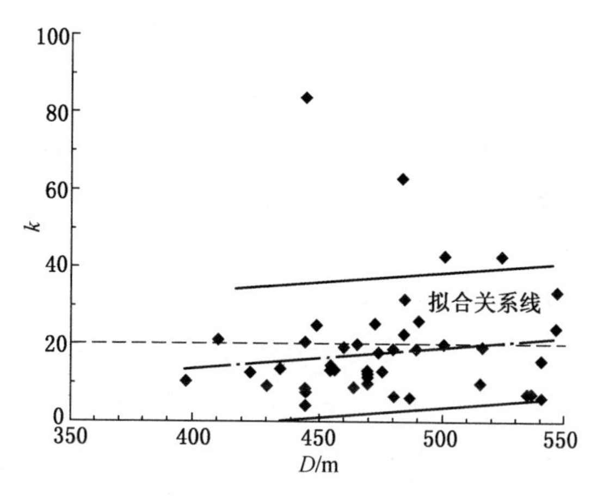

图 5-25　埋藏深度与 k 值关系图

虽然总体上煤的埋藏深度与煤的坚固性系数成反比、与瓦斯放散初速度成正比、与 k 值成正比，但相关性极低，离散范围很大，体现出突出危险指标的整体协调性不高。实际情况一般须借助于特殊的地质构造才发生“突出”，因此表现出偶发的特征，突出强度总体不高，吨煤瓦斯涌出量偏低，瓦斯在突出中的贡献不高。

这一阶段戊$_{9-10}$煤层的“突出”，埋深导致的原岩应力的作用较小，采动应力和特殊地质构造的作用较大，弥补了原岩应力的不足，顶板周期来压甚至顶板冲击是主要始突动力来源。夹矸上下的软煤是始突软弱面，是该层首先流变的结果。瓦斯的相对贡献较低，煤与瓦斯突出内能不高。对于 550 m 以浅的戊$_{9-10}$煤层，如果处在目前的瓦斯抽放和防突技术水平，采取区域预抽瓦斯、局部防突措施、超前断层区域卸压和适宜的顶板控制，应可避免发生煤与瓦斯突出。

在 1995—2002 年的“系统不稳定阶段”，“突出”点标高

-356～-455 m，埋藏深度539～720 m，突出煤体的总量平均27.5 t/次，突出瓦斯的总量平均2696.7 m^3/次，突出的吨煤瓦斯涌出量平均101.6 m^3/(t·次)，突出强度表现出突出煤体总量低、突出瓦斯总量和吨煤瓦斯涌出量高的“一低两高”的特征。实测52.9%测点煤的坚固性系数小于或等于0.5，平均0.49，煤质较软（图5-26）；有21.6%测点瓦斯放散初速度大于或等于10 L/min，平均7.82 L/min（图5-27），煤层瓦斯压力为0.78～2.12 MPa，瓦斯内能较高；39.2%测点k值大于或等于20，平均20.5（图5-28）；煤的破坏类型为Ⅱ、Ⅲ。煤体材料特性与瓦斯内能间的相互关系已经接近或达到易于发生“突出”的指标，因此表现出多发的特征。现场实际情况表明，“突出”已不需要再借助于特殊的地质构造。总体上煤的埋藏深度与煤的坚固性系数、瓦斯放散初速度和k值均成正比，相关性有所提高但仍很低，离散范围较大，体现出突出危险指标的整体协调性有所提高但仍不强，因此突出强度仍然不是很高。

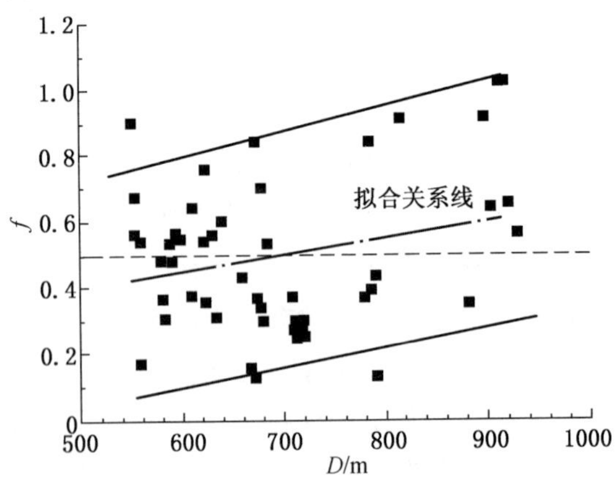

图5-26　埋藏深度与煤的坚固性系数关系图

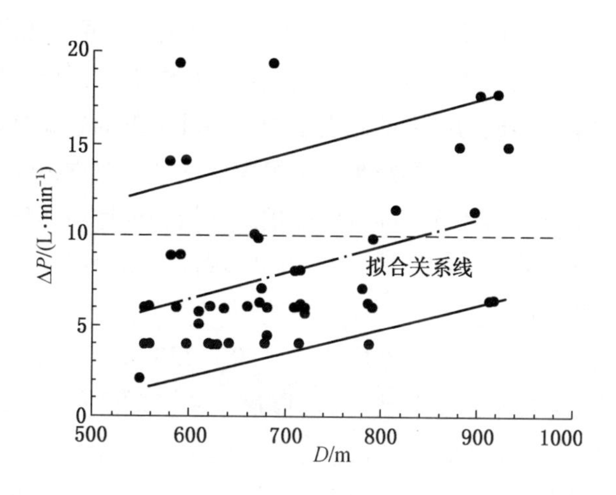

图 5-27 埋藏深度与瓦斯放散初速度关系图

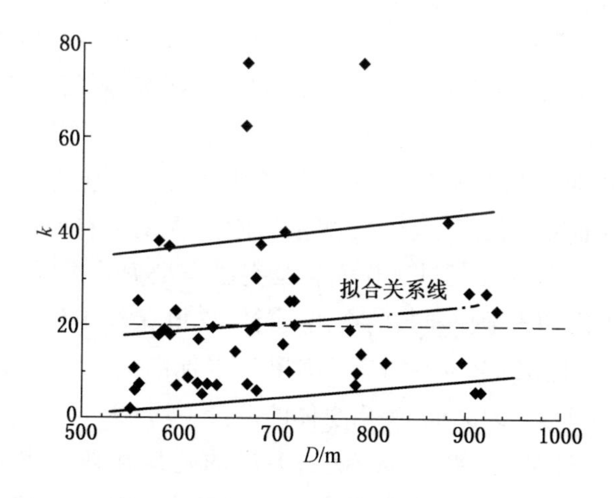

图 5-28 埋藏深度与 k 值关系图

这一阶段戊$_{9-10}$煤层的“突出”，埋藏深度导致的原岩应力和瓦斯压力的作用力已足够成为发动突出的内能，瓦斯的相对贡献较高，不需要特殊地质构造位置的作用，顶板周期来压或顶板冲击可能成为始突的触发动力。夹矸上下的软煤是始突软弱面，是该层首先流变的结果。丁组煤层的开采对戊组煤层的解放作用不显著。对于550 m以深的戊组煤层，依靠局部防突措施已不能有效防止突出的发生，应寻求区域性的防突技术措施。

3）己组煤层

己组煤层位于戊组煤层之下180 ~ 220 m，含己$_{14}$、己$_{15}$、己$_{16}$、己$_{17}$四层煤。其中己$_{15}$煤层厚度1.4 ~ 2.82 m，除北翼工业广场地段以合层形式（己$_{15-16}$）出现外，其余均独立存在；己$_{16}$煤层厚度0.5 ~ 3.0 m，该煤层单独存在于井田西部，以东则己$_{15-16}$为合层出现；己$_{17}$煤层厚度0.8 ~ 2.97 m，单独存在范围在25勘探线以西及矿井深部，其余以合层存在。上述三个煤层厚度变化较大，有时单独成层，有时二层或三层合并，亦属矿井主要可采层。煤层灰分由浅入深在2.2% ~ 11%之间逐渐降低，埋深433 ~ 1120 m的储层瓦斯实测压力1.07 ~ 2.0 MPa。

己组煤的煤与瓦斯动力灾害多发生在“地应力主导的阶段”，目前突出仅限于己$_{15-16}$煤层，除一次发生在回采工作面外，其余均发生在掘进工作面，其突出类型为2次压出，5次突出，1次冲击地压参与的突出。除22230采煤工作面（标高 −416 m，埋深536 m）外，“突出”点标高 −541 ~ −650 m，埋藏深度735 ~ 913 m，突出煤体的总量平均495.4 t/次，突出瓦斯的总量平均14919 m^3/次，突出的吨煤瓦斯涌出量平均37.2 m^3/(t · 次)，突出强度表现出“两高一低”的特征。实测有70%测点煤的坚固性系数小于或等于0.5，平均0.38，

煤质较软（图 5－29）；有 80% 测点瓦斯放散初速度大于 10 L/min，平均 16.79 L/min（图 5－30），煤层瓦斯压力为 1.07～2.0 MPa，瓦斯内能较高；有 80% 测点 k 值大于 20，平均 63.4（图 5－31）；软分层煤的破坏类型为Ⅲ、Ⅳ。煤体材料特性与瓦斯内能间的相互关系已经达到发生“突出”的危险指标。

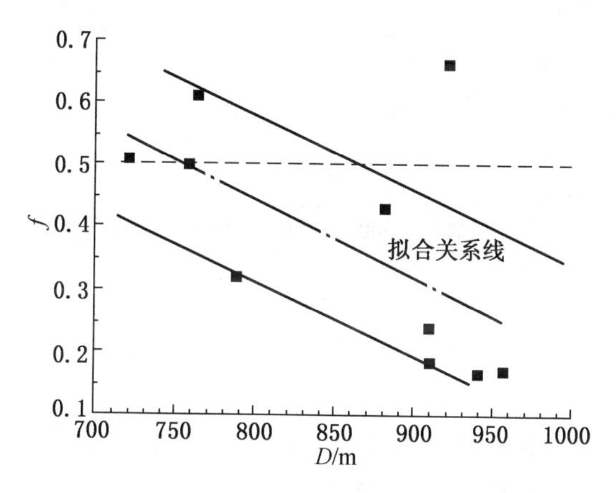

图 5－29　埋藏深度与煤的坚固性系数关系图

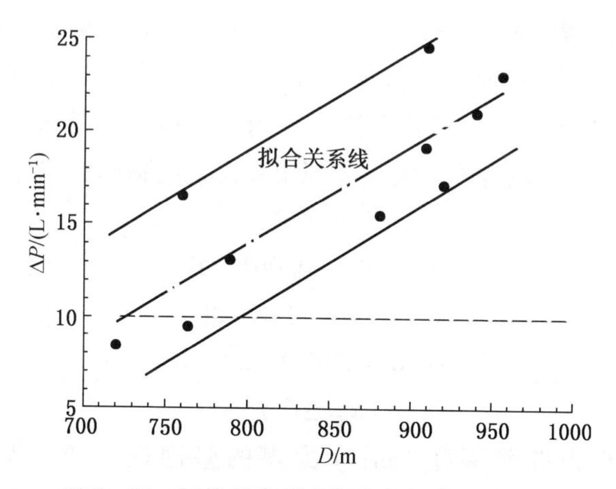

图 5－30　埋藏深度与瓦斯放散初速度关系图

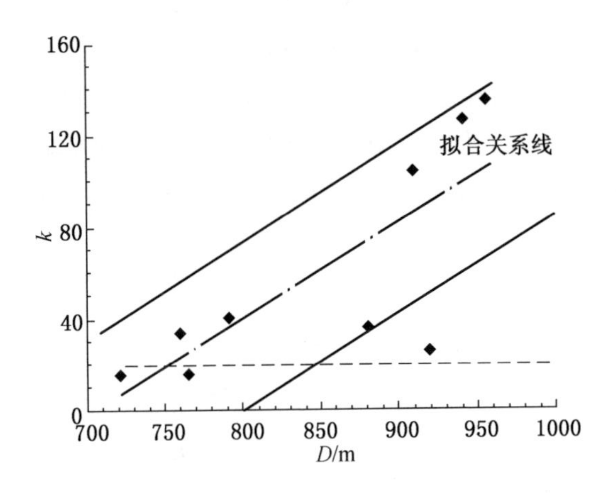

图 5-31　埋藏深度与 k 值关系图

剔除一个奇异点，总体上煤的埋藏深度与煤的坚固性系数成反比［相关系数 $R=0.57$，见式（5-3）］，越向深处构造应力对煤的揉搓作用越强烈；埋藏深度与瓦斯放散初速度成正比［相关系数 $R=0.85$，见式（5-4）］，越向深处瓦斯的压力越大；埋藏深度与 k 值成正比［相关系数 $R=0.78$，见式（5-5）］，越向深处突出危险指标越高。指标与埋藏深度的相关性很高，离散范围不大，体现出突出危险指标的整体协调性很高。

$$f=1.43-0.00123D \tag{5-3}$$

$$\Delta P=0.05311D-28.6 \tag{5-4}$$

$$k=0.42397D-299.1 \tag{5-5}$$

$$k=\Delta P/f$$

式中，D 为埋藏深度，m；f 为煤的坚固性系数，无量纲；ΔP 为瓦斯放散初速度，L/min；统计埋藏深度范围为 720～

956 m。

己$_{15-16}$煤层在750 m以下，埋深导致的原岩应力和瓦斯压力的作用力已足够成为发动突出的内能，不需要特殊地质构造的作用，而在浅部尚需特殊的地质构造助力。地应力在突出中的作用比较显著，瓦斯的相对贡献较低，这一则是因为埋深的增大使得地应力增强更为显著，二则是因为平煤集团“九五”瓦斯治理技术的全面推广应用收到了显著效果。煤质随深度变软，煤层灰分随深度变小，煤层瓦斯压力和含量随深度增加，是突出强度大的主要原因。顶板周期来压和顶板冲击可能成为始突的触发动力，在此情况下造成构造软煤软弱部位的突出；而另一种情况，构造软煤软弱部位的突出，也可能使得硬煤系统失稳，发生冲击地压，使得冲击地压和突出相互作用。戊组煤层的开采对己组煤层的解放作用不显著。在750 m以深的己$_{15-16}$煤层，依靠局部防突措施已不能有效防止突出的发生，应寻求区域性的防突技术措施。

5.2.2.5 煤与瓦斯动力灾害的直接诱因与前兆信息

（1）从表5-8的统计结果显示，煤与瓦斯动力灾害多发生在采面割煤（占58%）和巷道爆破掘进（占32%）的强烈开采扰动期间，因此强烈扰动和震动是煤与瓦斯突出的直接诱因。

表5-8 煤与瓦斯动力灾害影响因素一览表

指标	煤层组			类型			位置		
	丁组	戊组	己组	突出	压出	倾出	采煤工作面	机风巷	其他巷
频次	24	18	8	6	42	2	26	19	5
比率/%	48	36	16	12	84	4	52	38	10

表5-8（续）

<table>
<tr><td rowspan="2">指　标</td><td colspan="3">工　序</td><td colspan="3">构　造</td><td colspan="3">软分层煤</td></tr>
<tr><td>割煤</td><td>爆破</td><td>准备</td><td>正断层</td><td>逆断层</td><td>无</td><td>有</td><td>无</td><td>无描述</td></tr>
<tr><td>频次</td><td>29</td><td>16</td><td>5</td><td>9</td><td>1</td><td>40</td><td>45</td><td>3</td><td>2</td></tr>
<tr><td>比率/%</td><td>58</td><td>32</td><td>10</td><td>18</td><td>2</td><td>80</td><td>90</td><td>6</td><td>4</td></tr>
</table>

<table>
<tr><td rowspan="2">指　标</td><td colspan="5">前　　兆</td><td colspan="2">上下层开采情况</td></tr>
<tr><td>响煤炮</td><td>片帮掉渣顶板来压</td><td>瓦斯异常喷孔顶钻</td><td>煤层变软变厚，层理紊乱</td><td>未见异常</td><td>上下层均未采</td><td>上层采下层未采</td></tr>
<tr><td>频次</td><td>41</td><td>7</td><td>5</td><td>7</td><td>6</td><td>37</td><td>13</td></tr>
<tr><td>比率/%</td><td>82</td><td>14</td><td>10</td><td>14</td><td>12</td><td>74</td><td>26</td></tr>
</table>

（2）构造软煤的存在是绝大多数突出发生的必要条件（占90%），煤层变软、变厚、合层、层理紊乱的部位易于发生突出。

（3）断层构造不是发生突出的必要条件（80%的突出点附近没有断层构造），但存在断层的位置易于发生突出，尤其是遇到前方煤层抬高的断层容易突出。

（4）绝大多数（占88%）突出前存在明显的前兆信息，响煤炮、片帮掉渣、顶板来压和瓦斯异常、喷孔、顶钻等是可靠的前兆信息。

5.2.2.6　十矿动力灾害情况总结

（1）根据煤与瓦斯动力灾害发生的深度和强度特征，大体可分为煤—瓦斯系统的局部不稳定阶段、系统不稳定阶段和地应力主导阶段三个顺序排列的时序阶段。各阶段的主要特征如下所述。

局部不稳定阶段（第Ⅰ阶段）：全部发生在戊组煤层掘进巷道；埋藏深度420~550 m，原岩地应力的环境强度不高，

一般需要借助特殊的地质构造和采动应力才能具备发动突出的内能和初始推动力；全部为压出，表现为低煤、低瓦斯和低吨煤瓦斯的“三低”特征，反映出参与突出的总体作用力强度不高，瓦斯在一定程度上参与了突出过程但其相对贡献较低；发生的概率较低，具有偶发性特征。

系统不稳定阶段（第Ⅱ阶段）：发生在丁$_{5-6}$-21130开采工作面和戊组煤层掘进巷道为主；埋藏深度550～750 m，原岩应力和瓦斯的作用开始增强，无须借助特殊的地质构造即已具备发动突出的内能，采动应力可以成为突出的触发动力；表现为低煤、高瓦斯和高吨煤瓦斯的“一低两高”特征，瓦斯的作用比较显著，瓦斯内能是推动持续压出的主要动力；除两次倾出外其余均为压出，强度有所增高；发生的概率较高，具有多发性特征。

地应力主导阶段（第Ⅲ阶段）：主要发生在己组煤层的掘进巷道，但在采煤工作面也开始出现，而且煤与瓦斯绝对突出强度最大的一次发生在回采工作面；埋藏深度一般大于750 m，原岩应力的作用显著增强，无须借助特殊的地质构造即已具备发动突出的内能；表现为高煤、高瓦斯和低吨煤瓦斯的“两高一低”特征，煤和瓦斯的绝对强度大，瓦斯相对强度小，以狭义的突出类型为主，比较剧烈，反映出参与突出的总体作用力强度较高；初始推动力以地应力为主导，瓦斯参与了这一过程，并且是推动持续突出的主要动力，但其作用退居次要位置；900 m以下发生过冲击地压与煤与瓦斯突出复合型灾害，采动应力、冲击地压可以成为突出的触发动力，突出也可诱发冲击地压，据目前的情况分析，处于此阶段的具有冲击和突出双危险性的煤层就有发生冲击与突出复合型灾害的可能。

（2）煤与瓦斯突出具有显著的分带特征。煤与瓦斯突出集中发生在一个长3000 m、宽700 m，沿北西—南东方向展布的狭长条带内。条带分布的原因一则与十矿区域褶皱和断裂构造线走向一致，受主体构造线的控制，二则地表高差变化大、煤层倾角变陡的联合因素作用下，地应力强度梯度增大。该条带应确定为十矿区域煤与瓦斯突出高危带，其南侧边界基本可以确定，北侧边界和东西两个延伸方向随着开采深度的保持和增加可能还将扩展，因此，该条带和未来可能扩展的方向是十矿煤与瓦斯突出防治的关键部位；仅有一例发生在带外，处于牛庄逆断层附近，该断层附近局部应力强度有可能增强，沿此断层的走向方向延伸，还具备发生煤与瓦斯突出的局部应力条件。

（3）存在发生煤与瓦斯突出的初始临界深度，垂深420 m是十矿全部煤层组的始突深度。浅于此深度，无论采取何种采煤方法和在何种煤层中开采，均未发生过煤与瓦斯突出。各煤层组的始突深度存在差异，戊组420 m、丁组533 m；己组始突深度735 m，但在536 m深度的牛庄逆断层附近发生一次，属于特例。420 m、550 m和750 m是十矿煤与瓦斯动力灾害的三个临界深度。大于420 m，开始发生突出，但属偶发性质；大于550 m，突出发生的概率显著增高，属于多发性质；大于750 m，发生的概率虽然不高（这也与加强了瓦斯治理有关），但地应力的作用变得更为显著。

（4）发生煤与瓦斯动力灾害需要具备一定的条件：地应力强度、瓦斯压力与含量和存在构造软煤是发生突出的基本条件和必要条件；在瓦斯压力、瓦斯含量和煤的破坏类型具备了发生煤与瓦斯突出的基本条件下，尚需达到基本的孕育和发生煤与瓦斯动力灾害的环境应力强度，因此表现出初始深度问题

和需要特殊地质构造助力问题；对于具备了发生煤与瓦斯动力灾害基本条件的煤层，发生动力灾害往往需要一定的触发动力，厚层坚硬顶板大面积悬空和破断、采掘强烈扰动和爆破震动是发生煤与瓦斯动力灾害的主要触发作用力，在 900 m 以下深部，煤与瓦斯突出和冲击地压可以相互作用和触发。

（5）在煤与瓦斯突出高危带内也存在突出的相对危险和相对安全区段。存在构造软煤的部位是煤与瓦斯突出相对危险区段，特别是构造软煤刚刚揭露部位是高危区段。不存在构造软煤部位是煤与瓦斯突出相对安全区段，但在垂深约 900 m 以下，无构造软煤的硬煤带却可能是冲击地压的高危区段。

（6）从上述分析判断，十矿井田区域 750 m 以下深度地应力强度与煤岩体的本构关系可能渐趋非线性，亦即进入深部开采的临界深度。

（7）煤与瓦斯动力灾害的直接诱因与前兆信息比较明确。煤与瓦斯动力灾害多发生在采煤工作面割煤和巷道爆破掘进的强烈开采扰动期间；构造软煤的存在是绝大多数突出发生的必要条件，煤层变软、变厚、合层、层理紊乱的部位易于发生突出；断层构造不是发生突出的必要条件，但存在断层的位置易于发生突出，尤其是遇到前方煤层抬高的断层容易突出；绝大多数突出前存在明显的前兆信息，响煤炮、片帮掉渣、顶板来压和瓦斯异常、喷孔、顶钻等是可靠的前兆信息。

（8）目前的技术尚不能观测到煤与瓦斯突出时的煤体破裂过程，但十矿的煤与瓦斯突出前兆显示，有 80% 以上的突出事件有煤炮前兆，说明在煤与瓦斯突出前存在确定性的煤体微破裂，可以通过高精度微震监测设备观测到这一前兆信息，实现预测预警。

（9）具有煤与瓦斯突出危险性的丁组和戊组 550 m 以浅部

分煤层，应用目前的超前预抽瓦斯、局部防突技术和顶板控制，应可防止煤与瓦斯突出灾害发生；戊组550 m以深和己组750 m以深煤层，有必要采取保护层开采等区域防突措施。

5.2.3 平煤十一矿瓦斯参数与动力灾害分析

5.2.3.1 矿井瓦斯涌出量

从十一矿历年的矿井瓦斯等级鉴定结果显示，绝对瓦斯涌出量和相对瓦斯涌出量总体均呈上升趋势，而 CO_2 的涌出量基本恒定。十一矿从1999年到2009年均被鉴定为高瓦斯矿井。历年绝对/相对瓦斯涌出量统计，如图5－32所示。

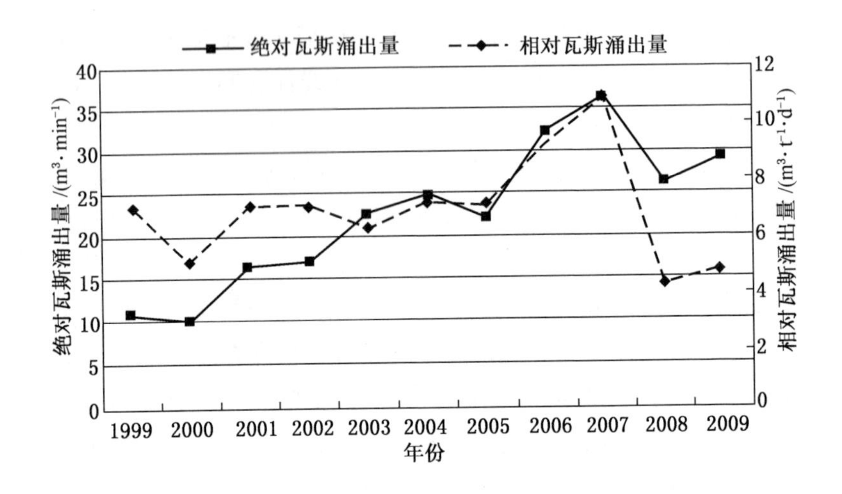

图5－32　历年绝对/相对瓦斯涌出量统计

从图5－32中可以看出相比平煤其他矿井，十一矿的瓦斯涌出量相对较低，从1999年到2005年一直保持较低的水平，从绝对和相对涌出量指标看应为低瓦斯矿井，但安全起见，按高瓦斯矿井管理。这段时间相对瓦斯涌出量变化不大，但绝对

瓦斯涌出量每年呈递增趋势，表明此期间煤层瓦斯含量变化不大，但由于产量逐年增加，导致绝对瓦斯涌出量递增。自2006年和2007年矿井瓦斯涌出量显著增加，表明开采深度增加，煤层瓦斯含量显著上升。2008年和2009年，虽然矿井产量仍在增加，但由于采取了开采保护层及预抽煤层瓦斯等有效措施，矿井瓦斯涌出量又明显降低。

5.2.3.2 煤层瓦斯压力及瓦斯含量

1. 地质勘探阶段测试结果

原精查勘探和补勘阶段钻孔采取瓦斯样点51个，其中丁$_6$煤11个点、丁$_5$煤2个点，戊$_{10}$煤15个点，己$_{16-17}$煤15个点，见表5－9。

表5－9 瓦斯煤样测试结果表

采样地点	煤层原编号	煤层现编号	瓦斯成分/%			瓦斯含量/(mL·g^{-1})			备注
			CO_2	N_2	CH_4	CO_2	N_2	CH_4	
52－10	乙$_2$	八$_3$	8.40	91.04	0.56	0.16	1.69	0.01	合格
54－6	乙$_3$	八$_3$	6.43	91.95	1.62	0.18	2.58	0.05	合格
54－6	丙$_3$	六$_2$	13.20	85.86	0.94	0.16	1.02	0.01	合格
50′－19	丁$_{5-6}$	五$_{12}$	0.14	27.38	72.48	0.00	0.17	0.45	合格
51′－3	丁$_{5-6}$	五$_{12}$	12.36	76.53	11.11	0.44	2.70	0.39	合格
51′－13	丁$_6$	五$_{12}$	4.04	36.94	58.62	0.14	1.28	2.03	合格
52－10	丁$_5$	五$_{22}$	5.95	26.69	67.36	0.13	0.58	1.46	合格
52－16	丁$_6$	五$_{12}$	5.25	7.56	87.18	0.25	0.36	4.15	合格
52－17	丁$_6$	五$_{12}$	5.19	2.16	92.65	0.21	0.09	3.65	合格
52－18	丁$_{5-6}$	五$_{12}$	10.15	13.88	75.97	0.22	0.29	1.62	参考
54－9	丁$_{5-6}$	五$_{12}$	3.95	45.27	48.63	0.17	1.94	2.08	合格
54－10	丁$_{5-6}$	五$_{12}$	2.67	21.65	75.68	0.27	2.20	7.71	合格

表5-9（续）

采样地点	煤层原编号	煤层现编号	瓦斯成分/%			瓦斯含量/($mL \cdot g^{-1}$)			备注
			CO_2	N_2	CH_4	CO_2	N_2	CH_4	
55-12	丁$_{5-6}$	五$_{12}$	1.91	23.04	75.05	0.06	0.70	2.26	合格
55-13	丁$_6$	五$_{12}$	5.15	20.19	74.66	0.21	0.84	3.12	合格
56-4	丁$_{5-6}$	五$_{12}$	9.92	13.73	76.35	0.39	0.55	3.01	参考
58-8	丁$_5$	五$_{22}$	8.78	15.28	75.94	0.57	1.00	4.95	合格
50-3	戊$_{10}$	四$_2$	9.57	87.71	2.72	0.13	1.23	0.04	合格
50′-18	己$_{16-17}$	二$_1$	9.67	4.22	86.11	0.38	0.17	3.38	合格
51-3	己$_{16-17}$	二$_1$	22.30	71.99	8.71	0.29	0.95	0.08	合格
51-5	己$_{16-17}$	二$_1$	12.85	29.71	57.44	0.44	1.03	1.98	合格
51-16	己$_{16-17}$	二$_1$	4.13	3.74	92.13	0.38	0.34	8.48	合格
51-17	己$_{16-17}$	二$_1$	7.98	4.98	86.00	0.87	0.54	9.32	合格
52-16	己$_{16-17}$	二$_1$	4.85	2.13	91.30	0.58	0.26	10.99	合格
52-17	己$_{16-17}$	二$_1$	4.16	1.70	94.14	0.58	0.24	13.16	合格
53-15	己$_{16-17}$	二$_1$	6.47	0.85	91.77	0.78	0.10	11.13	合格
54-9	己$_{16-17}$	二$_1$	8.90	7.54	83.02	0.51	0.44	4.77	合格
54-11	己$_{16-17}$	二$_1$	8.81	15.95	75.24	0.23	0.41	1.93	参考
55-12	己$_{15}$	二$_2$	12.65	3.35	80.93	0.80	0.21	5.13	合格
55-13	己$_{16-17}$	二$_1$	11.63	1.70	86.67	0.98	0.14	7.29	合格
55-14	己$_{16-17}$	二$_1$	11.00	7.39	81.62	1.27	0.85	9.43	合格
58-7	己$_{16-17}$	二$_1$	17.69	4.39	77.92	1.63	0.41	7.15	合格
58-8	己$_{16-17}$	二$_1$	10.51	0.00	89.49	1.22	0.00	10.38	合格
1511	己$_{16-17}$	二$_1$	4.69	6.64	88.67	0.61	0.87	11.64	合格
55-12	庚$_{20}$	一$_4$	15.04	6.41	78.55	1.35	0.57	7.07	合格
51′-18	戊$_8$	四$_3$	4.02	15.62	79.61	0.11	0.41	2.10	合格
51-17	戊$_{9-10}$	四$_2$	10.84	4.89	84.26	0.87	0.39	6.76	合格
51-18	戊$_{9-10}$	四$_2$	13.73	0.54	79.13	1.73	0.07	10.05	合格

表5-9（续）

采样地点	煤层原编号	煤层现编号	瓦斯成分/%			瓦斯含量/(mL·g⁻¹)			备注
			CO_2	N_2	CH_4	CO_2	N_2	CH_4	
51′-12	戊$_8$	四$_3$	3.25	25.12	70.06	0.13	0.09	2.75	合格
51′-13	戊$_{9-10}$	四$_2$	4.17	33.21	61.95	0.16	1.29	2.41	合格
52-16	戊$_{9-10}$	四$_2$	3.89	11.24	84.87	0.31	0.89	6.72	合格
53-12	戊$_{9-10}$	四$_2$	7.13	7.86	85.19	0.33	0.35	3.88	合格
53-14	戊$_{9-10}$	四$_2$	5.90	7.88	86.22	0.34	0.46	5.03	合格
53-15	戊$_{10}$	四$_2$	7.03	14.81	78.16	0.60	1.27	6.70	合格
54-6	戊$_{10}$	四$_2$	9.48	79.01	11.51	0.13	0.98	0.14	合格
54-10	戊$_{9-10}$	四$_2$	5.69	13.15	81.16	0.46	1.06	6.56	合格
54′-10	戊$_{9-10}$	四$_2$	4.67	72.56	22.77	0.16	2.44	0.77	合格
55-12	戊$_{9-10}$	四$_2$	3.72	25.23	71.05	0.14	0.95	2.68	合格
55-14	戊$_{10}$	四$_2$	5.80	10.25	83.95	0.44	0.77	6.33	合格
57-10	戊$_{9-10}$	四$_2$	3.99	15.04	80.97	0.46	1.75	9.39	合格
59-9	戊$_8$	四$_3$	4.43	8.44	87.13	0.32	0.61	6.32	合格
1511	戊$_{9-10}$	四$_2$	3.56	0.76	95.68	0.28	0.06	7.64	合格

精查勘探阶段，样品点较少，深度较浅，测定的瓦斯含量、甲烷成分均较低。补勘阶段，样品采样点主要位于井田中深部，且主要为可采煤层丁$_6$、丁$_5$、戊$_{10}$、己$_{16-17}$，煤层瓦斯采样测定方法为解吸法，测定结果较可靠，为分析研究中深部主采煤层瓦斯含量变化规律提供了基础资料。

1）煤层瓦斯成分及含量

丁$_{5-6}$煤：采样深度在 -88.18 ~ -698.14 m，瓦斯成分由甲烷（CH_4）、氮气（N_2）、二氧化碳（CO_2）组成，甲烷成分 11.11% ~ 92.65%，平均 68.59%，氮气成分 2.16% ~ 76.53%，平均 25.41%，二氧化碳成分 0.14% ~ 12.36%，平

均5.81%。仅有2个孔甲烷成分在80%以上，大部分孔甲烷成分在60%～75%，甲烷含量0.39～7.71 mL/g.r，平均值2.84 mL/g.r。整体来看煤层－720 m以浅，为氮气—沼气带。

$戊_{9-10}$煤：采样深度在＋13.41～－785.22 m，甲烷成分61.95%～95.68%，平均80.20%。氮气成分0.54%～33.21%，平均13.07%，二氧化碳成分3.25%～13.73%，平均6.05%。甲烷含量2.41～10.15 mL/g.r，平均5.33 mL/g.r，$戊_{9-10}$煤在－760 m以深（CH_4含量大于80%），属沼气带。

$己_{16-17}$煤：采样深度在＋16.06～－962.05 m，甲烷成分57.44%～94.14%，平均84.16%，氮气成分0.00%～29.71%，平均6.29%，二氧化碳成分4.13%～17.69%，平均9.06%。甲烷含量1.98～13.16 mL/g.r，平均值7.74 mL/g.r。$二_1$煤在－850 m以深（CH_4含量大于80%），属沼气带，$己_{16-17}$煤层甲烷含量较高，瓦斯含量变化呈现一定的规律性。

2）煤层瓦斯含量变化规律

同一煤层随着煤层埋藏深度的增加甲烷含量增大：

$丁_{5-6}$煤层在－500 m以浅，甲烷含量平均1.05 mL/g.r；在－500～720 m，甲烷含量平均4.43 mL/g.r。

$戊_{9-10}$煤层在－500 m以浅，甲烷含量平均值1.33 mL/g.r；在－500～－650 m，甲烷含量平均4.60 mL/g.r；在－650～－760 m，甲烷含量平均6.94 mL/g.r。

$己_{16-17}$煤层在－600 m以浅，甲烷含量平均1.03 mL/g.r；在－600～－800 m，甲烷含量平均4.43 mL/g.r；在－850～－1000 m范围，平均甲烷含量9.44 mL/g.r。

不同煤层自上而下其甲烷含量及成分有增大趋势。本区$丁_{5-6}$、$戊_{10}$、$己_{16-17}$煤自上而下甲烷成分由低变高，甲烷含量由小变大，从甲烷含量看，$二_1$煤是$四_2$煤的1.45倍，$四_2$煤

是五$_{12}$煤的1.88倍。五$_{12}$、四$_{2}$、二$_{1}$煤层甲烷含量变化都存在着随着埋藏深度的增加而增大。

2. 生产阶段测试结果

查阅十一矿的瓦斯参数台账，对各煤层的瓦斯参数进行了整理，各煤层瓦斯压力及瓦斯含量结果见表5-10至表5-14。

表5-10 十一矿各煤层ΔP、f、k值测定结果

序号	煤层	取样地点	f	ΔP/(L·min^{-1})	k
1	丁$_{5-6}$	丁$_{5-6}$-22121风巷7号点前13 m	0.20	16	80.0
2	戊$_{9-10}$	戊$_{9-10}$-16140风巷距风巷口210 m	0.78	3	3.8
3	己$_{15}$	己$_{15}$-22130机巷外段	0.28	12	42.9
4	己$_{16-17}$	己$_{16-17}$-22181机巷0号点前53 m	0.40	8	20.0
5	己$_{16-17}$	己二采区轨道下山底部1号孔	0.56	8	14.3
6	己$_{16-17}$	己二东翼集中运输平巷230 m处1号孔	0.21	17	81.0

表5-11 丁$_{5-6}$煤层瓦斯压力测定结果

测点位置	孔号	见煤标高/m	观测时间/d	表读数/MPa	绝对压力/MPa	有效值/MPa	备注
二水平丁$_6$轨道下山底	1	-707	36	1.3			拆表后有水流不尽
二水平丁$_6$皮带下山轨皮联巷30 m	1 2	-672 -671	30 30	0.22 0.2	0.32 0.3	0.32	
丁$_{5-6}$-22121风巷500 m下帮	1 2	-597 -597	31 30	0.05 0.05	0.15 0.15	0.15	
丁$_{5-6}$-22121机巷730 m处下帮	1 2	-636 -634	29 29	0.1 0.1	0.2 0.2	0.2	

表5-12 戊$_{9-10}$煤层瓦斯压力测定结果

测点位置	孔号	见煤标高/m	观测时间/d	表读数/MPa	绝对压力/MPa	有效值/MPa	瓦斯含量/($m^3 \cdot t^{-1}$)
戊$_{9-10}$-16130机巷300 m处	1 2	-571.5 -583.5	40 39	0.25 0.25	0.35 0.32	0.35	1.16
戊$_{9-10}$-16140风巷距风巷口210 m处	1 2	-535 -520	38 37	0.12 0.1	0.22 0.2	0.22	0.74

表5-13 十一矿己$_{15}$煤层瓦斯压力测定结果

测点位置	孔号	见煤标高/m	观测时间/d	表读数/MPa	绝对压力/MPa	有效值/MPa	备注	瓦斯含量/($m^3 \cdot t^{-1}$)
己二东翼集中运输巷230 m处上帮	1 2	-780 -780	30 28	0.23 0.41	0.33 0.51	0.51	1号孔始终无读数	4.79
己$_{15-2}$-2130机巷外段（-800 m车场）	1 2	-796 -796	28 27	0 0.07	0.17	0.17		1.85
己$_{16-17}$-22090机巷130 m处上帮	3	-687	26	0.25	0.35	0.35		3.51
己$_{16-17}$-22181风巷170 m处上帮	1	-797	26	0.12	0.22	0.22		2.33
己$_{16-17}$-22181机巷100 m处上帮	1	-800	26	0.45	0.55	0.55		5.08

实测三组煤中，丁$_{5-6}$和己$_{15}$煤层坚固性系数为0.2，瓦斯放散初速度大于10 L/min，k值大于20，属易发生突出煤质，但瓦斯压力均没有达到或超过0.74 MPa，因此瓦斯内能还未达到突出危险指标，但是随着开采深度加大，瓦斯含量和压力必然增加，因此矿井深部开采时必然面临突出威胁。

表5-14　十一矿己$_{16-17}$煤层瓦斯压力测定结果

测点位置	孔号	见煤标高/m	观测时间/d	表读数/MPa	绝对压力/MPa	有效值/MPa	瓦斯含量/($m^3 \cdot t^{-1}$)
己$_{16-17}$-22090机巷与三区段片盘口25 m	1	-692	27	0.1	0.2	0.2	1.82
己$_{16-17}$-22090机巷140 m处下邦	2	-702	27	1.3	1.4	1.4	8.32
己二轨道下山底部	1	-870	26	0.45	0.55	0.54	4.25
己$_{16-17}$-22181风巷150 m处上帮	2	-803	26				
己$_{16-17}$-22181机巷130 m处上帮	2	-803	26	0.07	0.17	0.17	1.56
己$_{16-17}$-22181机巷130 m处下邦	3	-803	26	0.35	0.45	0.45	3.76

戊$_{9-10}$煤层煤的坚固性系数大于0.5，瓦斯放散初速度大于10 L/min，k值较小为3.8，测得最大瓦斯压力为0.35 MPa，煤体材料特性和瓦斯内能不满足突出标准，但戊$_{9-10}$测点较少，ΔP、f、k仅有一个测点，瓦斯压力仅有两个测点，因此，在生产中需增加测点以更全面了解煤层及瓦斯状态。

己$_{16-17}$煤层测得平均f值为0.39，小于0.5，瓦斯放散初速度大于10 L/min，平均k值也大于20，瓦斯压力5个测点中有4个小于0.74 MPa，最大压力为1.4 MPa。己组煤层顶板具有强冲击倾向，煤层有弱冲击倾向。可见己组煤层的煤体材料特性与应力、瓦斯内能间的相互关系在部分区域已经达到发生动力灾害的危险指标。

5.2.3.3　煤岩动力灾害特征实证分析

实证分析是科学探索的重要方法和有效途径。十一矿自建矿以来没有发生过突出，但是发生过冲击地压 10 余次（表 5－15）。主要发生在己组煤层及底板岩巷，表现为动力现象应力特征明显，一般发生在固定巷道壁，巷道围岩突然变形，支架受损严重，震感明显，甚至波及地面，动力现象发生后，瓦斯一般变化不大。符合冲击地压的基本特征。通过对这些“动力现象”事件进行实证分析，从中探寻它们的共性特征和一般规律，可以为十一矿煤岩动力灾害的防治提供针对性较强的科学依据和有效途径。

表 5－15　十一矿冲击地压发生情况统计

序号	发生时间	发生地点	x	y	水平深度/m	地面标高/m	垂深/m	发生原因
1	2002－06－16	$己_{16-17}$－22120 风巷	22850.4583	44265.98	－677	160	837	
2	2005－01－03	$己_{16-17}$－22120 风巷	23043.5772	44176.7186	－683	169	852	
3	2006－01－12	己二皮带下山机头硐室	23071.1936	43819.8611	－580	141	721	巷道应力叠加
4	2007－08－06	$己_{16-17}$－22062 机巷	21973.7705	44489.4843	－613	187	800	开采应力叠加
5	2007－09－04	丁戊煤上仓皮带巷机尾硐	22987.8371	43864.5195	－557	143	700	巷道应力叠加
6	2008－04－23	$己_{16-17}$－22062 风巷	21734.1905	44367.6134	－584	187	771	开采应力叠加

表5-15（续）

序号	发生时间	发生地点	x	y	水平深度/m	地面标高/m	垂深/m	发生原因
7	2008-04-30	己二皮带下山二台带式输送机机头	23257.6355	44193.6604	-745	183	928	巷道应力叠加
8	2008-10-31	己二采区二、三区段车场	23009.3425	43990.6049	-638	151	789	开采扰动+应力叠加
9	2009-10-21	己二采区二区段车场	22941.7247 22916.2122 22908.4611	43994.6175 44232.1597 44208.803	-612 -684 -670	148 168 167	760 852 837	开采扰动+应力叠加
10	2009-12-17	己$_{16-17}$-22122开切眼	22059.6947	44756.8052	-685	150	835	开采应力叠加
11	2010-01-15	己$_{16-17}$-22122开切眼	22070.3968	44776.6845	-689	153	842	开采应力叠加
12	2010-02-19	己$_{16-17}$-22122开切眼	22087.1756	44810.1128	-695	158	853	开采应力叠加

十一矿首次有危害的冲击地压于2002年6月16日发生在己$_{16-17}$-22120风巷掘进期间的迎头工作面，表现为顶板岩层面垂直巷道走向断裂出一条10～20 m长的裂隙，迎头左上角煤层沿软、硬层交面呈现一个“瓶”状的孔洞，从迎头碎煤堆积状况和瞬间瓦斯涌出的数量判断，这应是一次小型的有瓦斯参与的煤岩动力灾害。

在2002年至2006年间，共发生过3次动力灾害，其中2次发生在同一地点己$_{16-17}$-22120风巷，分别为掘进（2002年

6月16日）和回采期间（2005年1月3日），发生地点两侧均有小断层，受其影响此区域应力分布不均，是引起动力现象发生的主要原因。另一次发生在2006年1月12日，发生地点为己二皮带下山机头硐室，主要原因是周围巷道硐室很多，且交叉布置，多处形成孤岛煤柱，应力分布不均，在局部叠加严重，是典型的矿柱型岩爆。

2007年以后，发生动力灾害的频度有所增加，但主要分布在开采形成的应力集中区域。2007年8月6日在己$_{16-17}$-22062机巷掘进时发生动力现象，下帮内移和底板鼓起，瓦斯变化不大。此次动力现象发生在己$_{16-17}$-22062机巷掘进至上分层（己$_{16-17}$-22080采煤工作面）终采线附近，受上分层开采形成的支承压力及前方断层影响，此区域为应力集中区，具备了发生冲击的条件。

2007—2009年在己二采区下山二、三区段区域发生了4次冲击地压，其中后两次规模较大，震级均超过2.0级，根据采掘布置及开采过程对这几次冲击地压发生原因进行分析认为，前两次（2007年9月4日丁戊煤上仓皮带巷机尾硐，2008年4月30日己二皮带下山二台带式输送机机头）规模较小，西翼回采工作面距离较远，受采动支承压力影响较小，主要是因为此区域巷道、硐室较多，应力集中程度高且分布复杂，应力梯度大，围岩在长期高应力作用下发生蠕变，形成小规模的岩爆，与前述2006年1月发生在己二皮带下山机头硐室的岩爆类型一样。后两次（2008年10月31日己二采区二、三区段车场、2009年10月21日己二采区二区段车场）冲击规模很大，震级分别为2.0级和2.2级，主要受采动支承压力、巷道应力叠加和断层影响。首先这两次冲击地压分别发生在己$_{16-17}$-22101采煤工作面、己$_{16-17}$-22062采煤工作面推进

至终采线附近时，此时采动造成了顶板大面积活动，采动支承压力与原有巷道应力叠加，对岩体原有系统平衡状态造成强烈扰动，另外，此区域分布有数条断层，应力扰动也致使断层活化，从而引起大规模的冲击地压。

2008年4月23日在己$_{16-17}$-22062风巷900 m处（下层己$_{16-17}$-22061采煤工作面开切眼外留煤柱处）发生小规模动力现象，造成两架支架损坏，巷道底鼓。其主要原因是己$_{16-17}$采用分层开采，下分层开切眼外错，而冲击地压就发生在上下分层两开切眼之间的巷道，可见主要是受到上分层回采形成的支承压力影响，是典型的压力型冲击，规模较小。2009年12月至2010年2月期间在己$_{16-17}$-22122开切眼掘进期间发生过3次冲击地压，其发生位置距离很近，发生原因基本相同，均是下分层为布置在原生顶板处，开切眼外错，与上分层开切眼间距20 m左右，位于应力集中区域，该开切眼掘进过程中出现应力突然释放造成的冲击地压。

5.2.3.4 煤岩动力灾害分类及空间分布

根据上述分析和统计可以按发生原因把十一矿动力灾害进行以下分类。

1）巷道应力叠加

此类型的冲击地压（岩爆）共发生了3次，发生规模较小，主要是因为此区域巷道、硐室较多，应力集中程度高且分布复杂，应力梯度大，围岩在长期高应力作用下发生蠕变导致系统失稳，由于没有较大范围的应力扰动，巷道围岩小范围的能量释放，因此规模一般较小。

2）开采扰动+巷道应力叠加

此类型的冲击地压共发生2次，发生规模很大，分别相当于2.0级和2.2级地震，造成多处巷道大面积破坏。原因主要

是受采动支承压力、巷道应力叠加的双重影响。这两次冲击地压分别发生在己$_{16-17}$-22101采煤工作面、己$_{16-17}$-22062采煤工作面推进至终采线附近时，此时采动造成的顶板大面积活动，采动支承压力与原有巷道集中应力再次叠加，对岩体原有系统平衡状态构成强烈扰动，另外，此区域分布有数条断层，应力扰动也致使断层活化，从而引起大规模的冲击地压。

3）开采应力叠加

此类型的冲击地压共发生5次，这几次冲击地压均发生在上分层采空区周围的高应力区。有4次是由于下分层开切眼外错，巷道掘进布置在上分层支承压力影响范围内，有1次是发生在上分层终采线外部的支承压力影响范围。

机理分析：己$_{16-17}$-22122开切眼发生的三次冲击地压，是典型的由采矿活动引起的压力型（煤柱型）冲击，即巷道周围煤体中的压力由亚稳态增加至极限值，其聚积的能量突然释放。

从围岩应力条件分析，如图5-33所示，上分层采空区侧煤壁由于受到基本顶断裂及下沉影响，使煤柱承受较高的支承压力。由于22122开切眼跨度较小，开切眼侧煤壁受到的压应力相对较小，但仍在煤柱内形成应力集中，并与采空侧形成的支承压力叠加。数值模拟计算也表明，煤柱承受的垂直应力明显较高，达到原始应力的2~2.5倍，采空区侧的垂直应力最大，接近原始应力的3倍（图5-34）。因此，采掘引起的应力高度集中经弹性能的积聚创造了条件，是引发冲击地压的主要原因。

在煤岩特性方面，经煤层冲击倾向性实验测定，此矿二$_1$煤层具有中等偏强冲击倾向性能。在围岩结构方面，由于22122开切眼沿二$_1$顶板布置，留有2 m左右的底煤，是开切

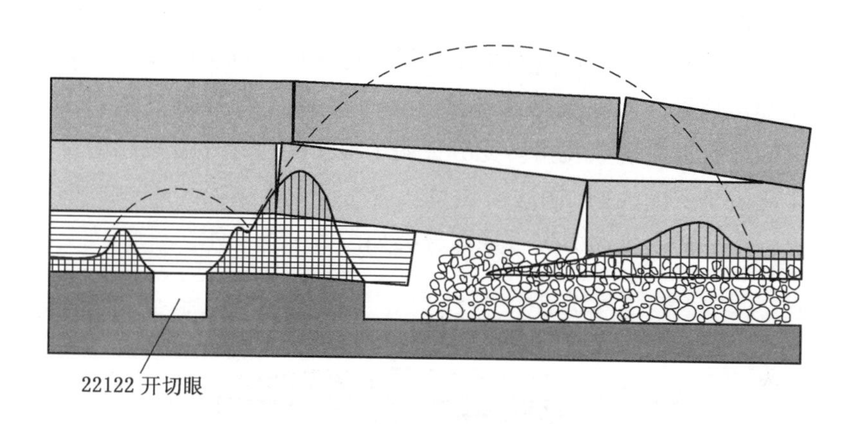

图 5-33 22122 开切眼煤柱支承压力作用示意图

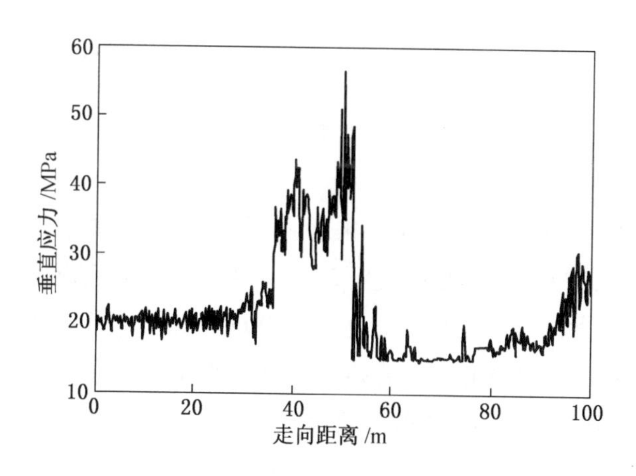

图 5-34 煤柱垂直应力分布图

眼围岩结构中的软弱部位，成为能量释放的突破口。当煤柱内积聚的大量弹性能达到极限时，就在底板及煤柱侧释放出来，产生冲击地压。

另外，冲击地压还受到地质构造控制，图 5－33 中虚线框住的区域有几条平行分布中小断层，此区域附近集中发生了多次冲击地压，而埋藏更深的已$_{16-17}$－22141 工作面掘进和回采区间没有动力现象发生。充分证明了地质构造对冲击地压的发生起着重要的控制作用。

十一矿发生动力灾害原因分类如图 5－35 所示。

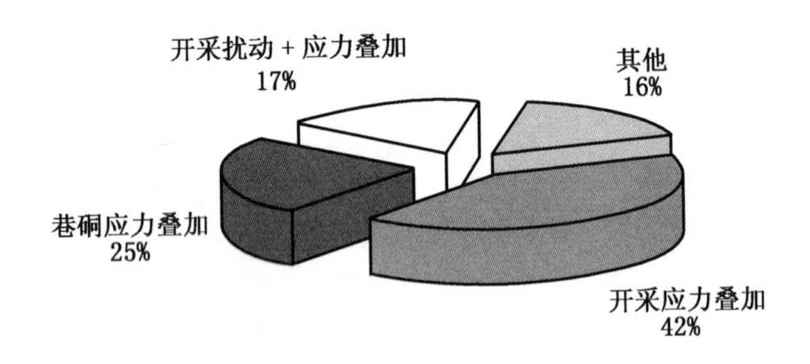

图 5－35　各类型的冲击地压统计

从冲击地压的发生深度来看（图 5－36），最小发生深度为 700 m，750 m 以浅共发生 2 次，均发生在采区硐室，规模均较小；大部分冲击地压发生在 750 m 以深。因此，可以认为 700 m 是十一矿冲击地压的始发深度，小于此深度由于应力条件达不到，应力—围岩系统处于相对稳定状态。750 m 可以认为是冲击地压的常发深度，大于此深度，应力值接近围岩强度峰值，应力—围岩系统接近极限应力状态，外界扰动很容易引发动力现象。

从平面分布来看，冲击地压主要发生在矿井主采区，即己二采区西翼，在采区的开切眼和终采线位置形成两个集中区域，在工作面正常掘进和回采区域没有发生过动力现象，这也

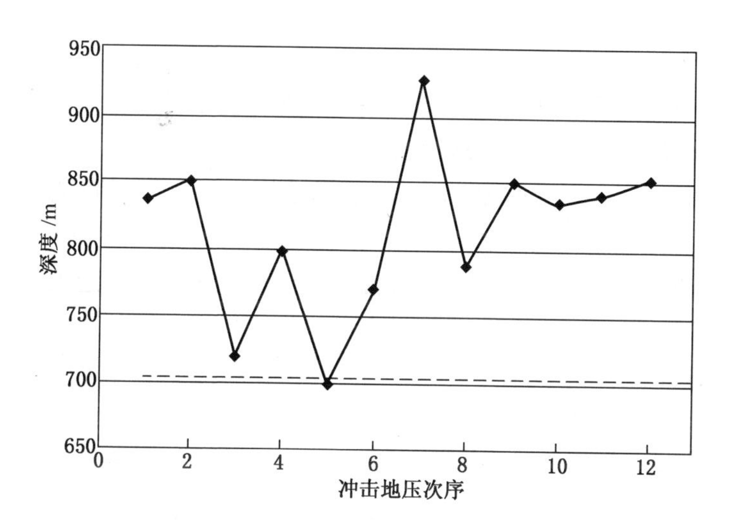

图 5－36　冲击地压发生深度统计

说明十一矿的开采条件还未达到动力现象普发性的特征，冲击地压只是在开采形成的应力集中区、断层影响区发生。但随着十一矿煤炭储量主要分布在 800 m 深的区域，发生动力现象的煤岩物质条件已具备，在深部高应力区冲击危险程度必然大大增加。

5.2.3.5　煤岩动力灾害形成的基本条件

一般而言，冲击地压是硬质煤层在高应力作用下的突然脆性破裂失稳，有时表现出黏滑特征，动力来源以地应力或采动应力的作用为主，高压瓦斯也可能参与联合作用（抑或伴随瓦斯溢出），发生和持续过程短暂。地下煤层不开采，上述两个条件无论如何充分，也不会发生煤与瓦斯突出和冲击地压，由于开采扰动和形成自由空间，才提供了煤岩的动力现象发生的条件。因此，十一矿己二采区也具备了发生冲击地压的几个条

件。

1）物质条件

冲击地压的发生，需要具备基本的物质条件，这一条件就是煤岩层所固有的冲击属性。十一矿已组煤具有弱冲击倾向，基本顶具有中等冲击倾向，基本顶之上有一层厚层石英砂岩（大占砂岩），具有强冲击倾向，是已$_{16-17}$煤层顶板的关键层。

冲击危险程度还与煤层厚度有关，一般煤层厚度越大，冲击危险程度越高，已二采区煤层厚度达到6～12 m，如图5－37所示。

2）动力条件

煤岩冲击倾向性只是发生动力灾害的一个必要条件，还需要环境应力强度和触发动力条件。应力一般包括原始地应力和开采集中应力。

具有冲击倾向性的煤层需要达到一定的应力强度才能发生冲击地压，弱冲击倾向性的煤层，当应力强度达到一定水平后也会发生冲击地压。十一矿最大开采深度已接近1000 m。在垂深700 m以下，就有冲击地压发生，即在700 m以下就达到了孕育灾害环境应力强度必要条件。

十一矿的冲击地压大部分发生在开采形成的应力集中区域，如开切眼煤柱、终采线、巷道重叠交叉区等。地下采掘工作难以避免要产生应力集中，只有开采集中应力与较高原岩应力叠加达到一定强度才能引起动力灾害发生。十一矿750 m以下应力集中区发生多次冲击地压，表明750 m以下的开采应力集中区已接近冲击地压发生的充分条件。因此，开采过程中要合理优化采掘布置，尽量减少开采应力集中区，减小应力集中程度。

已组煤层顶板有坚硬的砂岩层。如图5－38所示，已$_{16-17}$

图5-37 己$_{16-17}$煤层厚度等值线图（图中深色区域为己二采区）

	65	11.86	1083.86	8.20	69	3	11.84	1078.74	砂质泥岩
	66	1.50	1085.36	1.10	73	3	1.50	1080.24	细粒砂岩
	67	3.39	1088.75	2.45	72	3	3.39	1083.63	砂质泥岩
二$_3$(己$_{14}$)	68	0.82	1089.57	0.00	0	3	0.82	1084.45	煤　　层
	69	0.70	1090.27	0.40	57	3	0.70	1085.15	泥　　岩
	70	2.30	1092.57	1.50	65	3	2.30	1087.45	细粒砂岩
	71	3.50	1096.07	2.40	69	3	3.50	1090.95	砂质泥岩
	72	0.30	1096.37	0.30	100	3	0.30	1091.25	泥　　岩
二$_2$(己$_{15}$)	73	1.00	1097.37	0.90	90	3	1.00	1092.25	煤　　层
	74	0.50	1097.87	0.40	80	3	0.50	1092.75	泥　　岩
	75	2.60	1100.47	1.70	65	3	2.60	1095.35	细粒砂岩
	76	2.50	1102.97	1.85	74	3	2.50	1097.85	砂质泥岩
	77	9.00	1111.97	7.20	80	3	8.99	1106.84	中粒砂岩
	78	0.50	1112.47	0.50	100	3	0.50	1107.34	砂质泥岩
二$_1$(己$_{16-17}$)	79	9.10	1121.57	7.10	78	3	9.09	1116.43	煤　　层
	80	0.50	1122.07	0.40	80	3	0.50	1116.93	泥　　岩
	81	2.20	1124.27	1.70	77	3	2.20	1119.13	细粒砂岩
	82	5.20	1129.47	4.10	79	3	5.19	1124.32	砂质泥岩
L_8	83	1.40	1130.87	0.98	70	3	1.40	1125.72	石 灰 岩
	84	5.75	1136.62	4.30	75	3	5.74	1131.46	砂质泥岩
L_7	85	7.95	1144.57	4.90	62	3	7.94	1139.40	石 灰 岩

图 5-38　己二采区柱状图

煤层基本顶是厚度为 10 m 左右砂岩，单轴抗压强度达到了 139 MPa，属坚硬难冒顶板。在开采过程中会存储大量的能量，其断裂时大量能量的释放会造成采掘空间围岩系统失稳，从而诱发冲击地压的发生。

3）构造条件

地质构造区域是应力梯度增加，围岩较破碎，煤岩体结构

系统处于相对不稳定状态，在这些区域进行采掘工作时，很容易诱发动力灾害。十一矿有相当部分的冲击地压发生在断层密集区，而在断层密集区以下进行采掘工作时却未发生冲击地压，也充分表明地质构造是诱发冲击地压的重要因素之一。因此，采掘工作接近地质构造区域时，应提前制定实施防治措施。

综上所述，十一矿的己二采区具备了发生冲击地压的煤层物质条件、环境应力强度与触发动力条件和地下开采扰动与地质构造条件。

5.2.3.6　十一矿动力灾害情况总结

（1）十一矿现为高瓦斯矿井，各煤层瓦斯含量和压力符合随深度增加而增大的规律。丁$_{5-6}$和己$_{16-17}$的煤质特性满足突出发生的条件，随着开采深度的增加，瓦斯压力增大，十一矿丁组和己组煤具有潜在突出危险性，如己$_{16-17}$煤层测得的最大瓦斯压力达到了 1.4 MPa，因此，提前做好区域防治措施规划对于保证矿井深部安全开采十分重要。

（2）十一矿发生过冲击地压 10 余次，主要发生在己组煤层及其底板岩巷，动力现象的应力特征明显，发生地点多在固定巷道壁，巷道围岩突然变形，支架受损严重，震感明显，甚至波及地面，动力现象发生后，瓦斯一般变化不大，符合冲击地压的基本特征。

（3）十一矿冲击地压的成因可分为三类：一是巷道应力叠加，主要发生在己组下山车场或硐室交叉位置，震动规模一般较小；二是开采扰动 + 巷道应力叠加，主要发生在回采工作推进至终采线附近，由于原有巷道应力集中与开采扰动应力叠加在一起，震动规模很大，甚至波及地表；三是开采集中应力叠加，主要发生在采空区周围的支承压力影响区域。

（4）冲击地压的空间分布特点。从发生深度来看，700 m是十一矿冲击地压的始发深度，小于此深度由于应力条件达不到，应力—围岩系统处于相对稳定状态。750 m是冲击地压的常发深度，大于此深度，应力值接近围岩强度峰值，应力—围岩系统接近极限应力状态，外界扰动很容易引发动力现象。从平面分布来看，冲击地压主要在开切眼和终采线位置形成两个集中区域，在工作面正常掘进和回采区域没有发生过动力现象，这也说明开采条件还未达到动力现象普发性的特征，冲击地压只是在开采形成的应力集中区、断层影响区发生。但十一矿煤炭储量主要分布在800 m以深的区域，发生动力现象的煤岩物质条件已具备，在深部高应力区冲击危险程度必然大大增加。

（5）十一矿已组煤层及顶板岩层具有冲击倾向性，煤层厚度大，开采深度已接近1000 m，局部地质构造复杂，具备了发生冲击地压的煤层物质条件、环境应力强度与触发动力条件和地下开采扰动与地质构造条件。

5.2.4 矿区瓦斯动力灾害的时空分布规律

5.2.4.1 瓦斯动力灾害的区域分布规律

平顶山矿区总体分为西半部和东半部。西半部主要包括十一矿、五矿、七矿、六矿、三矿、二矿、四矿井田和一矿井田的西半部，东半部主要包括十矿、十二矿、八矿井田和一矿井田的东半部。

（1）平顶山矿区既发育北西西—北西向的小型正断层、逆断层，又发育北北东—北东向的小型正断层、逆断层，但北北东—北东向的断层比北西西—北西向的数量少，且以正断层为主。北北东—北东向的小型正断层附近构造煤没有北西西—北西向断层附近构造煤发育，北北东—北东向正断层当落差小于

1 m时，基本上无Ⅲ、Ⅳ类构造煤，只有当落差大于1 m以上时，才有少量的Ⅲ类构造煤发育。北西西—北西向的小型正断层、逆断层附近构造煤都比较发育，断层面附近构造煤全层发育，逆断层两盘煤体的破坏程度大于正断层两盘煤体的破坏程度。

（2）矿区东部的十矿、十二矿井田以及一矿井田东半部，受北西向展布的郭庄背斜、牛庄向斜、十矿向斜、牛庄逆断层、原十一矿逆断层的控制，是一个北西向展布的逆冲推覆断裂褶皱挤压构造带。构造复杂，断层与褶皱构造叠加，煤层破坏强烈，构造煤极为发育，厚度一般为1.5 m以上，是造成严重的煤与瓦斯突出区的地质原因。八矿位于李口向斜轴的南东转折仰起端，处于北西向构造与北东向构造交汇复合、联合处，既有北西向展布的任庄断裂、张湾断裂，又有北东向展布的辛店断裂，既有北东向展布的前聂背斜，又有北西向与北东向构造复合控制的焦赞背斜，还有北西向构造与北东向构造联合作用控制的盆形构造任庄向斜。矿区东部构造复杂，煤层破坏强烈，构造煤极为发育，属严重突出危险区。

（3）矿区西部的锅底山断裂是一个控制性、开放性断裂，有利于瓦斯释放，位于锅底山断裂附近的四矿、五矿、六矿、香山公司和一矿井田的西半部，突出强度低。

（4）矿区西半部北西西向的锅底山断裂是一个控制性断裂，断裂上盘为五矿、七矿、十一矿井田，经历过锅底山断裂上盘的逆冲推覆以及该断裂反转时的下降运动，煤层破坏强烈，是造成五矿发生煤与瓦斯突出的主要原因。位于锅底山断裂下盘一侧的六矿、二矿、三矿、四矿井田和一矿井田的西半部，是平顶山矿区构造简单区，煤层破坏轻微，煤与瓦斯突出危险性较小，也说明在断层的上盘突出危险性较大。

（5）地质构造尖灭端是发生突出的集中分布区。八矿己组煤己$_{15}$－13170 工作面位于辛店正断层尖灭断端附近，在采区内断层落差达 20 m，8 次突出集中分布在断层尖灭端的次级小断层附近。十二矿己组煤层在牛庄向斜的轴部发育有牛庄逆断层，己$_{15}$－16101 工作面位于断层的尖灭端，在尖灭端发育有几条落差不等的正断层，11 次突出集中发生在 3 条正断层的上盘。以上突出带是因为断层在形成过程中煤层受到挤压和旋扭构造应力作用，构造煤发育，煤层中瓦斯压力升高，地应力集中，在断层尖灭端形成易于发生煤和瓦斯突出的地质条件，是发生突出的集中分布区。

（6）构造软煤的存在是绝大多数突出发生的必要条件，煤层变软、变厚、合层、层理紊乱的部位易于发生突出。十矿戊煤组在不同区段因各煤分层的层间距变化造成了煤层的分岔与合并。煤体结构自上向下依次为 0.7 m 的光亮硬煤、0.6 m 软煤、0.2 m 的软矸、0.8 m 的软煤和 2 m 左右的硬煤。突出以东部的合层区最为密集，中部次之，而西部的分层区尚未发生过突出。己组煤层突出 8 次，均发生在己$_{15-16}$煤层的合层区。

（7）巷道掘进由断层的下降盘向上升盘推进时更容易突出。例如，在十矿郭庄背斜北翼戊$_{9-10}$－20090 机巷发生的煤与瓦斯突出，突出点附近煤质松软，层理紊乱，突出前出现有片帮现象，突出是发生在断层下降盘向上升盘推进时。这与前述采动影响下断层区域应力分布的数值模拟结果相一致。

5.2.4.2　瓦斯动力灾害的时域分布规律

平顶山矿区煤与瓦斯突出灾害的发展过程可以分为 4 个阶段：

（1）1988 年之前，煤与瓦斯突出灾害显现阶段。1984—1988 年，在八矿、十矿的戊$_{9-10}$煤层共发生压出型煤与瓦斯突出 4 次。标高 －247 ~ －415 m，埋藏深度 420 ~ 554 m，突出强

度 20 ~ 54 t，未发生人员伤亡事故。

（2）1989—1994 年，煤与瓦斯突出灾害发展阶段。五矿、八矿、十矿、十二矿共发生煤与瓦斯突出 48 次，其中突出型 3 次，压出型 35 次，倾出型 10 次，突出煤层有戊$_{9-10}$、己$_{15}$、己$_{16-17}$、己$_{15-17}$煤层。标高 -224 ~ -547 m，埋藏深度 340 ~ 623 m，突出强度 5 ~ 450 t。

（3）1995—2004 年，煤与瓦斯突出灾害扩大阶段。在一矿、四矿、五矿、六矿、八矿、十矿、十二矿、十三矿共发生煤与瓦斯突出 84 次，其中突出型 14 次，压出型 63 次，倾出型 7 次，突出煤层有丁$_{5-6}$、戊$_{9-10}$、己$_{15}$、己$_{15-16}$、己$_{16-17}$、己$_{15-17}$煤层。标高 -308 ~ -658 m，埋藏深度 429 ~ 960 m，突出强度 0 ~ 551 t。

（4）2005 年以后，冲击矿压和煤与瓦斯突出复合型动力灾害显现阶段。2005 年以来，在五矿、六矿、八矿、十矿、十二矿、十三矿、首山一矿共发生煤与瓦斯突出 16 次，其中突出型 4 次，压出型 12 次，突出煤层有丁$_{5-6}$、戊$_{9-10}$、己$_{15}$、己$_{15-16}$、己$_{16-17}$、己$_{15-17}$煤层。标高 -398 ~ -755 m，埋藏深度 488 ~ 1100 m，突出强度 5 ~ 2000 t。该时期部分矿井采掘深度进入 1000 m 以下，接近李口向斜轴部，地应力增大，冲击矿压和煤与瓦斯突出复合型动力灾害开始显现，对矿井安全生产造成严重威胁。

5.3 动力灾害的影响因素分析

5.3.1 矿区己组煤突出特征及主要控制因素

己组煤是平煤突出最严重的煤层：平顶山煤田丁、戊、己组煤层目前发生 152 次突出，其中，己组煤层发生 72 次，占 47.4%；见表 5 - 16，突出区域分布广，四矿、五矿、八矿、

十矿、十二矿、十三矿、首山一矿和香山公司等共计8个矿的己组煤发生过突出；己组煤的始突标高 -224 m，也是平煤矿区的始突标高，始突深度340 m；最大一次突出发生在平煤十矿己$_{15-16}$ -24110 采煤工作面，突出煤量2000 t，突出瓦斯量 4×10^4 m^3。

表5-16　平顶山矿区己组煤层的突出统计表

矿　别	突出煤层	突出次数	工作面类型	最大突出强度/t	始突标高/m
四矿	己$_{16-17}$	3	煤巷	72	-393
五矿	己$_{16-17}$	13	煤巷	123	-224
八矿	己$_{15}$	16	煤巷、采煤工作面	450	-348
十矿	己$_{15-16}$、己$_{15}$	8	煤巷	2000	-541
十二矿	己$_{15}$、己$_{15-17}$	27	煤巷	293	-268
十三矿	己$_{15-17}$	2	煤巷	196	-510
平宝公司首山一矿	己$_{15}$	1	煤巷	40	—
香山公司	己$_{15}$	2	煤巷	—	—
合计	己$_{15}$、己$_{15-16}$、己$_{15-17}$、己$_{16-17}$	72	煤巷、采煤工作面	2000	-224

（1）己组煤72次突出中，见表5-16，己$_{16-17}$煤层突出19次、己$_{15}$煤层突出28次、己$_{15-16}$煤层突出5次、己$_{15-17}$煤层突出20次，由此看出，各煤层中均发生过突出，含己$_{16}$、己$_{17}$煤层的突出占61%。

（2）突出区域主要集中分布在东三矿和五矿，共计突出64次，占己组88.9%。从宏观构造上看，东三矿突出区主要

受李口向斜及派生的次级构造控制，五矿主要受锅底山断层及其次级构造控制；72 次突出中，除了 17 张卡片记录不详，65 张突出卡片中，突出点附近发育有中、小型构造的 52 次，占总数的 80%。

（3）绝大多数突出点的突出卡片上均有“煤层软”“存在软分层”“软分层加厚”等字样，反映了构造和构造软煤对突出的控制作用。

（4）从突出类型看，己组煤层 72 次突出中，有 40 次压出，占 55.6%；17 次突出，占 23.6%；14 次倾出，占 19.4%，说明平煤的突出类型是以地应力为主导因素的。

（5）绝大多数煤与瓦斯突出具有一定的预兆，如连续响煤炮、喷孔、瓦斯涌出异常、夹钻和顶钻等异常现象。

（6）从突出强度看，己组煤小型突出 43 次，占 59.7%；中型突出 7 次，占 9.7%；大型突出 22 次，占 30.6%。以上数据表明，平煤以小型和大型突出为主。

（7）从突出深度看，300～500 m 发生突出 33 次，500～800 m 突出 24 次，800 m 以深突出 12 次，突出频度有逐渐递减的趋势，这显示了采取防突措施的效果。

（8）从工作面类型看，在 72 次突出中，发生在掘进工作面 66 次（其中平巷 53 次、上山 10 次、下山 3 次），占总数的 95.83%，回采工作面突出 2 次，占总数的 2.78%，石门揭煤时突出 1 次，占总数的 1.39%。掘进工作面形成三面应力，采取措施后使应力逐渐前移，遇到地质条件变化时，应力集中在工作面时，在外力的作用下就容易发生突出。

（9）按作业方式分析：可以看出打钻、割煤、爆破几种作业方式与突出的关系，爆破突出次数占比例最大，占总数的 47.45%；其次是割煤，占总数的 36.50%。这说明爆破和割

煤对煤体震动较大，使煤层中瓦斯应力得到急剧释放，诱导突出的发生。外力的作用是发生突出的重要条件。

5.3.2 动力灾害影响因素的灰关联分析

5.3.2.1 矿区动力灾害与影响因素统计

目前的煤与瓦斯动力灾害分为倾出、压出、突出和冲击地压参与的突出四种类型，其动力现象剧烈程度顺次增强，体现了瓦斯与地应力作用的强烈程度和在突出中的贡献。

冲击地压和煤与瓦斯突出同属煤矿的动力灾害，但它们的发生机理和发生条件不尽相同。一般而言，冲击地压是硬质煤层在高应力作用下的突然脆性破裂失稳，有时表现出黏滑特征，动力来源以地应力或采动应力的作用为主，高压瓦斯也可能参与联合作用（抑或伴随瓦斯溢出），发生和持续过程短暂；而煤与瓦斯突出是软质煤层在高应力作用下的塑性失稳，动力来源是地应力与瓦斯联合作用，有时瓦斯的作用相对显著，在瓦斯的推动下，发生和持续过程相对较长。地下煤层不开采，上述两个条件无论如何充分，也不会发生煤与瓦斯突出和冲击地压，由于开采扰动和形成的自由空间，才提供了瓦斯溢出的通道。

平顶山矿区压出、突出、倾出与相关因素见表5－17至表5－19。

表5－17 压出与影响因素的关系

因素	一矿	四矿	五矿	六矿	八矿	十矿	十二矿	十三矿
压出	1	12	4	3	30	42	18	1
平巷	1	7	3	1	16	13	12	1
采煤工作面	0	4	0	2	8	26	1	0
上山	0	1	1	0	3	3	3	0

表 5-17（续）

因　　素	一矿	四矿	五矿	六矿	八矿	十矿	十二矿	十三矿
响煤炮	1	7	2	2	15	33	12	1
瓦斯涌出异常，打钻喷孔、顶钻	0	3	2	0	14	5	8	0
片帮、掉渣、顶板来压等	0	3	1	1	7	5	3	0
煤层突然变厚、变软、层理紊乱	0	3	3	0	17	4	11	0
爆破	0	5	3	0	18	11	9	0
采煤机割煤	0	2	0	2	7	27	1	0
综掘机割煤	1	5	0	0	1	2	4	1
断层	0	2	1	1	15	9	9	1
煤层厚度、角度变化	1	1	2	2	1	1	2	0

表 5-18　突出与影响因素的关系

因　　素	五矿	八矿	十矿	十二矿	十三矿
突出	2	8	6	5	2
下山	0	2	1	1	0
上山	0	0	1	1	1
采煤工作面	0	0	1	0	1
平巷	1	5	3	3	0
揭煤	1	1	0	0	0
响煤炮	0	5	6	4	1
瓦斯涌出异常，打钻喷孔、顶钻	0	3	0	2	1
片帮、掉渣、顶板来压等	1	0	2	2	1
煤层突然变厚、变软、层理紊乱	0	1	0	3	0
爆破	1	7	4	2	1
采煤机割煤	0	0	1	0	0
综掘机割煤	1	1	0	1	1

表 5-18（续）

因　　素	五矿	八矿	十矿	十二矿	十三矿
断层	1	0	0	2	2
褶曲	1	0	0	1	0
煤层厚度、角度变化	0	4	1	0	0

表 5-19　倾出与影响因素的关系

因　　素	四矿	五矿	八矿	十矿	十二矿
倾出	1	7	2	2	4
上山	0	1	0	2	0
平巷	1	6	1	0	4
响煤炮	1	5	1	2	2
瓦斯涌出异常，打钻喷孔、顶钻	0	1	1	0	2
片帮、掉渣、顶板来压等	0	2	0	0	2
煤层突然变厚、变软、层理紊乱	0	2	1	0	2
爆破	0	4	1	2	3
打钻	0	1	0	0	1
断层	0	3	0	1	2
煤层厚度、角度变化	0	1	0	0	1

5.3.2.2　灰关联基本原理

灰色关联分析方法的基本思想是根据序列曲线几何形状的相似程度来判断其联系是否紧密。曲线越接近，相应序列之间关联度就越大，反之就越小。它弥补了采用数理统计方法作为系统分析所导致的缺憾，对样本量的多少没有过分要求，也不需要典型的分布规律，而且计算量小，十分方便。灰关联的计算步骤如下：

（1）数据列的表示方式。作关联分析先要制定参考的数据列。参考数据列常记为 x_{0i}，x_{0i}是不同时刻的值所构成的。关联分析中的被比较列常记为 x_1，x_2，x_3，x_4，x_5，…，x_n。

（2）数据无量纲化。为了消除初值、单位对数据的影响，需要无量纲化使之化为数量级大体相近的无量纲化数据。无量纲化的方法，常用的有初值化与均值化，区间相对值化。本次采用均值化，即

$$x_i'(k)=\frac{x_i^0(k)}{\bar{x}_i} \tag{5-6}$$

式中　$x_i^0(k)$——原始数据列，$i=0$，1，2，…；

$\bar{x}_i$——第 i 个数据列的平均值；

$x_i'(k)$——第 i 个数据列的均值化数列。

（3）关联系数计算公式。关联性实质上是曲线间几何形状的差别，因此将以曲线间差值的大小，作为关联程度的衡量尺度。

对于一个参考数列 x_0，有好几个比数列 x_1，x_2，x_3，x_4，x_5，…，x_n 的情况，可以用下述关系表示各比较曲线与参考曲线在各点的差：

$$\xi_i(k)=\frac{\min_i\min_k|x_0(k)-x_i(k)|+0.5\max_i\max_k|x_0(k)-x_i(k)|}{|x_0(k)-x_i(k)|+0.5\max_i\max_k|x_0(k)-x_i(k)|} \tag{5-7}$$

式中　$\xi_i(k)$——第 k 个时刻比较曲线 x_1 与参考曲线的相对值；

$\min_i\min_k|x_0(k)-x_i(k)|$——两级的最小差；

$\max_i\max_k|x_0(k)-x_i(k)|$——两级的最大差；

0.5——分辨系数，记为ξ，一般在0与1之间选取。

作关联分析先要指定参考的数据列，取各矿压出、突出、倾出的次数作为参考数列，分别记作x_{01}，x_{02}，x_{03}。

（4）关联度计算。因关联系数很多，信息过于分散，不便于比较，为此有必要将各个时刻关联系数集中为一个值，求平均值便是作这种信息集中处理的一种方法。

关联度的一般表达式为

$$r_i = \frac{1}{N}\sum_{i=1}^{N}\xi_i(k) \tag{5-8}$$

5.3.2.3 灰关联计算

对于压出取Y_1平巷，Y_2采煤工作面，Y_3上山，Y_4响煤炮，Y_5瓦斯涌出异常、打钻喷孔、顶钻，Y_6片帮、掉渣、顶板来压，Y_7煤层突然变厚、变软、层理紊乱，Y_8爆破，Y_9采煤机割煤，Y_{10}综掘机割煤，Y_{11}断层，Y_{12}煤层厚度、角度变化。

对于突出取T_1下山，T_2上山，T_3采煤工作面，T_4平巷，T_5揭煤，T_6响煤炮，T_7瓦斯涌出异常、打钻喷孔、顶钻，T_8片帮、掉渣、顶板来压，T_9煤层突然变厚、变软、层理紊乱，T_{10}爆破，T_{11}采煤机割煤，T_{12}综掘机割煤，T_{13}断层，T_{14}褶曲，T_{15}煤层厚度、角度变化。

对于倾出取Q_1上山，Q_2平巷，Q_3响煤炮，Q_4瓦斯涌出异常、打钻喷孔、顶钻，Q_5片帮、掉渣、顶板来压，Q_6煤层突然变厚、变软、层理紊乱，Q_7爆破，Q_8打钻，Q_9断层，Q_{10}煤层厚度、角度变化。

数据无量纲化处理后各关联因素与压出、突出、倾出的关联系数见表5－20至表5－22。

表5-20 压出与相关因素的关联系数

因　　素	一矿	四矿	五矿	六矿	八矿	十矿	十二矿	十三矿
Y_1 平巷 $\xi_{01}(k)$	0.958	0.877	0.887	0.947	0.855	0.527	0.719	0.942
Y_2 采煤工作面 $\xi_{02}(k)$	0.945	0.818	0.876	0.876	0.671	0.375	0.527	0.945
Y_3 上山 $\xi_{03}(k)$	0.945	0.899	0.737	0.850	0.984	0.592	0.581	0.945
Y_4 响煤炮 $\xi_{04}(k)$	0.970	0.926	0.947	0.998	0.703	0.676	0.986	0.970
Y_5 瓦斯涌出异常，打钻喷孔、顶钻 $\xi_{05}(k)$	0.945	0.914	0.853	0.850	0.479	0.409	0.636	0.945
Y_6 片帮、掉渣、顶板来压 $\xi_{06}(k)$	0.945	0.786	0.917	0.870	0.658	0.545	0.927	0.945
Y_7 煤层突然变厚、变软、层理紊乱 $\xi_{07}(k)$	0.945	0.840	0.781	0.850	0.464	0.360	0.547	0.945
Y_8 爆破 $\xi_{08}(k)$	0.945	0.996	0.840	0.850	0.559	0.524	0.821	0.945
Y_9 采煤机割煤 $\xi_{09}(k)$	0.945	0.730	0.810	0.864	0.628	0.328	0.529	0.945
Y_{10} 综掘机割煤 $\xi_{010}(k)$	0.711	0.381	0.810	0.850	0.436	0.395	0.554	0.711
Y_{11} 断层 $\xi_{011}(k)$	0.945	0.779	0.976	0.967	0.418	0.635	0.545	0.868
Y_{12} 煤层厚度、角度变化 $\xi_{012}(k)$	0.711	0.807	0.590	0.570	0.436	0.333	0.888	0.945

表5-21 突出与相关因素的关联系数

因　　素	五矿	八矿	十矿	十二矿	十三矿
T_1 下山 $\xi_{11}(k)$	0.817	0.715	0.981	0.928	0.817
T_2 上山 $\xi_{12}(k)$	0.817	0.520	0.844	0.544	0.457
T_3 采煤工作面 $\xi_{13}(k)$	0.817	0.520	0.613	0.636	0.477
T_4 平巷 $\xi_{14}(k)$	1.000	0.851	0.981	0.928	0.817
T_5 揭煤 $\xi_{15}(k)$	0.477	0.520	0.592	0.636	0.817
T_6 响煤炮 $\xi_{16}(k)$	0.817	0.922	0.772	0.928	0.947
T_7 瓦斯涌出异常，打钻喷孔、顶钻 $\xi_{17}(k)$	0.817	0.715	0.592	0.769	0.831

表5-21（续）

因　素	五矿	八矿	十矿	十二矿	十三矿
T_8 片帮、掉渣、顶板来压 $\xi_{18}(k)$	0.831	0.520	0.844	0.544	0.679
T_9 煤层突然变厚、变软、层理紊乱 $\xi_{19}(k)$	0.817	0.798	0.592	0.414	0.817
T_{10} 爆破 $\xi_{110}(k)$	0.957	0.764	0.994	0.823	0.957
T_{11} 采煤机割煤 $\xi_{111}(k)$	0.817	0.520	0.337	0.636	0.817
T_{12} 综掘机割煤 $\xi_{112}(k)$	0.701	0.798	0.592	0.928	0.701
T_{13} 断层 $\xi_{113}(k)$	0.773	0.520	0.592	0.676	0.547
T_{14} 褶曲 $\xi_{114}(k)$	0.477	0.520	0.592	0.676	0.547
T_{15} 煤层厚度、角度变化 $\xi_{115}(k)$	0.817	0.454	0.867	0.636	0.817

表5-22　倾出与相关因素的关联系数

因　素	四矿	五矿	八矿	十矿	十二矿
Q_1 上山 $\xi_{11}(k)$	0.864	0.768	0.727	0.354	0.553
Q_2 平巷 $\xi_{13}(k)$	0.987	0.864	0.921	0.727	0.813
Q_3 响煤炮 $\xi_{16}(k)$	0.962	1.000	0.944	0.879	0.849
Q_4 瓦斯涌出异常，打钻喷孔、顶钻 $\xi_{17}(k)$	0.864	0.628	0.727	0.727	0.553
Q_5 片帮、掉渣、顶板来压 $\xi_{18}(k)$	0.864	0.864	0.727	0.727	0.553
Q_6 煤层突然变厚、变软、层理紊乱 $\xi_{19}(k)$	0.864	0.934	0.832	0.727	0.684
Q_7 爆破 $\xi_{110}(k)$	0.864	0.934	0.973	0.832	0.897
Q_8 打钻 $\xi_{112}(k)$	0.864	0.864	0.727	0.727	0.553
Q_9 断层 $\xi_{114}(k)$	0.864	0.864	0.727	0.921	0.813
Q_{10} 煤层厚度、角度变化 $\xi_{115}(k)$	0.864	0.864	0.727	0.727	0.553

压出、突出、倾出与各因素的关联度见表5-23至表5-25。

表 5-23 压出与各因素的关联度

因素 j	Y_1	Y_2	Y_3	Y_4	Y_5	Y_6	Y_7	Y_8	Y_9	Y_{10}	Y_{11}	Y_{12}
关联度 r_{0j}	0.839	0.7541	0.817	0.897	0.7537	0.824	0.716	0.810	0.722	0.606	0.767	0.660

表 5-24 突出与各因素的关联度

因素 j	T_1	T_2	T_3	T_4	T_5	T_6	T_7	T_8
关联度 r_{1j}	0.852	0.637	0.613	0.916	0.608	0.877	0.745	0.684
因素 j	T_9	T_{10}	T_{11}	T_{12}	T_{13}	T_{14}	T_{15}	
关联度 r_{1j}	0.688	0.899	0.626	0.744	0.622	0.562	0.718	

表 5-25 倾出与各因素的关联度

因素 j	Q_1	Q_2	Q_3	Q_4	Q_5	Q_6	Q_7	Q_8	Q_9	Q_{10}
关联度 r_{2j}	0.653	0.862	0.927	0.700	0.747	0.808	0.900	0.747	0.838	0.747

由表 5-23 至表 5-25 可知对于压出与各因素的灰关联程度序列为

$$r_{04}>r_{01}>r_{06}>r_{03}>r_{08}>r_{011}>r_{02}>r_{05}>r_{09}>r_{07}>r_{012}>r_{010}$$

突出与各因素的灰关联程度序列为

$$r_{14}>r_{110}>r_{16}>r_{11}>r_{17}>r_{112}>r_{115}>r_{19}>r_{18}>r_{12}>r_{111}>r_{113}>r_{13}>r_{15}>r_{114}$$

倾出与各因素的灰关联程度序列为

$$r_{23}>r_{27}>r_{22}>r_{29}>r_{26}>r_{25}=r_{28}=r_{210}>r_{24}>r_{21}$$

从而可以得出：

影响压出的因素排序为响煤炮>平巷>片帮、掉渣、顶板来压>上山>爆破>断层>采煤工作面>瓦斯涌出异常，打钻喷孔、顶钻>采煤机割煤>煤层突然变厚、变软、层理紊乱>煤层厚度、角度变化>综掘机割煤。

影响突出的前三位因素是平巷>爆破>响煤炮>下山>瓦斯涌出异常，打钻喷孔、顶钻>综掘机割煤>煤层厚度、角度变化>煤层突然变厚、变软、层理紊乱>片帮、掉渣、顶板来压>上山>采煤机割煤>断层>采煤工作面>揭煤>褶曲。

影响倾出的前三位因素是响煤炮>爆破>平巷>断层>煤层突然变厚、变软、层理紊乱>片帮、掉渣、顶板来压=打钻=煤层厚度、角度变化>瓦斯涌出异常，打钻喷孔、顶钻>上山。

响煤炮是煤层地压显现出来的煤体深部发生错动产生的响声（闷雷声、机枪声、沙沙声等）。较大的煤炮有可能使巷道产生较大的震动，支架晃动，碎煤下落，甚至煤壁上有少量煤炭垮落。产生煤炮现象的力是地应力，作用介质也是非均质煤体，由于软煤包裹内的硬煤体较小，破裂后释放的弹性能较少，产生的动力现象也小。因此，煤炮与采场冲击地压的区别仅是强度小一些而已。

壁在支撑压力作用下容易被压酥而发生自然垮落现象，称为煤壁片帮。采煤工作面采高大、煤质松软、节理裂隙发育、顶板破碎、支撑压力大时，容易发生煤壁片帮，甚至引起工作面冒顶，造成人员伤亡。

由此可见，响煤炮和片帮、掉渣、顶板来压等都是应力显现造成的，这和压出主要动力是地应力相吻合。因此响煤炮和片帮、掉渣、顶板来压等应力显现可以作为压出发生的征兆，出现这些现象时应该采取主动卸压、加强支护、减少采掘速度等措施，避免动力显现的发生。

爆破作业引起突出的主要原因是爆破的强烈震动效应对突出煤层的诱导作用，它可以使煤层破坏，在瓦斯赋存大解吸速度快的区段可以使煤层瓦斯大量解吸出来形成瓦斯流从而推动突出的发动和发展。另外通过关联度可以看出综掘机割煤也容易导致突出，其主要原因也是因为其对掘进工作产生冲击和震动，促使瓦斯大量解吸。

通过灰关联分析可以看出突出的征兆主要是响煤炮，瓦斯涌出异常，打钻喷孔、顶钻，煤层厚度、角度变化。

对于倾出爆破是其主要诱导原因，爆破时使煤体松动失稳，在重力的作用下发生动力现象。在倾出发生前往往有响煤炮等征兆。

通过灰关联分析可以得出动力现象主要发生在平巷，巷道类型对突出起着加速或抑制作用，如煤巷上山对突出来讲起加速作用，煤巷下山对突出起抑制和减缓作用。但是有外部诱导作用和煤层自身的原因，巷道类型对突出的抑制或加速作用并不明显。

从整体上看，响煤炮是比较可靠的动力现象发生征兆，但是响煤炮有大有小有强有弱，因此应该分级管理。根据平煤股份十矿的经验，响煤炮可分为：

（1）只有轻微的响声，无其他伴随异常，为微弱煤炮。

（2）有煤炮声音，距离较远，且为单生，为弱煤炮。

（3）煤炮声音较大，有明显震动感觉，为中度煤炮。

（4）有明显震动感觉，且伴有粉尘落下，为强煤炮。

（5）声音巨响，伴有粉尘落下，且 3 min 内超过 3 次，为严重煤炮，必须立即停止作用，撤出作业人员。

5.4 小结

（1）分析研究了平顶山矿区瓦斯动力灾害的区域分布规律。矿区总体分为西半部和东半部，矿区东部的十矿、十二矿井田以及一矿井田东半部，受北西向展布的郭庄背斜、牛庄向斜、十矿向斜、牛庄逆断层、原十一矿逆断层的控制，是一个北西向展布的逆冲推覆断裂褶皱挤压构造带，东部区域构造复杂，断层与褶皱构造叠加，煤层破坏强烈，构造煤极为发育，是造成严重的煤与瓦斯突出区的地质原因。

矿区西部的锅底山断裂是一个控制性、开放性断裂，有利于瓦斯释放，位于锅底山断裂附近的四矿、五矿、六矿、香山和一矿井田的西半部，突出强度低。

地质构造尖灭端是发生突出的集中分布区。八矿己组煤己$_{15}$－13170工作面位于辛店正断层尖灭断端附近，在采区内断层落差达20 m，8次突出集中分布在断层尖灭端的次级小断层附近。十二矿己组煤层在牛庄向斜的轴部发育有牛庄逆断层，己$_{15}$－16101工作面位于断层的尖灭端，在尖灭端发育有几条落差不等的正断层，11次突出集中发生在3条正断层的上盘。

（2）揭示了矿区动力灾害发生的时空及强度规律。提出了埋深350～600 m之间，主要表现为较典型的煤与瓦斯突出的动力灾害，地应力影响小，突出强度较弱；埋深600～750 m范围内，主要表现为煤与瓦斯突出主导的动力灾害；埋深达到750 m后，主要表现为复合型动力灾害，强度增大，地应力影响大。

平顶山矿区煤与瓦斯突出灾害的发展过程可以分为4个阶段：

1988 年之前，煤与瓦斯突出灾害显现阶段，共发生压出型煤与瓦斯突出 4 次。埋藏深度 420 ~ 554 m，突出强度 20 ~ 54 t。

1989—1994 年，煤与瓦斯突出灾害发展阶段，共发生煤与瓦斯突出 48 次，埋藏深度 340 ~ 623 m，突出强度 5 ~ 450 t。

1995—2004 年，煤与瓦斯突出灾害扩大阶段，共发生煤与瓦斯突出 84 次，其中突出型 14 次，压出型 63 次，倾出型 7 次，埋藏深度 429 ~ 960 m，突出强度 0 ~ 551 t。

2005 年以后，冲击矿压和煤与瓦斯突出复合型动力灾害显现阶段。2005 年以来，共发生煤与瓦斯突出 16 次，其中突出型 4 次，压出型 12 次，突出埋藏深度 488 ~ 1100 m，突出强度 5 ~ 2000 t。该时期部分矿井采掘深度进入 1000 m 以下，接近李口向斜轴部，地应力增大，冲击矿压和煤与瓦斯突出复合型动力灾害开始显现，对矿井安全生产造成严重威胁。

6 煤岩瓦斯复合型动力灾害危险区域划分

6.1 动力灾害危险区域划分的原则

对整个矿井而言，通过地质条件和开采技术条件的分析，可以圈定动力灾害可能发生的区域。随着开采深度的延深，当煤岩体应力满足强度条件时就可能发生动力灾害。始发灾害的深度通常称为临界深度。从始发深度起，动力灾害就可能在煤柱、煤层突出部位和邻近煤柱的上下煤层区段发生，并随着开采水平的延深，动力灾害发生地点和范围也随之扩大。所有靠近采掘工作面的区域、煤层厚度和倾角突然变化的区域以及地质构造带都可能成为发生动力灾害的危险区域。

根据地质条件和生产技术条件的分析，首先应该圈定煤层动力灾害特别危险区。如瓦斯压力或瓦斯含量增高区，断层、褶曲、煤层厚度突然变化区域，采空区周围，本层或邻层的开采边界或遗留煤柱影响区，工作面前方回采巷道或其他巷道。

动力灾害危险区域划分应遵循以下原则：

（1）开采前依据矿井地质构造环境，圈定因地质构造形成的高应力区。一般情况下，断层或火成岩侵入体附近区域、向背斜轴部及附近区域、煤层厚度及夹石层厚度急剧变化区域，易于存在构造应力，成为地质构造形成的高应力区。

（2）矿井开采所形成的应力集中区。此区域是指开采层

上方留有整体煤柱或有重叠煤柱的区域。

（3）开采后顶板冒落不充分地区的附近区域。

（4）开采中发生过动力灾害的地区附近200 m的煤层。

（5）未被解放层解放的动力灾害危险煤层。

（6）对于瓦斯煤层，瓦斯压力或瓦斯含量增高区。

（7）因采掘布置不合理造成的应力叠加区。

动力灾害的自身规律显示，煤层本身具有冲击倾向性时，开采中可能发生动力灾害，动力灾害又都发生在高应力集中区的煤岩体上。因此，寻找动力灾害的危险区域，首先要判定煤层冲击倾向性、煤岩体的高应力区域。确定了高应力区域，也就确定了易于发生动力灾害危险区域。当然，在高应力区域内，并不是每一处都要发生动力灾害，因此还要依据煤体的自身物理力学性质、与周围生产的关系、地质构造特点、所采取的降低煤体应力措施的效果等有关联。

依据地质条件判别法、经验类比法综合判断，矿井的高应力区主要集中在以下区域：

（1）地质构造复杂的变化带处（如向斜轴部及背斜两翼、煤层厚度急剧变化带、活动断层两侧），火成岩侵入体两侧不仅地应力高，且集聚高瓦斯压力，也是典型高应力区。

（2）具有弹性能的煤柱的上、下方。

（3）开采支撑压力增高区，由于应力的增高变化，往往受外界微小扰动而失稳破坏，也是动力灾害危险地带。

（4）对于瓦斯煤层，瓦斯压力或瓦斯含量增高区。

（5）顶板存在厚层坚硬岩石的煤层。

依据上述判断高应力区的原则，结合采区开采过程中的地质、开采条件，有时辅以数值计算，确定动力灾害危险区域。

6.2 判断危险区域指标的确定

综合指数法就是在分析已发生的各种动力灾害的基础上，分析各种采矿地质因素对动力灾害发生的影响，确定各种因素的影响权重，然后将其综合起来，建立动力灾害危险性预测预报的一种方法。

这是一种早期预测方法，对于具有动力灾害危险性的矿井来说，在进行采区设计、工作面布置、采煤方法选择时，具有重要的指导意义。

影响动力灾害的地质方面的因素主要有以下几个方面：煤层的冲击倾向性、开采深度、顶板中坚硬厚岩层距煤层的距离、开采区域内的构造应力集中、顶板岩层厚度特征参数等（表6－1），并将指标值的变化对冲击危险性影响较大的定为关键指标，当关键指标达到一定标准，不论其他指标值大小如何，直接将此区域定为中等危险以上。下面就各特征参数进行解释：

表6－1　工程地质条件影响动力灾害危险状态的因素及指数

序号	因素	危险状态影响因素	影响因素的定义	动力灾害危险指数
1	W_1	该煤层是否发生过动力灾害	该煤层未发生过动力灾害	－2
			该煤层发生过动力灾害	0
			采用同种作业方式在该煤层中和煤柱中多次发生动力灾害	3
2	W_2	开采深度	$\begin{cases} W_2=0, H\leqslant 500\ \text{m} \\ W_2(H)=aH-b, 500\ \text{m}<H<1200\ \text{m} \\ W_2=\dfrac{\sum_{i=1}^{n} W_{i\max}}{2}, H\geqslant 1200\ \text{m} \end{cases}$ $a=0.01, b=3.36$	—

表6-1(续)

序号	因素	危险状态影响因素	影响因素的定义	动力灾害危险指数
3	W_3	顶板中坚硬厚岩层距煤层距离	$\begin{cases} W_3=3, L\leqslant 50\ \text{m} \\ W_3(L)=aL+b, 50\ \text{m}<L<100\ \text{m} \\ W_3=0, L\geqslant 100\ \text{m} \end{cases}$ $a=-0.06, b=6$	—
4	W_4	开采区域内构造集中应力	>10% 正常应力	1
			>20% 正常应力	2
			>30% 正常应力	3
5	W_5	顶板岩层厚度特征参数 L_{st}	<50 m	0
			≥50 m	2
6	W_6	煤的抗压强度	$R_c<5$ MPa	2
			5 MPa $<R_c\leqslant 16$ MPa	0
			$R_c>16$ MPa	2
7	W_7	煤的冲击能量指数	$\begin{cases} W_7=K_E, K_E\leqslant 1.5 \\ W_7(K_E)=aK_E+b, 1.5<K_E<5 \\ W_7=4, K_E\geqslant 5 \end{cases}$ $a=1.143, b=-1.714$	—
8	W_8	直接顶、基本顶的冲击能量指数	$\begin{cases} W_8=0, U_{WQ}\leqslant 10 \\ W_8(U_{WQ})=aU_{WQ}-b, 10<U_{WQ}<100 \\ W_8=4, U_{WQ}\geqslant 100 \end{cases}$ $a=0.044, b=0.444$	—
9	W_9	瓦斯作用影响	$\begin{cases} W_9=0, p\leqslant 0.5 \\ W_9(p)=ap+b, 0.5<p<1.5, a=4, b=-2 \\ W_9=4, p\geqslant 1.5 \end{cases}$	—
10	W_{10}	距开采集中应力区距离	$W_{10}=ae^{bX}, a=8, b=-0.04$	—

W_1：该煤层是否发生过动力灾害，是判断动力灾害危险程

度最重要的经验指标。如该煤层从未发生过动力灾害，证明在以往开采技术条件下，此煤层地质条件不利于动力灾害发生，指数取 -2。如该煤层中多次发生动力灾害，而预测区域仍采用同种作业方式采掘，则动力灾害发生的概率较高，指数取 3。

W_2：开采深度（关键指标）。开采深度决定了垂直应力的大小，是影响动力灾害危险程度的关键因素之一。根据平顶山矿区的经验及煤层冲击倾向性测定，当采深小于 500 m 时，平煤集团各矿井没有发生动力灾害的例子，又因为四矿各煤层均为弱危险倾向性，发生动力灾害所需的应力条件较高，因此当 $H<500$ 时，W_2 值取 0。由于开采深度是关键指标，当深度达到一定值时，无论其他条件如何，此区域均具有中等以上危险倾向，四矿三水平副井车场埋深达到 1150 m，在掘进期间曾发生过多次岩爆，由于煤层强度比岩石低，更易发生大变形而不是冲击，因此将采深关键指标值向下推 50 m，即认为采深超过 1200 m，煤层将普遍具有中等以上危险。为使开采深度指标更合理，统计平顶山矿区动力灾害发生规律，将动力灾害危险指数与深度的关系拟合成线性函数，以使动力灾害危险指数可以连续变化。具体表达式如下（图 6 -1）：

$$
\begin{cases}
W_2 = 0, H \leqslant 500\ \text{m} \\
W_2(H) = aH - b, 500\ \text{m} < H < 1200\ \text{m} \\
W_2 = \dfrac{\sum\limits_{i=1}^{n} W_{i\max}}{2}, H \geqslant 1200\ \text{m}
\end{cases}
\tag{6-1}
$$

式中　H——开采深度；

W_2——开采深度影响动力灾害危险指数；

a，b——该参数与矿区动力灾害发生规律统计结果有关。

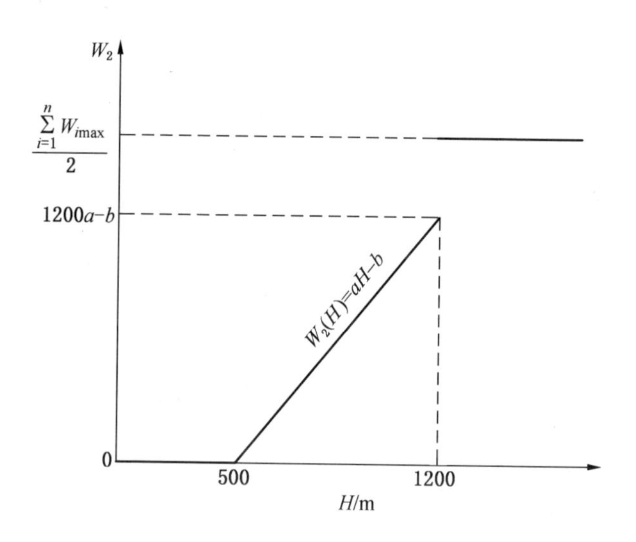

图 6－1　开采深度指标 W_2 与动力灾害危险指数的关系

W_3：顶板中坚硬厚岩层距煤层距离。顶板坚硬岩石破断释放的巨大能量是诱发动力灾害的主要因素之一。坚硬岩石距离开采煤层越近，危险性越大。为使 W_3 指标连续变化，使用以下连续函数表达坚硬岩石距开采煤层距离和危险指数关系（图 6－2）：

$$\begin{cases} W_3=3, L\leqslant 50\ \text{m} \\ W_3(L)=aL+b, 50\ \text{m}<L<100\ \text{m} \\ W_3=0, L\geqslant 100\ \text{m} \end{cases} \tag{6-2}$$

式中　L——顶板中坚硬厚岩层距煤层距离；

W_3——顶板中坚硬厚岩层距煤层距离影响危险指数；

a, b——与顶板中坚硬厚岩层距煤层距离相关的参数。

W_4：开采区域内构造集中应力。地质构造如褶皱、断层、

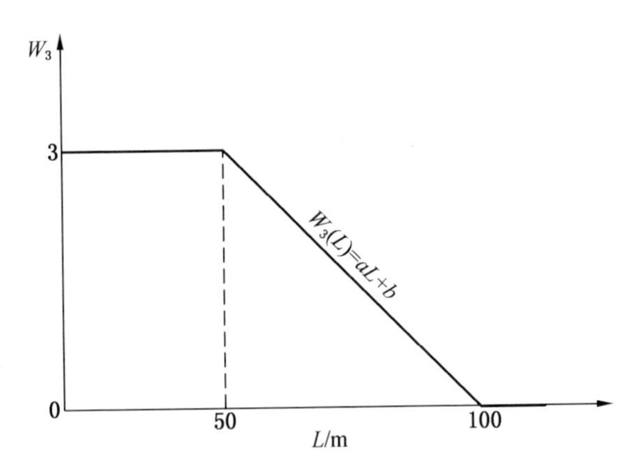

图 6－2　顶板中坚硬厚岩层距煤层距离与动力灾害危险指数的关系

煤层厚度变化带等附近区域将产生构造集中应力，也是影响危险程度的重要因素。地质构造对动力灾害的影响主要是其引起的应力集中或应力梯度加大，因此当构造集中应力大于 10% 的正常应力时，W_4 值取 1；大于 20% 的正常应力时，W_4 值取 2；大于 30% 的正常应力，W_4 值取 3。

W_5：顶板岩层厚度特征参数。坚硬顶板的最大厚度越厚，积聚的能量就越多，破断时对煤层的动力灾害危险影响越大。根据多个矿区的统计数值，当顶板岩层厚度特征参数 $L_{st}<50$ m 时，W_5 值取 0；当 $L_{st}>50$ m 时，W_5 值取 2。

W_6：煤的抗压强度。煤体自身的特性是影响危险程度的主要因素，煤体强度越大，煤体内积聚的弹性能就越多，容易发生较大规模的冲击。当煤的强度很小时，如小于 5 MPa，如果是高瓦斯煤层，则又容易发生突出。因此，煤的抗压强度对动力灾害的影响呈现两边高中间低的规律，如图 6－3 所示。

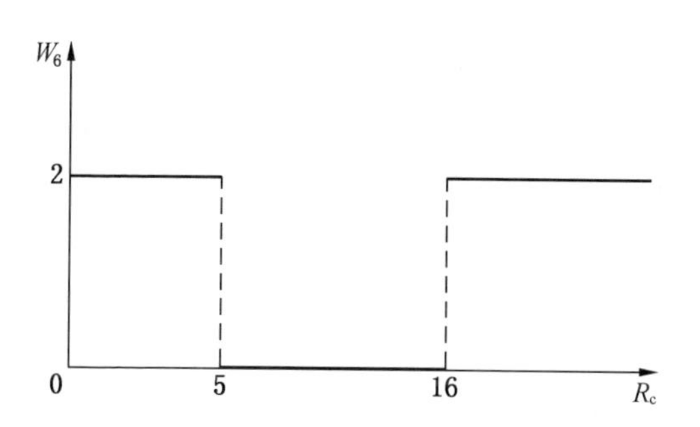

图 6－3　煤的抗压强度与动力灾害危险指数的关系

W_7：煤的冲击能量指数。煤的冲击能量指数是表达煤体冲击倾向性的最直接指标。根据室内实验可测得煤体的冲击能量指数，并得出其与动力灾害危险指数的函数（图 6－4）：

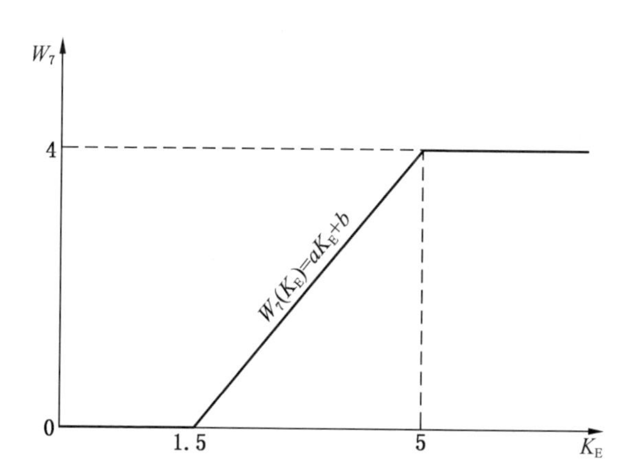

图 6－4　煤的冲击能量指数与动力灾害危险指数的关系

$$\begin{cases} W_7 = K_E, K_E \leqslant 1.5 \\ W_7(K_E) = aK_E + b, 1.5 < K_E < 5 \\ W_7 = 4, K_E \geqslant 5 \end{cases} \tag{6-3}$$

式中　K_E——煤的冲击能量指数；

W_7——煤的冲击能量指数影响动力灾害危险指数；

a，b——与煤的冲击能量指数相关的参数。

W_8：直接顶、基本顶的冲击能量指数。冲击能量指数是判断顶板岩层冲击倾向性能的主要指数，其与动力灾害危险指数的关系如下（图6－5）：

$$\begin{cases} W_8=0, U_{WQ}\leqslant 10 \\ W_8(U_{WQ})=aU_{WQ}-b, 10<U_{WQ}<100 \\ W_8=4, U_{WQ}\geqslant 100 \end{cases} \tag{6-4}$$

式中　U_{WQ}——顶板冲击能量指数；

W_8——顶板冲击能量指数影响动力灾害危险指数；

a，b——与直接顶、基本顶的冲击能量指数相关的参数。

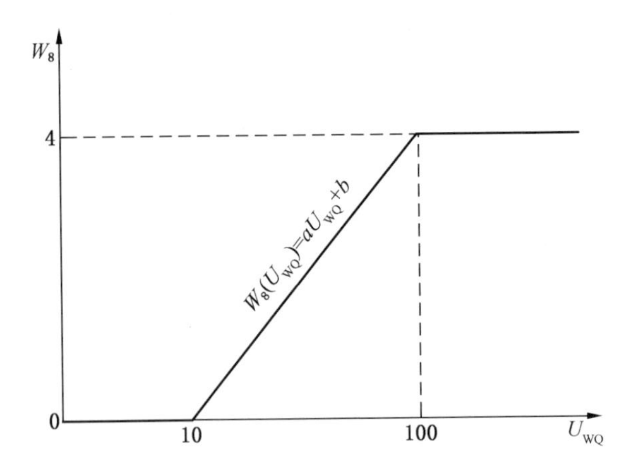

图6－5　直接顶、基本顶的冲击能量指数与动力灾害危险指数的关系

W_9：瓦斯作用影响。大量的研究成果表明，瓦斯压力对煤体强度、煤体裂纹扩展有重要影响，同时，瓦斯压力也是影响突出发生的重要指标，因此将瓦斯压力引入综合指标体系中，并将其与动力灾害危险指数确定为以下关系（图6－6）：

$$\begin{cases} W_9 = 0, p \leqslant 0.5 \\ W_9(p) = ap + b, 0.5 < p < 1.5 \\ W_9 = 4, p \geqslant 1.5 \end{cases} \tag{6-5}$$

式中　p——瓦斯压力；

W_9——瓦斯压力影响动力灾害危险指数；

a, b——与瓦斯压力相关的参数。

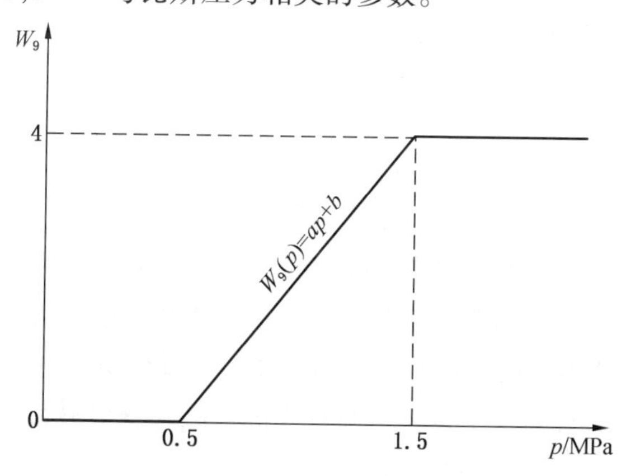

图6－6　瓦斯压力与动力灾害危险指数的关系

W_{10}：距开采集中应力区距离。开采引起的集中应力可能会达到原岩应力的2～5倍，距开采集中应力越近，动力灾害危险程度就越大。由于开采集中应力的变化是非线性的，因此，将动力灾害危险指数与开采集中应力的关系用指数函数表示（图6－7）：

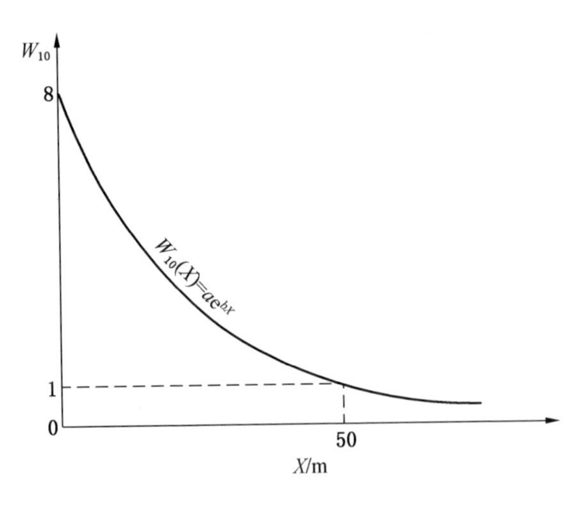

图 6-7 距开采集中应力区距离与动力灾害危险指数的关系

$$W_{10}(X) = ae^{bX} \tag{6-6}$$

式中 X——距开采集中应力区距离；

W_{10}——距开采集中应力区距离影响动力灾害危险指数；

a, b——与距开采集中应力区距离相关的参数。

根据表 6-1，可以用式（6-7）来确定采掘工作面周围采矿地质条件对动力灾害危险状态的影响程度以及确定动力灾害危险状态等级评定的指数 W_r。

$$\begin{cases} W_r = \dfrac{\sum\limits_{i=1}^{n} W_i}{\sum\limits_{i=1}^{n} W_{i\max}}, W_i < W_{Kj} \\ W_r = 0.5 + \dfrac{\sum\limits_{i=1, i\neq j}^{n} w_i}{\sum\limits_{i=1, i\neq j}^{n} W_{i\max}}, W_j \geqslant W_{Kj} \end{cases} \tag{6-7}$$

式中 W_r——采矿地质因素确定的动力灾害危险性指数；

W_{imax}——表 6－1 中第 i 个地质因素中的最大指数值；

W_i——采掘工作面周围第 i 个地质因素的实际指数；

W_j——地质因素中的关键因素；

W_{Kj}——关键因素 j 的上限指标；

n——地质因素的数目。

根据指数 W_r 的大小，由表 6－2 中的分级方法确定开采区域的动力灾害危险状态。对于不同的危险状态，要制定相应的防治措施。

表 6－2 地质因素分析法确定动力灾害危险状态的分级表

危险等级	井巷中危险状态	危险指数
A	无危险	＜0.3
B	弱危险	0.3～0.5
C	中等危险	0.5～0.75
D	强危险	0.75～0.95
E	不安全	0.95～1.0

（1）无危险。综合指数 $W_r < 0.3$ 的区间，所有采矿工作可按作业规程规定的进行。

（2）弱危险。综合指数 W_r 在 0.3～0.5 区间。采掘作业过程中加强动力灾害危险状态的观察，大部分采矿工作可按作业规程进行，在动力灾害危险指数接近上限的区域或观察有危险区域要进行局部预测。

（3）中等危险。综合指数 W_r 在 0.5～0.75 区间。此区域的采矿工作应与动力灾害防治措施一起进行，且至少通过预测预报确定动力灾害危险程度不再上升。

(4) 强危险。综合指数 W_r 在 0.75 ~ 0.95 区间。停止采矿作业，不必要的人员撤离危险地点，矿主管领导确定限制动力灾害危险的方法及措施，以及动力灾害防治措施的控制检查方法。经验证危险解除后才能进行正常采掘作业。

6.3 各煤层危险区域划分的案例

6.3.1 四矿各煤层危险区域划分

前述综合指标法确定了划分危险区域的方法，对于具体的煤层，根据开采技术条件和地质条件找出具有代表性的特征点 i，如煤柱边缘、断层两侧、采空区周围等，根据式 (6－7) 计算此特征点的动力灾害危险指数 W_{ri}，然后提取各特征点的 x、y 坐标，用绘图软件 SURFER8.0 绘制等值线图，再依据表 6－1 的分析指标，划分出开采煤层的危险状态区域。

6.3.1.1 丁$_{5-6}$煤层

丁$_{5-6}$煤层大部分已回采结束，现只有东翼两个区段及井筒和上山保护煤柱未采，回采过程中没有出现动力灾害现象。埋深在 621 ~ 850 m 之间，近距离内顶板中无厚层坚硬岩层，煤层的平均抗压强度为 14.2 MPa，具有弱危险倾向（中等偏强），直接顶冲击能量指数为 4.08 ~ 4.48 kJ，基本顶为 11.86 ~ 13.02 kJ，分别为无危险倾向和弱危险倾向。根据这些条件，确定丁$_{5-6}$煤层特征点 148 个，结合开采条件对特征点赋值，然后绘制危险指标等值线，进行危险区域划分，划分结果如图 6－8 所示。大部分区域为弱危险倾向，在西翼 19160 和 19180 间的窄煤柱区域由于受到两侧采空影响，应力集中很高，具有强危险倾向，在煤层合并线及煤柱拐角处以及上山煤柱边缘具有中等危险倾向，具体划分情况如图 6－8 所示。

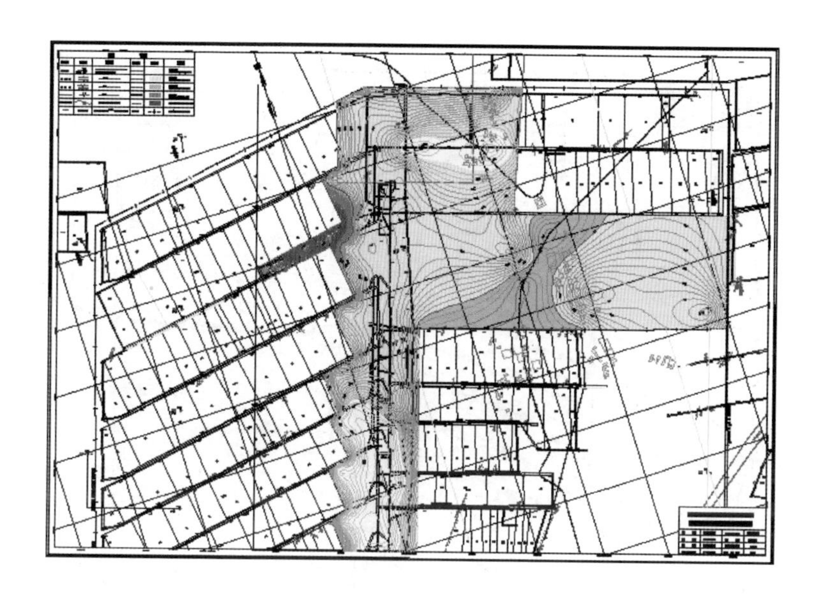

图6-8 丁$_{5-6}$煤层动力灾害危险区域划分

6.3.1.2 戊$_8$煤层

戊$_8$煤层回采过程中没有出现动力灾害现象。埋深在650~950 m之间，近距离内顶板中无厚层坚硬岩层，煤层的平均抗压强度为8.26 MPa，不具有冲击倾向，直接顶冲击能量指数为10.70~13.18 kJ，基本顶为2.56~3.15 kJ，分别为弱危险倾向和无危险倾向。根据这些条件在煤柱边缘、断层边缘及采空区附近等位置确定特征点232个，结合开采条件对特征点赋值，然后绘制危险指标等值线，进行危险区域划分。由于戊$_8$煤层本身不具有冲击危险性，瓦斯含量和瓦斯压力也较低，因此，戊$_8$煤层大部分区域为无危险倾向，仅在煤柱边缘和断层两侧具有弱危险倾向，具体划分情况如图6-9所示。

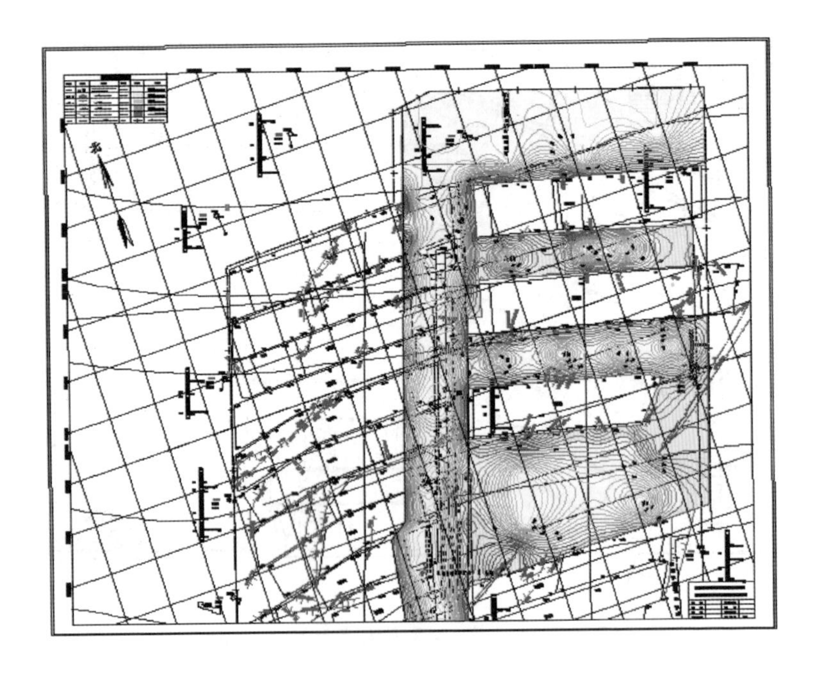

图 6-9　戊$_8$煤层动力灾害危险区域划分

6.3.1.3　戊$_{9-10}$煤层

戊$_{9-10}$煤层回采过程中没有出现动力灾害现象。埋深在600~960 m之间，近距离内顶板中无厚层坚硬岩层，煤层的平均抗压强度为13.69 MPa，具有弱危险倾向，顶板为砂岩，冲击能量指数为271.77~334.82 kJ，具有强危险倾向。戊$_8$煤层作为其上保护层先行开采，对于减缓动力灾害危险有很大帮助，由于保护层距离很近，仅10 m左右，被保护的区域已经解除了动力灾害危险。根据这些条件在本层煤柱及戊$_8$煤柱边缘，断层边缘及采空区附近等位置确定特征点337个，结合开

采条件对特征点赋值，然后绘制危险指标等值线，进行危险区域划分。戊$_{9-10}$煤层被保护区域大部分为无危险，仅在未保护区域普遍具有弱及中等危险，具体划分情况如图6－10所示。

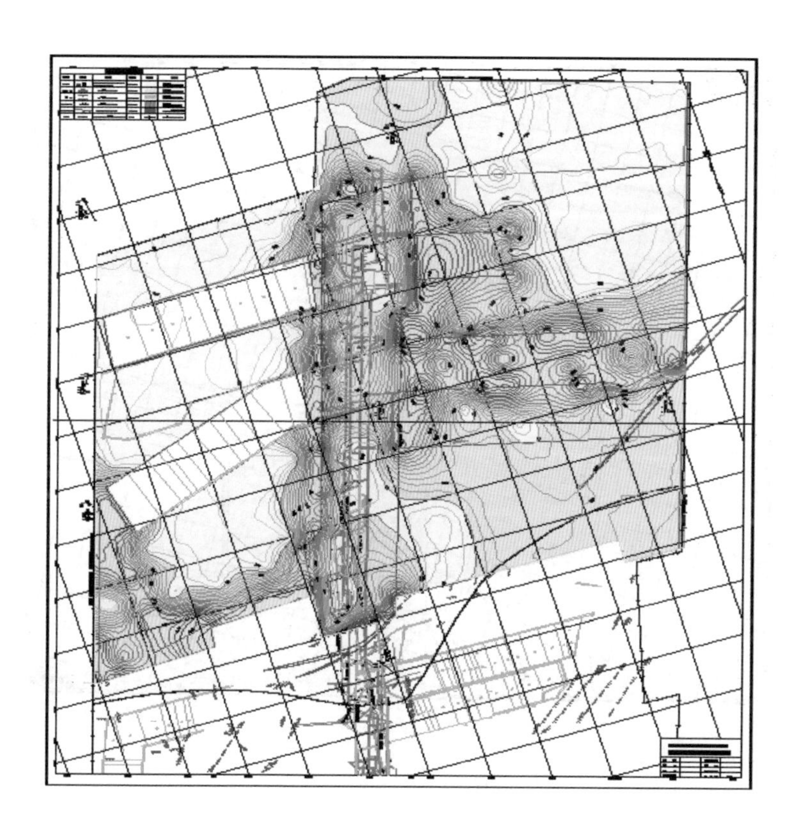

图6－10 戊$_{9-10}$煤层动力灾害危险区域划分

6.3.1.4 己$_{15}$煤层

己$_{15}$煤层埋深在500～1055 m之间，煤层的平均抗压强度为 11.11 MPa，具有弱危险倾向，直接顶无危险倾向，基本顶为 21 m 厚层大占砂岩板，具有强危险倾向。确定特征点 178 个，经计算己$_{15}$煤层大部分区域具有弱至中等危险。具体划分情况如图 6－11 所示。

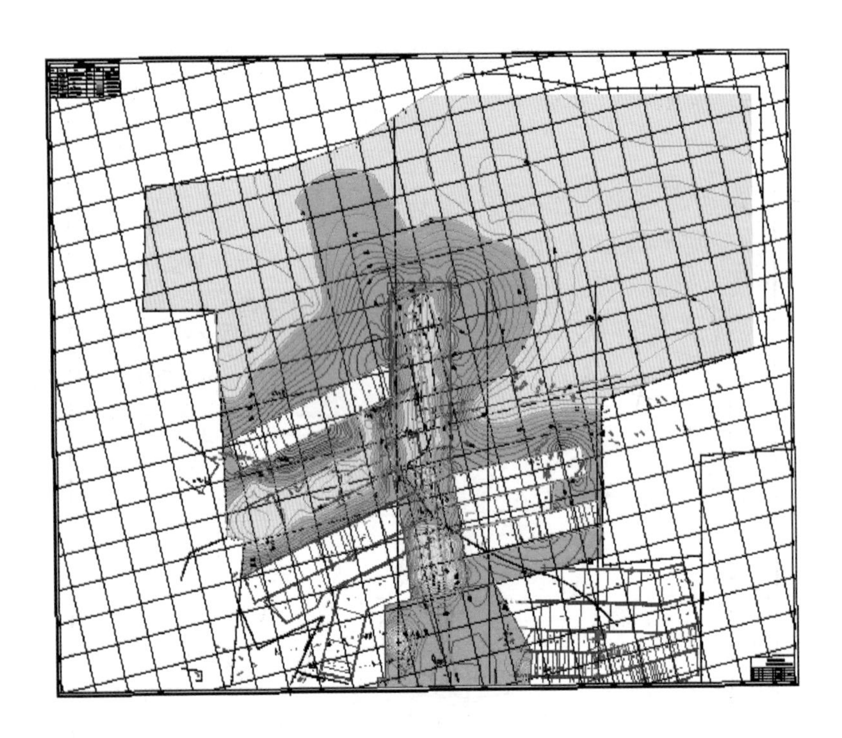

图 6－11　己$_{15}$煤层动力灾害危险区域划分

6.3.1.5　己$_{16-17}$煤层

己$_{16-17}$煤层是四矿的主采煤层，深部储量丰富，埋深主要在 700～1150 m 之间，煤层平均抗压强度 12.11 MPa，具有弱危险倾向，顶板弯曲能量指数 33.92～42.82 kJ，具有弱危险

倾向。但是受上位大占砂岩的影响，在己$_{15}$未开采过的区域，顶板仍有强危险。本煤层确定特征点175个，经计算大部分区域具有弱及中等危险，在保护范围内不具有冲击危险性，具体划分情况如图6－12所示。

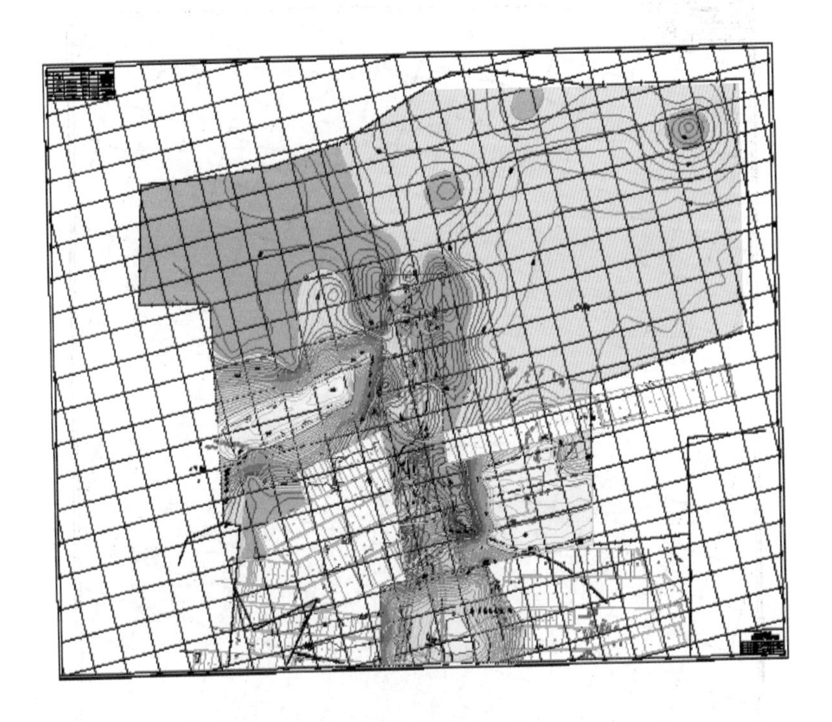

图6－12　己$_{16-17}$煤层动力灾害危险区域划分

6.3.1.6　庚$_{20}$煤层

庚$_{20}$煤层是四矿新开拓煤层，现刚布置好一个工作面，还未进行回采，根据邻近矿井经验以及三水平庚$_{20}$瓦斯压力测试数据，庚组煤层瓦斯压力与己组煤层相当，具有潜在的突出危险。庚$_{20}$煤层平均抗压强度11.64 MPa，具有弱危险倾向。直接顶和基本顶均具有弱危险倾向。由于庚$_{20}$煤层埋藏较深，近距离内无保护层可采，大部分区域具有中等危险，如图6－13所示。

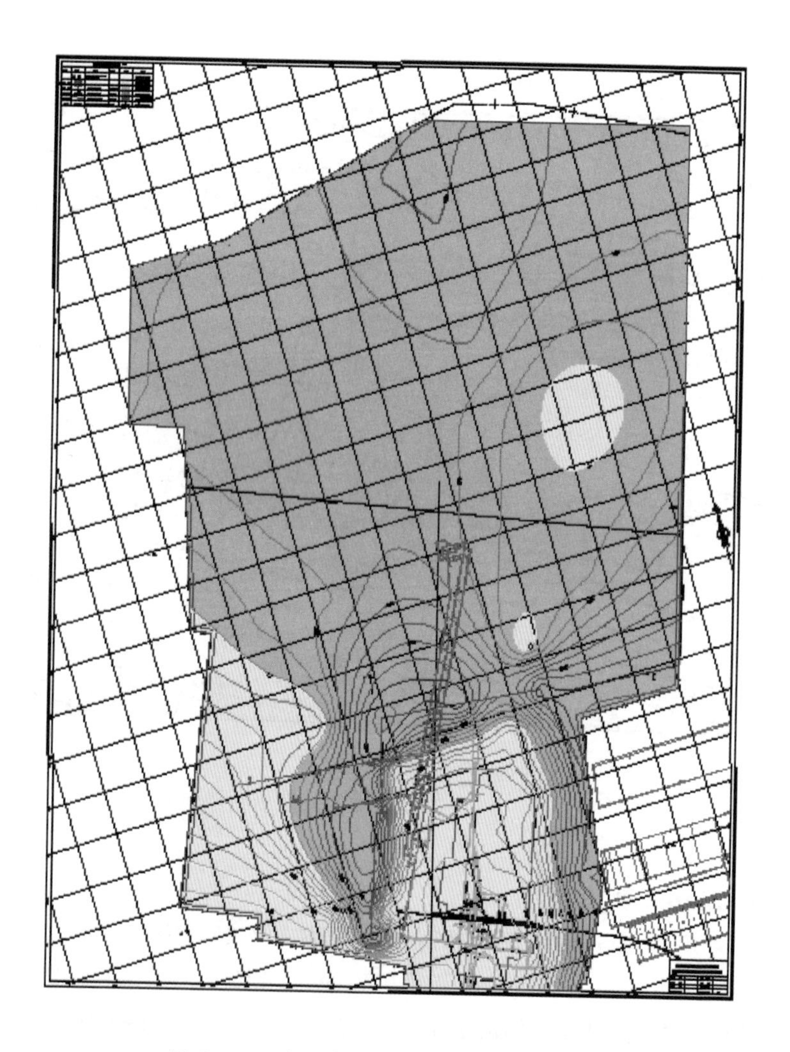

图6－13　庚$_{20}$煤层动力灾害危险区域划分

6.3.2 十一矿各煤层危险区域划分

6.3.2.1 丁组煤层

丁组煤层回采过程中没有出现动力灾害现象，但煤炭含量主要分布在深部，最大埋深超过 900 m。近距离内顶板中有厚层砂岩层，煤层的平均抗压强度为 15.32 MPa，具有弱危险倾向（中等偏强），直接顶弯曲能量指数为 4.97～6.20 kJ，基本顶为 7.33～9.12 kJ，均为无危险倾向。根据这些条件，确定丁组煤层特征点 249 个，结合开采条件和瓦斯条件对特征点赋值，然后绘制危险指标等值线，进行危险区域划分，划分结果如图 6－14 所示。可见，丁组煤绝大部分区域只具有弱危险，在断层附近及采空区边界具有中等危险。

6.3.2.2 戊组煤层

戊组煤层回采过程中没有出现动力灾害现象。最大埋深超过 900 m，近距离顶板中无厚层坚硬岩层，煤层的平均抗压强度为 9.80 MPa，具有弱危险倾向，直接顶弯曲能量指数为 0.07～0.09 kJ，基本顶为 5.55～6.46 kJ，均为无危险倾向。根据这些条件在煤柱边缘、断层边缘及采空区附近等位置确定特征点 148 个，结合开采条件和瓦斯条件对特征点赋值，然后绘制危险指标等值线，进行危险区域划分，划分结果如图 6－15 所示。戊组煤层大部分区域为弱危险，在靠近井田最浅部未受采动影响范围内不具有危险，在断层两侧和采空区应力集中范围内具有中等危险。

6.3.2.3 己组煤层

己组煤层是十一矿的主采煤层，煤岩厚度较大，一般在 6～12 m 之间，开采过程中多次发生动力灾害。最大埋深在超过 1100 m，煤层的平均抗压强度为 12.11 MPa，具有弱危险倾向，直接顶弯曲能量指数为 4.17～4.90 kJ，基本顶为 39.39～

图 6－14　十一矿丁组煤层动力灾害危险区域划分

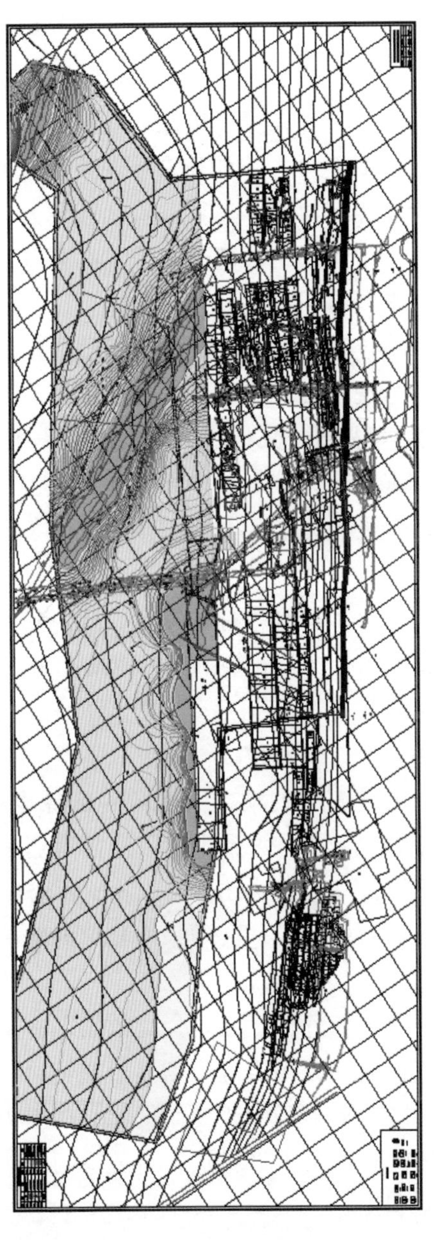

图6－15　十一矿戊组煤层动力灾害危险区域划分

46.37 kJ，分别为无危险倾向和中等危险倾向，基本顶上部有一厚层石英砂岩（大占砂岩），具有强危险倾向，是已组煤的顶板关键层。根据这些条件在煤柱边缘、断层边缘及采空区附近等位置确定特征点141个，结合开采条件和瓦斯条件对特征点赋值，绘制危险指标等值线，进行危险区域划分，划分结果如图6－16所示。已组煤层绝大部分区域具有中等危险，在断层附近和采空区周围具有强危险。

分析煤岩瓦斯复合型动力灾害的发生机理，根据最小势能原理建立了煤岩动力现象的能量准则，提出了煤岩—瓦斯动态失稳理论判据的数学描述，分析了瓦斯作用对煤体强度的影响。确定了动力灾害危险区域划分的原则和方法，在原综合指标法的基础上，结合平顶山矿区及十一矿的具体条件，修正了各因素的指标及计算方法，确定了新的适合十一矿的综合指标体系及计算公式，提出了关键指标的概念，认为动力灾害的发生虽然受多种因素影响，但对其中的一种或几种因素更为敏感，这些因素的指标超过一定值后煤层的危险程度显著增加，而其因素的影响则处于次要地位。

对十一矿3个主采煤层的动力灾害危险区域进行了划分，其中上部的丁$_{5-6}$、戊$_{9-10}$煤层大部分区域只具有弱危险，对矿井安全开采影响不大。已$_{16-17}$煤层则大部分区域具有中等危险，局部高应力区具有强危险，必须采取相应的防治措施后才能进行开采。

注：各煤层动力灾害危险区域划分是依据现有采掘布置进行的，当因采掘工作而导致围岩应力场显著变化时，相应的动力灾害危险区域也随着应力场的改变而变化。如本煤层或保护层新留煤柱后，危险程度会大大增加，有危险的区域如果保护层开采过后，危险程度会大大减少甚至完全解除。

图 6-16 十一矿己组煤层动力灾害危险区域划分

6.4 小结

分析了平顶山矿区发生复合动力灾害区域的煤体结构、围岩条件及开采技术条件，在综合指标法的基础上，引入瓦斯参数及煤岩冲击倾向参数，建立了复合型动力灾害区域划分指标体系，并以此为依据对典型复合动力灾害矿井进行了危险区域划分。

7 煤岩瓦斯动力灾害防治技术及工程措施

7.1 动力灾害防治工程概述

7.1.1 煤与瓦斯突出防治措施

根据《防治煤与瓦斯突出规定》，煤与瓦斯突出防治分为区域防突措施和局部防突措施。

7.1.1.1 区域防突措施

区域防突措施是指在突出煤层进行采掘前，对突出煤层较大范围采取的防突措施。区域防突措施包括开采保护层和预抽煤层瓦斯两类。

（1）开采保护层分为上保护层和下保护层两种方式。

（2）预抽煤层瓦斯可采用的方式有：地面井预抽煤层瓦斯以及井下穿层钻孔或顺层钻孔预抽区段煤层瓦斯、穿层钻孔预抽煤巷条带煤层瓦斯、顺层钻孔或穿层钻孔预抽回采区域煤层瓦斯、穿层钻孔预抽石门（含立、斜井等）揭煤区域煤层瓦斯、顺层钻孔预抽煤巷条带煤层瓦斯等。

7.1.1.2 局部防突措施

局部防突措施包括石门揭煤工作面防突措施、煤巷掘进工作面防突措施和回采工作面防突措施。

（1）石门揭煤工作面的防突措施包括预抽瓦斯、排放钻孔、水力冲孔、金属骨架、煤体固化或其他经实验证明有效的

措施。

（2）有突出危险的煤巷掘进工作面应当优先选用超前钻孔（包括超前预抽瓦斯钻孔、超前排放钻孔）防突措施。如果采用松动爆破、水力冲孔、水力疏松或其他工作面防突措施时，必须经实验考察确认防突效果有效后方可使用。前探支架措施应当配合其他措施一起使用。

（3）采煤工作面可采用的工作面防突措施有超前排放钻孔、预抽瓦斯、松动爆破、注水湿润煤体或其他经实验证实有效的防突措施。

7.1.2 冲击地压防治措施

煤矿冲击地压的防治措施包括：区域性防范措施和局部性的解危措施。

7.1.2.1 区域性防范措施

区域性防范措施是按照围岩应力分布规律，进行合理的开采设计，控制围岩应力的集中程度，从而避免产生大量的弹性能积聚，消除产生冲击地压的根源，杜绝或减轻冲击危险。其特点是在完备程度上具有彻底性，在时间上具有长期性，在空间上具有区域性。

（1）开采顺序及巷道布置。同一煤层各个工作面的接替顺序，决定了围岩应力的分布特征。在开采方向和回采顺序上，采区的工作面应朝一个方向推进，避免相向或背向开采，以杜绝应力叠加。

巷道布置的基本原则：巷道应布置在煤层边缘的低应力区，避免巷道近距离平行布置或交叉布置，采区一翼内各工作面应同向推进，避免相向掘进，工作面应离开断层推进，同时尽可能避免留设煤柱。

（2）保护层开采。冲击地压保护层开采防治措施与突出

煤层保护层开采措施相似，开采保护层常用的方案包括开采上保护层、开采下保护层及混合开采。在煤层间距合适的情况下，应优先考虑开采下保护层，其原则是不能破坏上层煤的开采条件。

7.1.2.2　局部性的解危措施

局部性的解危措施：采用卸压钻孔、诱发爆破、煤体高压注水等措施对已形成冲击危险或具有潜在冲击危险的地段进行解危处理，改变煤岩体自身的结构及物理力学性质，以减弱其积聚和释放弹性能的能力，减轻或消除重点部位的冲击危险性。这是局部地段安全开采的前提。主要措施包括：卸压爆破、煤层或顶板预注水、钻孔卸压、定向水力裂缝法、坚硬顶板预处理等。

（1）卸压爆破。卸压爆破是对具有冲击地压危险的局部区域，用爆破方法减缓其应力集中程度的一种解危措施。世界上几乎所有国家在开采有冲击危险的煤层时，都把卸压爆破作为主要的解危措施之一。卸压爆破分为煤层卸压爆破和坚硬顶板松动卸压爆破。

（2）煤层或顶板预注水。煤层或顶板预注水是在采掘工作之前，对煤层或坚硬顶板进行全方位、长时间压力注水。注水一般是在已经掘好的回采巷道内或邻近巷道内进行，目的是通过压力水的物理化学作用，改变煤的物理力学性质，减弱或者消除冲击危险。煤层预注水是一种积极主动的区域性防范措施，不仅能消除或减缓冲击地压威胁，而且可起到消突、消尘、降温、改善劳动条件的作用。

（3）钻孔卸压。钻孔卸压是利用钻孔方法消除或减缓冲击地压危险的解危措施。此法基于施工钻屑法钻孔时产生的钻孔冲击现象。钻进越接近高应力带，由于煤体积聚能量越多，

钻孔冲击频度越高，强度也越大，煤粉量显著增多。因此，每一个钻孔周围形成一定的破碎区，当这些破碎区互相接近后，便能使煤层破裂卸压。

（4）定向水力裂缝法。定向水力裂缝法就是人为地在岩层中预先制造一个裂缝，在较短的时间内，采用高压水将岩体沿预先制造的裂缝破裂。在高压水的作用下，岩体的破裂半径可达 15 ~ 25 m，有的甚至更大。

采用定向水力裂缝法可简单、有效、低成本地改变岩体的物理力学性质，故这种方法可用于减小冲击矿压危险性，改变顶板岩体的物理力学性质，将坚硬厚层顶板分成几个分层或破坏其完整性；为维护平巷，将悬顶挑落；在煤体中制造裂缝，有利于瓦斯抽放；破坏煤体的完整性，降低开采时产生的煤尘等。

（5）坚硬顶板预处理。厚层坚硬顶板易引起冲击地压，一是采煤工作面上方厚层坚硬基本顶的大面积悬顶和冒落，会引起煤层和顶板内的应力高度集中；二是工作面和上下平巷附近直接岩石的悬露，会引起不规则垮落和周期性增压，给工作面顶板控制和巷道维护造成困难。目前较为有效的处理方法是顶板注水软化、爆破断顶。

7.1.3　突出—冲击复合动力灾害防治措施

冲击地压和突出均是煤岩体受到高应力作用下的失稳破坏过程，具有一系列共同的特点，即都会造成煤岩体的局部破坏，其破坏过程具有雪崩一样的性质，呈脆性破坏，发生地点都在高应力区。两者最大不同之处是在灾害发生过程中是否有瓦斯的参与，对于有冲击地压参与的煤与瓦斯突出复合动力灾害难以将两者有效区分开来。

从前述两种灾害的防治措施看，具有非常类似的方法。特

别对于突出和冲击复合动力灾害，防突和防冲的措施具有相同的作用，只是防治的侧重点不同。其中，合理的开采顺序和巷道布置、保护层开采、卸压爆破、钻孔卸压抽放、煤层注水等均适合复合型瓦斯动力灾害的防治。

7.2　动力灾害主要防治措施及应用效果

7.2.1　水力压裂卸压增透技术及应用

水力压裂作为一种有效增大煤层透气性能的措施，其最早应用于采油行业的低渗油藏，应用于煤层较晚。由于该技术卸压增透效果显著，既可用于防冲，又可作为突出煤层卸压增透强化抽放措施。

7.2.1.1　水力压裂工艺

1. 水力压裂设备

如图7-1所示，水力压裂系统由压裂泵、水箱、压力表和专用封孔器等组成。选用额定压力为31.5 MPa，额定流量为200 L/min的乳化液泵。为便于操作和控制，乳化液泵配有压力表和卸压阀等附件，水箱容积1000 L，高压管路选用内径25 mm耐压42 MPa钢丝缠绕胶管，封孔器采用SFKB82/51-1500型（河南理工大学研制）水力压裂专用封孔器。

2. 压裂钻孔的封孔

注水钻孔的封孔是水力压裂措施的重要一环，封孔质量的好坏直接关系到水力压裂措施的成败，因此，封孔工作成了水力压裂措施的重中之重。

实验采用SFKB82/51-1500型水力压裂专用封孔器进行封孔，该封孔器封孔工艺简单，封孔技术要求不高，可多次重复使用，其最大特点是封孔所需时间短，封孔质量高，封好后即可进行注水压裂。经过实验验证，该封孔器在穿层钻孔中使

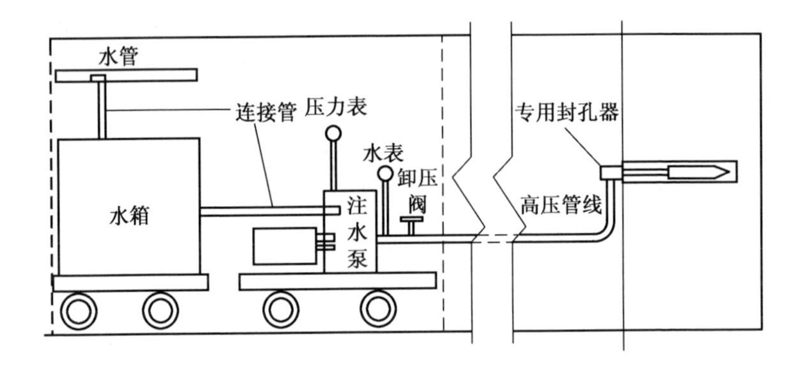

图 7－1　水力压裂系统布置示意图

用封孔效果极好，水力压裂实验过程中注水钻孔不漏水，且并未出现封孔器退出现象。

图 7－2 所示为 SFKB82/51－1500 型水力压裂专用封孔器的结构图，该封孔器利用高压水使封孔器内部胶囊膨胀，最终达到封孔的目的。

该封孔器的主要特征是存在一个中心管，压裂用的高压水从中心管的内部通过。中心管的外表面套有一个膨胀胶囊，胶囊一端与中心管固定，另一端通过密封装置滑套在中心管上。压裂高压水通过中心管的多个径向孔进入胶囊内部，胶囊受压膨胀，直径增大，长度缩短，即胶囊滑动端沿中心管滑动（类似液压缸的活塞杆伸出），此时中心管的长度不会因胶囊的移动而变短，这种结构保证了相邻封孔器之间不存在轴向力。

当高压水从图 7－2 所示的中心管左侧的进水端流入后，通过中心管上的径向孔进入膨胀胶囊中部与中心管之间的空隙，在水压的作用下，膨胀胶囊膨胀。从整体上来讲，当高压

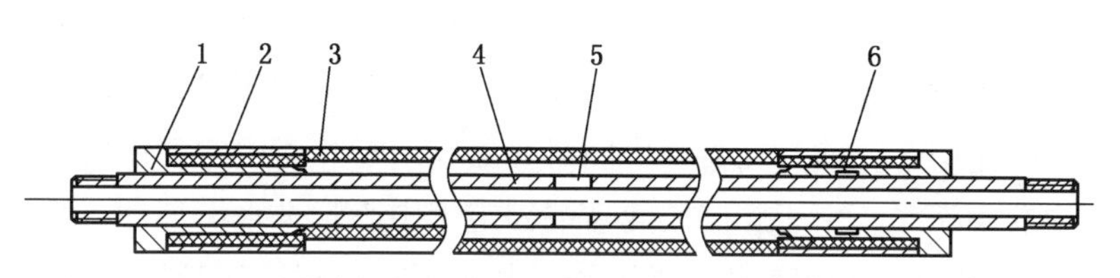

(a) 水力封孔器的各封孔器轴向剖面结构示意图

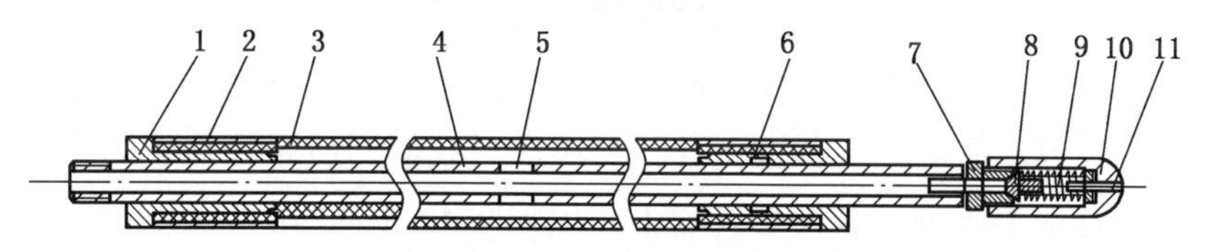

(b) 带有单向阀的前封孔器的轴向剖面结构示意图

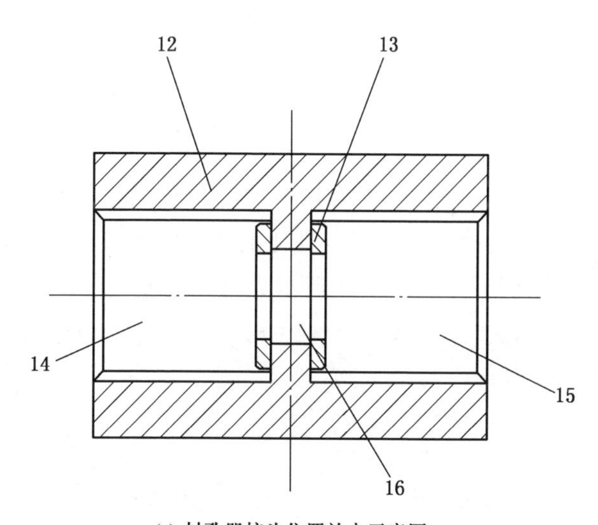

(c) 封孔器接头位置放大示意图

1—中间接头；2—套管；3—膨胀胶囊；4—中心管；5—径向孔；6—封孔密封圈；
7—单向阀；8—阀芯；9—弹簧；10—封头；11—前端中心排水孔；
12—接头管；13—密封圈；14，15—接头孔；16—中间孔

图7-2 水力压裂封孔器结构示意图

软管中的高压水从后封孔器后端依次进入后封孔器、中间封孔器和前封孔器，并从前封孔器前端安装的单向阀流出；在高压水的作用下，前封孔器、中间封孔器和后封孔器中的膨胀胶囊均发生膨胀。由于膨胀胶囊后端固定于中心管进水端外侧，膨胀胶囊前端可在膨胀胶囊前端的中间接头与套管间滑动；因此，一方面，膨胀胶囊的膨胀度增大，可承受更高的水压，而且可加大水力封孔器与岩孔之间的摩擦力；另一方面，尽管膨胀胶囊膨胀收缩，但前封孔器、中间封孔器和后封孔器中的中心管均不收缩，各中心管均不产生轴向力。在这种情况下，水力封孔器就不会从岩孔中弹出或不会被折断，实现岩孔封孔。水力压裂封孔器无须直接作用于煤体，直接实现岩孔封孔，防止了煤与瓦斯突出事故的发生。

全套封孔器由 5 根长度为 1.5 m 的 6 层钢丝缠绕的增压型封孔器构成，其中包括 1 根含出水嘴并带有单向阀的封孔器，总长 7.5 m。考虑到封孔器连接强度，封孔器与封孔器之间的连接采用螺纹连接，封孔器与乳化液泵站的连接则采用煤矿常用的 K25 快速接头。图 7－3 所示为封孔器连接示意图。

图 7－3　每两节封孔器之间的实物连接图

7.2.1.2 水力压裂增透效果数值模拟结果

1. 不同埋深煤层起裂压力数值分析

水力压裂裂纹的扩展是由煤层最小主应力的拉伸破坏引起的，因而水力压裂中水压需要克服最小主应力和煤体强度才能使得煤体被压开。为确定煤层埋深与水力压裂起裂压力的关系，根据压裂煤岩层力学参数模拟了煤层埋深为400 m、500 m、600 m的水力压裂效果。

图7－4所示是煤层埋深为600 m，煤体抗压强度为4 MPa（对应煤的坚固性系数为0.4）时的水力压裂模拟图。

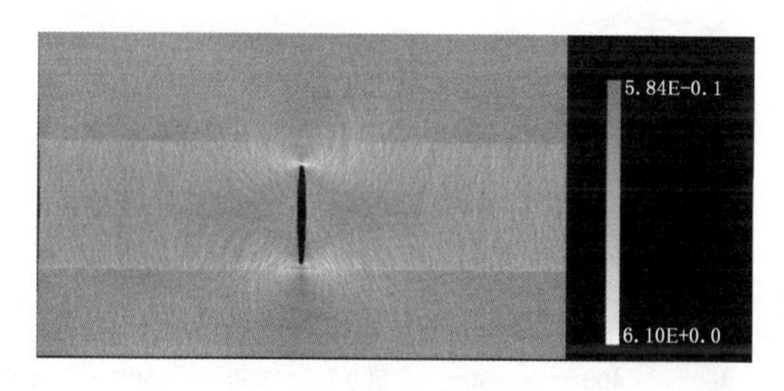

(a) p=18.0 MPa

(b) p=23.4 MPa

图7－4 埋深600 m水力压裂应力分布图

从图7－4中可以看出，当往钻孔中注入高压水时，压力水随即充满整个钻孔空间，随着压力水的不断注入，孔内应力将重新分布，并不断积累，在高压水的作用下，开始压缩煤体，孔内储水空间不同程度的增大，并在钻孔孔底和封孔器出水嘴两处形成应力集中。当裂纹扩展到煤层顶板时，由于煤层顶板抗压强度比煤层大，应力将向钻孔两侧转移，因此裂纹也将沿着煤层顶板扩展。

通过模拟，对3组计算模型进行统计得到了不同埋深的煤层实施水力压裂所需要的起裂压力，如图7－5所示。

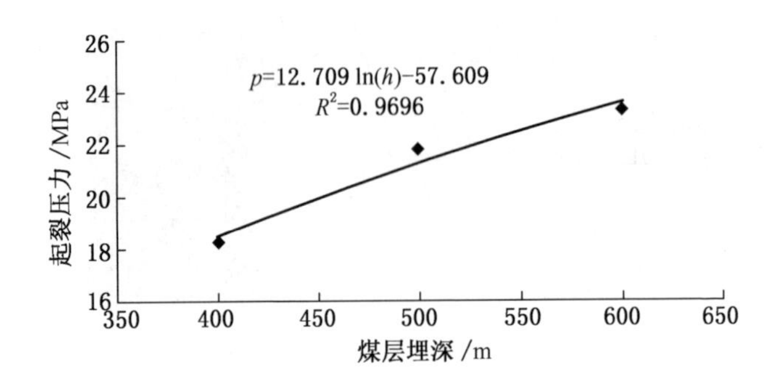

图7－5　起裂压力与埋深的关系图

从图7－5可知，煤层水力压裂起裂压力与煤层埋深存在以下的关系：

$$p = 12.709\ln(h) - 57.609 \tag{7-1}$$

式中　p——水力压裂起裂压力，MPa；

h——煤层埋深，m。

由于煤属于非均质材料，在煤层中执行水力压裂措施时，高压水注入并充满钻孔内部，钻孔内部各处同时受力，但钻孔

各部受力不均，最容易在尖端部分即煤层顶部和底部形成应力集中，因此煤层顶部和底部最先发生破坏并产生裂纹，但煤层顶底板岩石抗压强度高于煤层抗压强度，在这种情况下，应力将向煤层顶部和底部的两侧转移，裂纹也随之沿着煤层的顶部和底部向四周扩展。从裂隙的扩展过程来看，煤层顶部和底部的应力相对煤层中部应力要大，钻孔两端裂纹较钻孔中部发育，因此，水力压裂在钻孔中部增透范围最小，在两端则最大。图 7－6 从应力角度分别诠释了水力压裂的最小和最大增透范围。图 7－7 则是从渗透系数的变化方面分别展示了水力压裂的最小和最大增透范围。

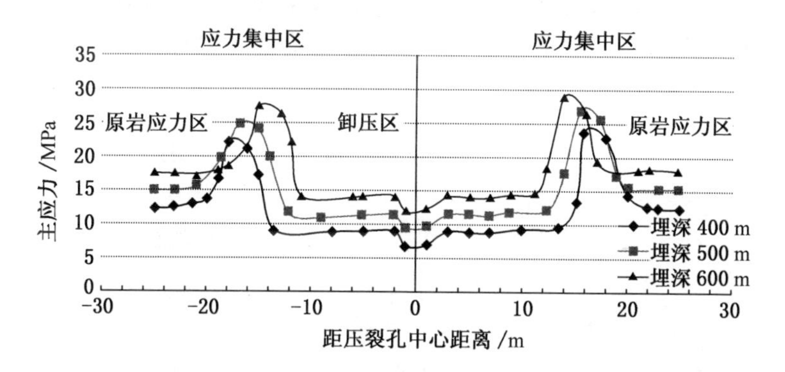

图 7－6 不同埋深的压裂孔中部及其两侧应力分布

图 7－6 所示为不同煤层埋深水力压裂增透范围最小和最大位置压裂孔附近应力分布图，图中的卸压区就是水力压裂的增透范围。由上述分析可知，埋深为 400 m、500 m 和 600 m 的煤层的水力压裂增透范围分别是 13.5～15.7 m、12.2～14.5 m 和 11.3～13.8 m。

从图 7－7 可知，压裂孔附近煤体渗透系数在水压的作用

下已经发生了变化，渗透系数间接反映了煤层透气性系数的大小，渗透系数越大，煤层透气性越好。在煤层卸压区范围内，煤体渗透系数增大到了原来的2倍以上，而在应力集中区，煤体在高应力的作用下压紧，渗透系数相对原始煤体有所降低，更加不利于水和瓦斯的渗透。因此，水力压裂增透范围就是渗透系数增加1倍以上的区域。

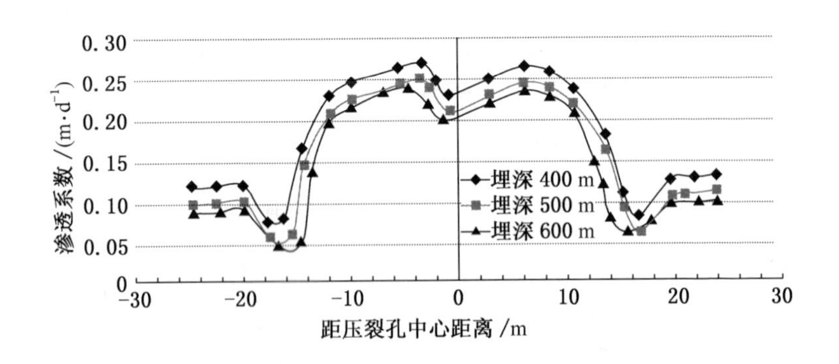

图7-7　不同埋深的压裂孔中部及其两侧渗透系数分布

2. 不同强度煤体增透范围数值分析

通过模拟分析了f值为0.4、0.6、0.8时的水力压裂钻孔中部附近的应力分布和渗透系数分布数据，将其绘制成曲线如图7-8和图7-9所示。

由图7-8可知，随着煤的坚固性系数的增大，水力压裂的卸压增透范围有所增大。从图7-9也可以看出，随着煤的坚固性系数的增大，水力压裂的增透范围有增大的趋势。

一般说来，煤的坚固性系数越大，煤越硬，煤中的孔裂隙就越发育，煤的渗透性越好，水在煤层中渗透的距离也就越远。在较硬煤层中执行水力压裂时，水在煤体中容易渗透，裂

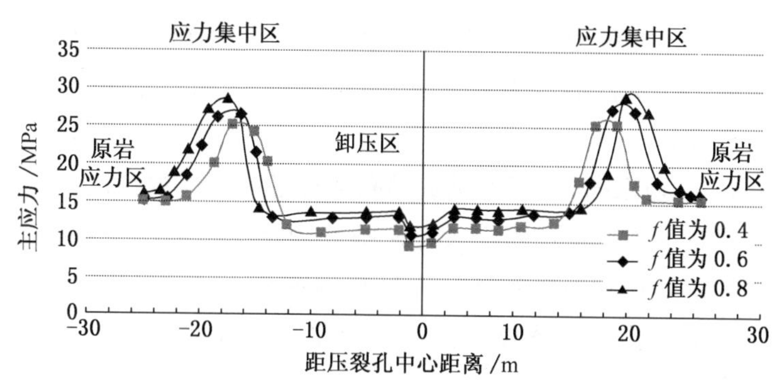

图 7-8 不同 f 值煤体水力压裂的钻孔中部及其两侧应力分布图

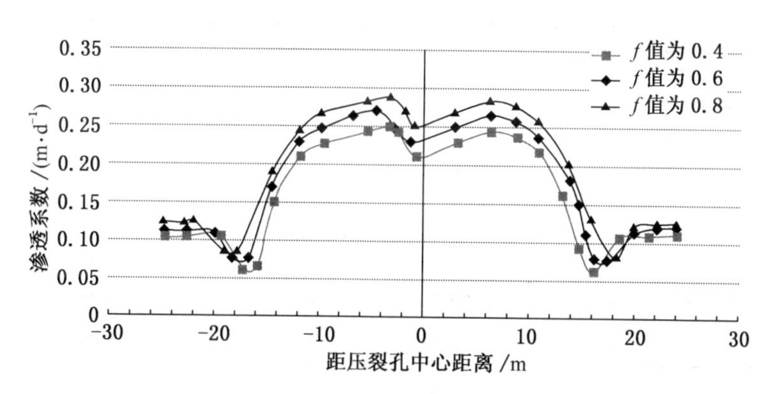

图 7-9 不同 f 值煤体水力压裂的钻孔中部及其两侧渗透系数图

纹扩展较远，正因为煤硬，从而煤的抗压强度大，压开煤层所需要的水压也就更大。

综合以上分析可知，在 500 m 的埋深条件下，不同 f 值的水力压裂增透范围分别是：f 值在 0.4 时，水力压裂增透范围是 12.2 ~ 14.5 m；f 值在 0.6 时则为 13.4 ~ 15.6 m，f 值在 0.8 时是 14.3 ~ 16.1 m。

7.2.1.3 水力压裂增透效果现场考察

该技术在应用期间，跟踪考察了平煤十三矿水力压裂卸压增透效果。考察地点为平煤十三矿己$_{15-17}$－11111 回风下山掘进工作面。

在实施压裂前、后对抽放钻孔进行了单孔参数测定。每个钻孔进行了连续 5 d 的专人瓦斯抽放测定，测定内容有负压、流量和浓度；其中较典型的 1 号孔测定数据见表 7－1，压裂前、后 1 号孔瓦斯浓度、瓦斯纯流量变化曲线分别如图 7－10、图 7－11 所示。

表 7－1　压裂前、后单孔抽放测定统计表

未压裂时的瓦斯抽放测定记录			压裂后 1 号孔瓦斯抽放测定记录		
日期	瓦斯浓度/%	瓦斯纯流量/($m^3 \cdot min^{-1}$)	日期	瓦斯浓度/%	瓦斯纯流量/($m^3 \cdot min^{-1}$)
11－15	4	0.0023	12－21	20	0.0531
11－16	2.2	0.0032	12－22	26	0.0691
11－17	0.8	0.0017	12－23	29	0.077
11－18	0.5	0.0002	12－24	26	0.0691
11－19	0.2	0.0001	12－25	21	0.0558

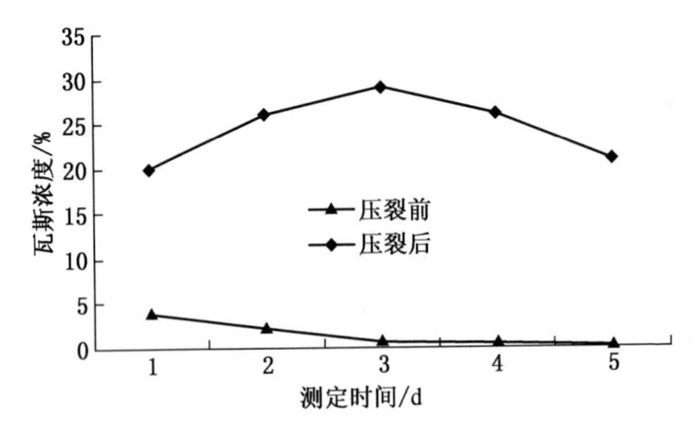

图 7－10　压裂前、后瓦斯浓度变化曲线

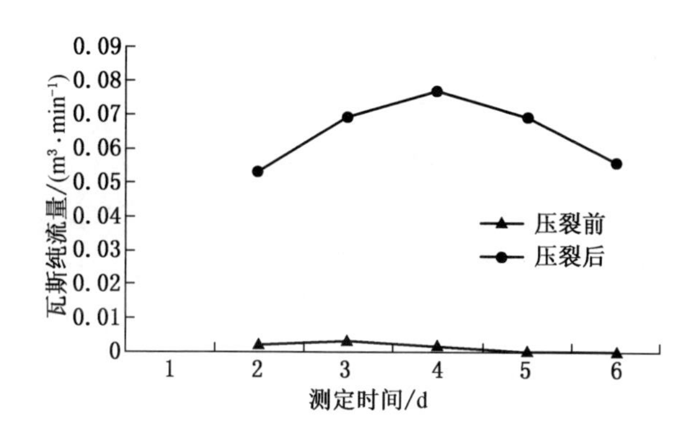

图 7－11　压裂前、后瓦斯纯流量变化曲线

通过己$_{15-17}$－11111 回风下山掘进工作面注水压裂，煤岩体中原有的裂缝内，产生了更多的次生裂缝与裂隙，增加了煤层的透气性，大大提高了瓦斯抽放效果。通过现场数据的采集、分析，巷道两帮 30 m 范围内都受到不同程度的影响，地应力得到释放，压裂后瓦斯抽放浓度和流量得到了极大提高，抽放瓦斯浓度提高 15 倍左右，单位时间抽放纯量提高 40 多倍。

7.2.2　水力冲孔卸压增透技术及其应用

7.2.2.1　水力冲孔工艺

1. 水力冲孔系统

水力冲孔系统由乳化液泵、水箱、压力表、防瓦斯超限装置、喷头和沉淀池等组成，如图 7－12 所示。

乳化液泵选择往复式柱塞泵，五柱塞泵效果更好（流量脉动小），它的选型以压力和流量作为主要技术参数。乳化液泵的额定压力应包括破煤有效压力、沿程压力损失和局部压力损

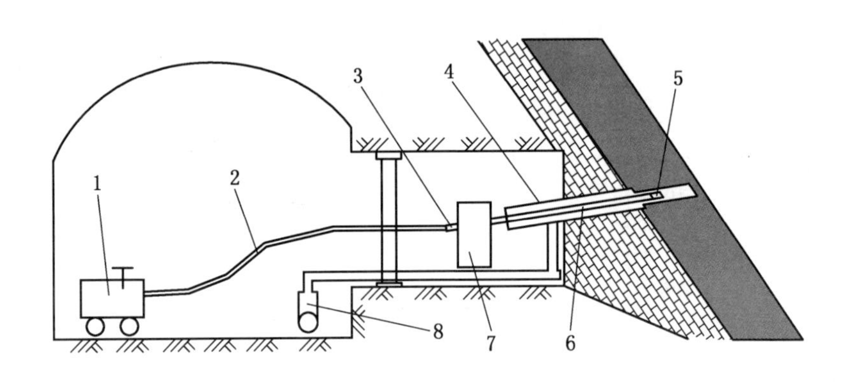

1—乳化液泵；2—高压水管；3—高压水尾；4—封孔管；5—冲孔喷头；
6—冲孔钻杆；7—钻机；8—煤水输送系统

图 7－12　水力冲孔系统布置示意图

失三部分，按三部分计算之和作为水力冲孔理论指导压力。

根据对多个矿区实验矿井压力参数的考察，有效破煤压力为 $12f \sim 20f$（MPa）之间，乳化液泵选型时以 $20f$ 为依据，f 值取冲孔区域的大值。

乳化液泵的流量主要取决于喷嘴的直径和有效压力及排渣的要求。河南理工大学研制的喷头是以乳化液泵的额定流量为 200 L/min，同时考虑乳化液泵的容积效率（内泄漏造成的），以流量 150 L/min 作为压力计算基础。乳化液泵额定流量取值可根据 f 值选取：$f \leqslant 0.5$ 时，可取 125 L/min；$f > 0.5$ 时，可取 200 L/min，以缓解憋孔现象。

2. 喷嘴研制及选型

喷嘴是射流装置的关键部件之一，其作用是将流体的压力能转变为动能，利用从喷嘴射出的具有很高能量密度的射流来进行切割和破碎。研究喷嘴结构与射流性能的关系是非常重要

的。按照射流用途的不同，喷嘴结构型式也不一样。

根据理论计算以及现场喷头防锈问题，研制了不同尺寸和不同材料的喷嘴，如图 7 - 13 所示。研制的主要型号为 PZCK - C - * 的系列喷嘴，PZCK 代表冲孔喷嘴，C 代表主要喷嘴在两侧，* 代表喷嘴尺寸。

图 7 - 13　水力冲孔喷头及喷嘴实物图

7.2.2.2　水力冲孔卸压效果数值模拟

利用 FRPA 软件模拟了水力冲孔过程的应力、位移场、声发射等信号的变化，分别如图 7 - 14 至图 7 - 18 所示。

计算模型第一步是岩体自重过程，开挖从第二步开始。模型边界条件是垂直方向自重加载，大小为 15 MPa，水平方向是侧压加载，大小为 6.5 MPa。图 7 - 14、图 7 - 15、图 7 - 16

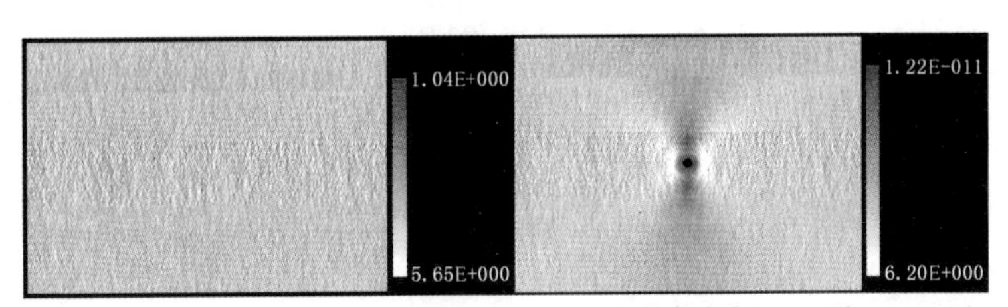

(a) 水力冲孔前　　(b) 水力冲孔20 min后

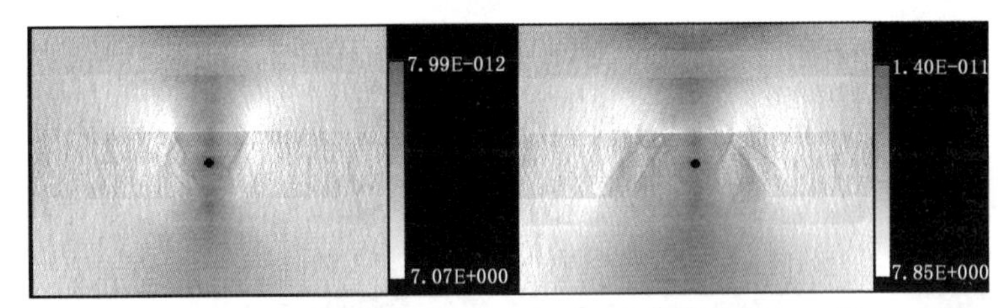

(c) 水力冲孔40 min后　　(d) 水力冲孔60 min后

图7－14　水力冲孔措施剪应力动态分布模拟图（垂向）

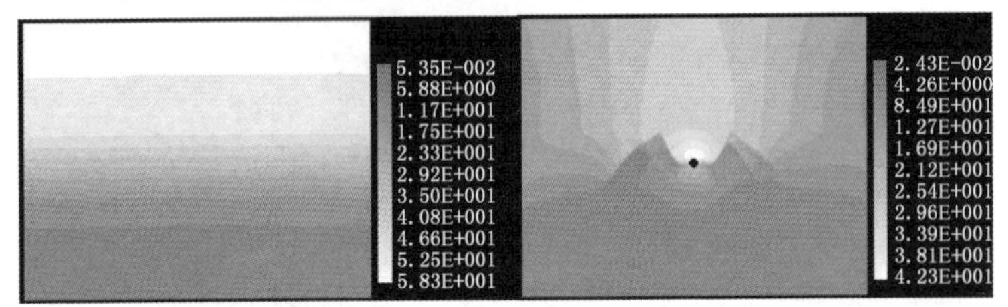

(a) 水力冲孔前　　(b) 水力冲孔60 min后

图7－15　水力冲孔位移场动态分布模拟图（垂向）

(a) 水力冲孔20 min后　　(b) 水力冲孔60 min后

图7－16　水力冲孔产生声发射即裂隙场动态分布模拟图（垂向）

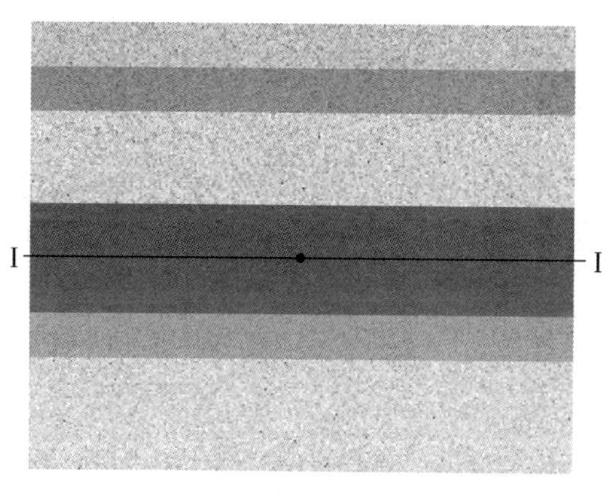

(a) 煤体剖面

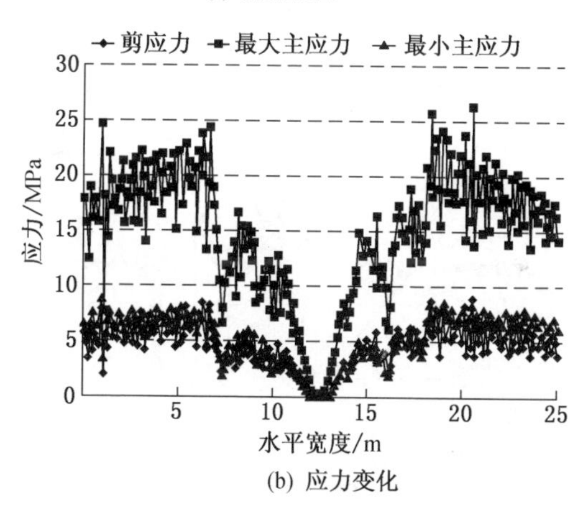

(b) 应力变化

图 7-17 水力冲孔煤体剖面和应力变化图

所示分别是剪应力、位移场和声发射产生（即损伤演化为裂隙场）的动态发展过程。图应力、位移的大小和颜色灰度相关，颜色越亮，剪应力和位移就越大。图 7-16 中圆圈代表破坏时产生的声发射，半径越大，能量也越大，破坏越强烈，同时图

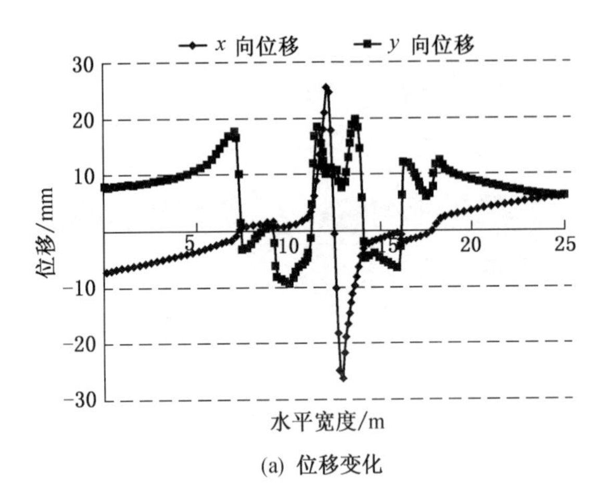

(a) 位移变化

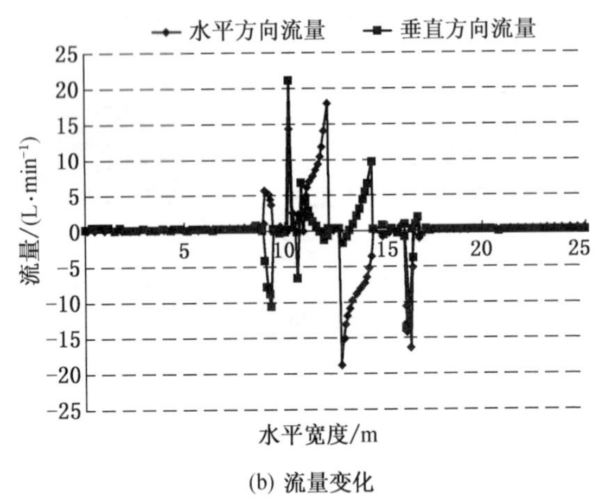

(b) 流量变化

图 7-18　水力冲孔煤体位移和流量变化图

中的黑色代表已经发生过破坏的单元，也表示裂纹的形成扩展过程。图 7-17 和图 7-18 则是对模型剖面提取单元参数，从而绘制的曲线图表。

模拟结果显示，水力冲孔开始后，孔洞周边煤体受到高压水射流的冲击而出现强烈扰动，并出现部分煤体的垮落。水力冲孔 20 min 后，在孔洞 1 m 范围内出现剪应力作用，特别是在煤体的两帮，应力作用更加明显，并有向上部扩展的趋势。水力冲孔 40 min 后，呈现出拉断剪断面，在上部煤体两边出现 45°的倒“八”字形大裂纹，并扩展到上部煤体 2.5 m 处，上部煤体开始出现大面积的垮落，应力开始向顶板泥岩石和两帮更远处的煤体转移，并在顶板泥岩与煤体倒“八”字形裂纹相交处出现拉剪应力集中，泥岩顶板位移量达到 30 mm，两帮位移量达到 10 mm。水力冲孔 60 min 后，煤体两帮出现了 4 条大裂纹，成“八”字 45°向两边扩展到煤体 3 m 远处，另外从位移场和声发射图上可以看出，煤体在两帮 4 m 远处也出现了破坏，由于上部和两帮煤体的大面积垮落，顶板位移量达到 60 mm，局部出现断裂，两帮位移量达到 30 mm，同时两帮局部出现片帮破坏。

从图 7－16 的水力冲孔过程声发射序列图可以看出，水力冲孔后，顶板和孔洞两帮出现大量的声发射现象，意味着这些部位出现了破坏，同图 7－14 及图 7－15 的剪应力和位移表示的破坏在时间和空间上是一致的。出现声发射与煤体的破坏、垮落有密切关系，在产生声发射聚集的地区，破坏更加强烈，待形成一定规模后，局部破坏，应力重新分布。可以看出，水力冲孔措施 60 min 后，整个煤层内都出现一定的破坏，这会导致煤层孔隙率增加，其透气性系数提高，使瓦斯从深部向孔洞方向运移。

图 7－17 和图 7－18 分别是水力冲孔措施引起的煤体应力和位移与流量的变化图。模拟显示水力冲孔措施开始后，前方煤体受到强烈扰动、破碎、突然卸压，吸附瓦斯迅速解吸、释

放，瓦斯涌出量达到20 L/min。孔洞周围煤体的位移也急剧增大，达25 mm，此时煤体已出现了破坏与垮落，使煤体的应力重新分布，由于孔洞处的煤体破坏和垮落，使此处的应力降为零，应力向煤体深部转移，并出现应力集中现象。

通过上面的模拟分析可知，水力冲孔防突措施的卸压增透效果还是非常明显的，随着水力冲孔防突措施的实施进行，煤层不同部位透气性发生较大的变化，使煤体位移增加、应力重新分布、裂隙扩展、透气性增加，瓦斯解吸并向孔洞运移，从而降低煤层瓦斯压力，并且模拟结果的卸压距离在3～4 m之间。

7.2.2.3 水力冲孔的增透效果考察

采取水力冲孔措施后，钻孔周围煤体向孔道方向发生大幅度的移动造成煤体的膨胀变形和顶、底板间的相向位移，引起在孔道影响范围内地应力降低，煤层得到充分卸压，裂隙增加，使煤层透气性大幅度增高，使瓦斯流动场扩大，不但排放总量增加，而且衰减也会降低。

为了现场考察水力冲孔增透卸压效果，选择首山一矿己一采区西翼上部的己$_{16-17}$－11041采煤工作面机巷掘进工作面为实验点。

1. 水力冲孔有效影响半径考察

1）冲孔有效影响半径考察方法

水力冲孔流量法考察有效影响半径，主要依据高压水射流能够影响的范围内的煤体将大幅度的卸压，同时改变了煤体的应力状态，在煤体瓦斯压力梯度和射流残余能量反射的作用下破碎钻孔周围的煤体，使得钻孔周围形成一定的孔洞，同时在高压水射流有效靶距范围内，煤体的裂隙将进一步的扩大。根据瓦斯径向流动理论，瓦斯由压力大的地方向压力小的地方运

移，卸压范围内由于煤体内的裂隙将进一步的扩大，煤层透气性系数将提高，钻孔瓦斯浓度将增大，瓦斯抽放量将大幅度上升。从而可以对比分析冲孔前后钻孔瓦斯抽放浓度的大小来判别高压水射流的影响范围，即冲孔有效半径的距离。

水力冲孔有效影响半径采用流量法和压力法共同考察，根据淮南和义马水力冲孔半径经验，拟定水力冲孔半径考察范围在 4 ~ 14 m 之间，由于水力冲孔冲出半径存在不均衡性，考察孔与备考察孔之间见煤点距离均小于终孔点距离，以终孔点距离考察得出的冲孔影响半径要比实际半径小，原因是：两孔见煤点距离更近，如果见煤点距离影响到了考察孔流量，而终孔点距离并没有影响到考察孔，但考察到的流量是有变化的，则以终孔点距离为冲孔影响半径是不准确的，它要比实际水力冲孔影响半径大。另外，以见煤点距离为考察半径标准，在考察过程中不受冲孔进度的影响，由于首山煤矿煤体破坏类型高，瓦斯含量高、压力大，冲孔段长（9 ~ 12 m），出煤量大（1.5 ~ 4 t/m），矿方要求时间短（一个早班），考察期间很难以冲至孔内返清水为止，如果以终孔点为考察水力冲孔影响半径，现场实验达不到冲孔要求，所以本次水力冲孔以见煤点距离为标准考察影响半径。

由于水力冲孔考察地点已经施工穿层抽放钻孔，所以利用原施工的抽放钻孔作为考察孔，本次在 11041 机巷抽放巷进行了 3 组水力冲孔半径考察，位置分别是水力冲孔第 22 组 4 号孔（9 月 10 日）、第 25 组 4 号孔（9 月 21 日）、第 36 组 2 号孔（10 月 10 日）。三组钻孔见煤点实际平面位置如图 7 – 19 至图 7 – 21 所示。

按上述原则在 11041 机抽巷实施第 22 组 4 号、第 25 组 4 号、第 36 组 2 号孔，三组实验钻孔参数见表 7 – 2。本次的考

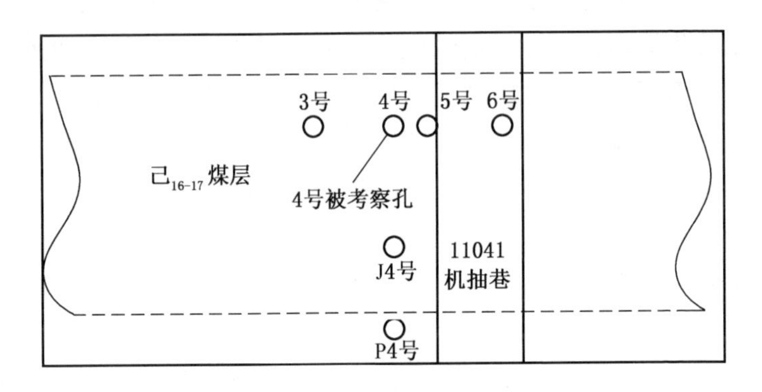

图 7－19　第 22 组水力冲孔见煤点平面图

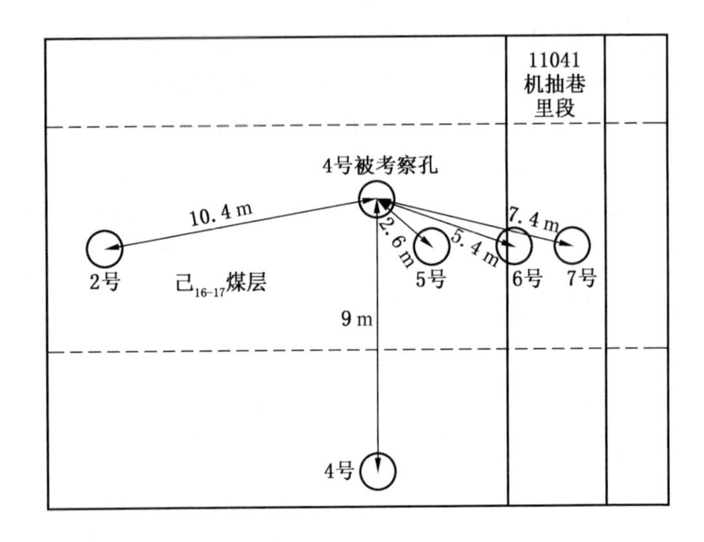

图 7－20　第 25 组水力冲孔见煤点平面图

察孔与被考察孔均垂直于低抽巷道中线，即为平行孔，每组分别在被考察孔施工完成前后、冲孔过程中，冲孔后对连接管路

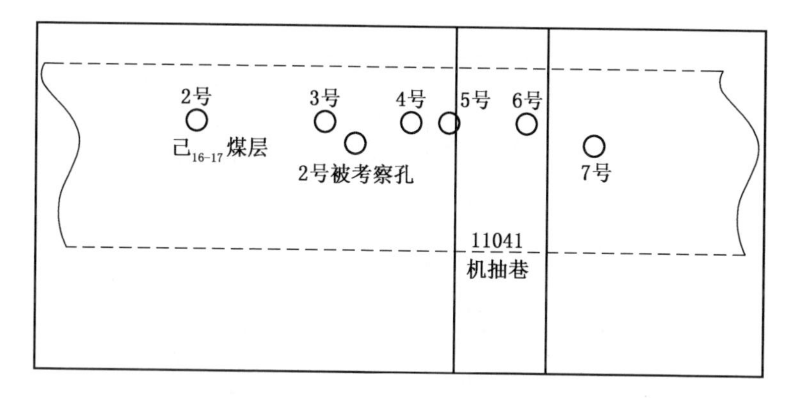

图7－21　第36组水力冲孔见煤点平面图

正常抽放的考察孔进行流量测定。

表7－2　水力冲孔半径考察钻孔参数

冲孔组号	孔号	钻孔性质	倾角/(°)	中线夹角/(°)	见煤点距离/m
22	3	考察孔	54	90	4.5
	4	被考察孔	67	90	0
	5	考察孔	74	90	2
	6	考察孔	－85	90	5.4
	J4	考察孔	67	90	6
	P4	考察孔	67	90	10
25	2	考察孔	42	90	10.4
	4	被考察孔	67	90	0
	5	考察孔	74	90	2.6
	6	考察孔	－85	90	5.4
	7	考察孔	－74	90	7.4

表7-2（续）

冲孔组号	孔号	钻孔性质	倾角/(°)	中线夹角/(°)	见煤点距离/m
36	2	被考察孔	58	90	0
	2	考察孔	42	90	8.3
	3	考察孔	54	90	1.9
	4	考察孔	67	90	3.1
	5	考察孔	74	90	4.9
	6	考察孔	-85	90	8.4
	7	考察孔	-74	90	10.6

考察期间钻机后水流压力控制在4~8 MPa之间，一般正常为5~6 MPa。乳化液泵出水流量在300~350 L/min，由于钻机后的增压回流装置，使得水流压力和流量可随时人工手动调节，流量一般为120~160 L/min。冲孔期间出煤顺畅，憋孔较少，考察期间冲孔钻孔的孔径为89 mm，一般水力冲孔钻孔合理孔径在108~133 mm，更利于排渣返煤，对于破坏类型高的煤体，煤质较软，塌孔严重，首山煤矿11041采煤工作面煤体特征即如此，f值在0.12~0.35之间，瓦斯含量、压力大，冲孔过程中经常由于塌孔造成憋孔甚至喷孔，经过现场实验，该矿水力冲孔水压在5~6 MPa即可冲出煤体,水射流流量在120~160 L/min之间，孔内出水、返渣基本正常，憋孔与喷孔次数最少。

三次水力冲孔考察冲孔喷头为1.8+2ϕ4.0 mm，第22组、第25组、第36组冲出煤量分别为10 t、8 t、5 t，冲煤段长度为4 m、3 m、2 m。煤体视密度为1.4 t/m^3，考虑煤体遇水膨胀系数为1.13,换算为原煤体积分别为6.3 m^3、5.1 m^3、3.2 m^3，

相当于将直径为89 mm的孔扩至直径为1.2 m左右的孔洞。

2）影响半径现场考察

（1）水力冲孔第22组4号孔半径考察。经过本组考察，考察孔流量提高的孔为见煤点距水力冲孔4.5 m、5.4 m、6 m的3号、6号、J4号孔，冲孔前后变化如图7－22所示，3号孔冲孔前瓦斯浓度为44.7%，瓦斯纯流量为14.3 L/min，冲孔后瓦斯浓度、流量上升，孔内瓦斯浓度为50.4%，瓦斯纯流量为16.13 L/min，是冲孔前瓦斯流量的1.13倍；6号孔冲孔前瓦斯浓度为1.8%，瓦斯纯流量为0.58 L/min，冲孔后瓦斯浓度、流量上升，孔内瓦斯浓度为12.8%，是冲孔前的7.1倍，瓦斯纯流量为4.10 L/min，是冲孔前瓦斯流量的7.1倍；J4号孔冲孔前瓦斯浓度为14.5%，瓦斯平均流量为4.64 L/min，冲孔后瓦斯流量上升，最大为9.3 L/min，是冲孔前瓦斯流量的2倍。由以上数据可以看出，水力冲孔有效影响半径已经达到6 m。

（2）水力冲孔第25组4号孔半径考察。在2011年9月10日对第22组水力冲孔影响半径考察后为了更准确把握数据，于2011年9月21日分点再次进行水力冲孔半径考察，本次考察加大了半径范围，在考察的抽放孔中流量经水力冲孔后效果明显提高的抽放孔有两个，分别为见煤点距水力冲孔9 m、10.4 m的4号、2号孔，其中4号考察孔与冲孔为完全平行孔，倾角、偏角及开口高度完全相同，仅仅是开孔位置平移9 m。冲孔前后浓度、流量均有所提高，流量变化如图7－23所示。此次考察孔孔口距水力冲孔较近，仅2.6 m，4号孔在下回风流，冲孔过程中测定流量有危险性，所以只在冲孔前后进行了流量测定。

4号孔冲孔前瓦斯浓度为44.8%，瓦斯纯流量为10.14 L/min，

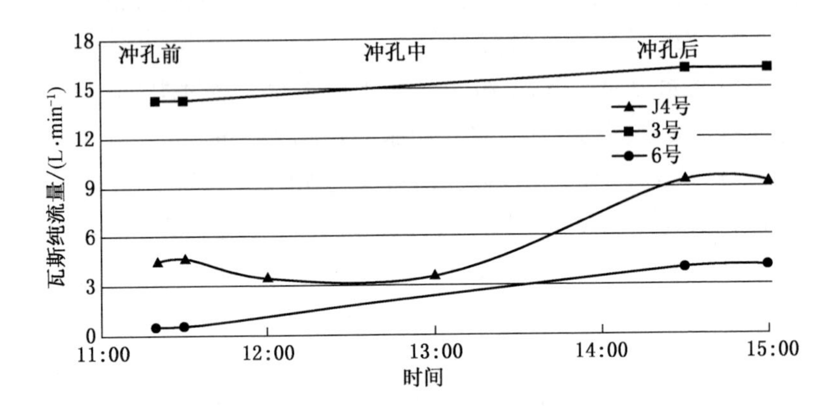

图7-22　22组考察孔瓦斯流量变化图

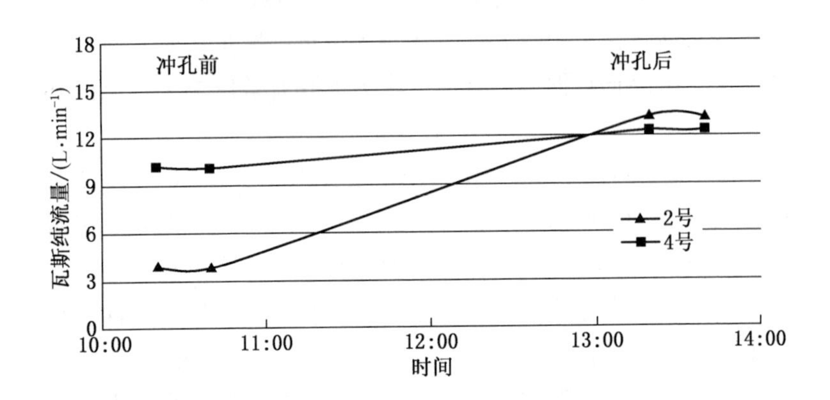

图7-23　第25组考察孔瓦斯流量变化图

冲孔后瓦斯浓度、流量上升，瓦斯浓度为54.5%，瓦斯纯流量为12.33 L/min，是冲孔前瓦斯流量的1.22倍；2号孔冲孔前瓦斯浓度为17.1%，瓦斯纯流量为3.87 L/min，冲孔后孔内瓦斯抽放浓度为41.6%，是冲孔前的2.43倍，抽放纯流量

为 13. 30 L/min，是冲孔前瓦斯流量的 3. 44 倍。

第 25 组水力冲孔有效影响半径考察得到的数据表明，水力冲孔有效半径最远已达 10. 4 m。但距离较近的考察孔流量不但没有上升，反而出现大幅度的下降，如第 25 组 6 号考察孔与被考察孔见煤点间距 5. 4 m，冲孔前瓦斯浓度为 80%，抽放纯流量为 31. 35 L/min，冲孔后瓦斯浓度急剧下降至 6. 8%，抽放纯流量为 1. 54 L/min，6 号孔距冲孔下帮 5. 4 m，说明水力冲孔对此距离有着严重的影响，原因为冲孔时的高压水在孔内邻近孔发生挤压、渗透，使原本畅通的孔发生堵塞，造成距离近的考察孔瓦斯流量不但没有提高，反而大幅度降低。

（3）水力冲孔第 36 组 2 号孔半径考察。通过前两组的冲孔半径考察可知首山煤矿的水力冲孔半径在 6 ~ 10 m 之间，在此基础上结合已测半径参数，于 2011 年 10 月 10 日早班，第三次在第 36 组对水力冲孔半径进行验证与考察。考察范围主要为 8 ~ 10 m，考察孔为 6 个，分别为 2 号、3 号、4 号、5 号、6 号、7 号孔，间距分别为 8. 3 m、1. 9 m、3. 1 m、4. 9 m、8. 4 m、10. 6 m，最终得出合理的影响范围。

经过现场考察，流量变化如图 7 - 24 所示，第 36 组水力冲孔后考察孔流量效果提高的抽放钻孔有 3 个，分别为 2 号、6 号、7 号，冲孔前瓦斯浓度分别为 0、20%、3. 2%；冲孔后瓦斯浓度分别为 26. 5%、21%、18. 8%。影响最大的是 2 号孔，冲孔前没有浓度，冲孔后浓度大幅度提高，然后是 7 号孔冲孔后瓦斯浓度是冲孔前的 5. 88 倍；2 号、6 号、7 号孔冲孔前瓦斯纯流量依次为 0、4. 53 L/min、0. 73 L/min，冲孔后瓦斯纯流量依次为 6 L/min、4. 75 L/min、4. 25 L/min，2 号孔由冲孔前没有流量提高到 6 L/min，7 号孔提高到冲孔前的 5. 82 倍。

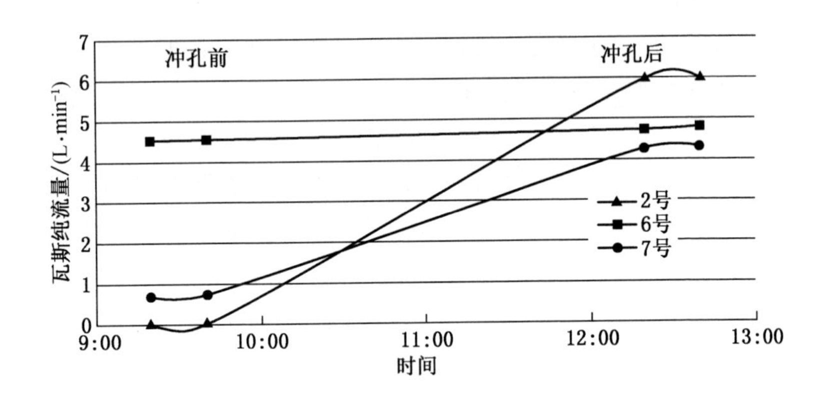

图 7－24　第 36 组考察孔瓦斯流量变化图

综上所考察数据，首山煤矿水力冲孔考察半径为 6～10 m，考虑存有空白带，按考察半径与实际半径的关系式 $R=0.71r$。由于水力冲孔半径存在不均衡性，冲出孔洞半径只能是一个区间，所以首山煤矿水力冲孔影响半径应为 4.0～7.0 m 之间。此半径数据考察期间以见煤点为标准，在实际钻孔设计时应以钻孔终孔点位置布置钻孔。

2. 冲孔前后抽采量效果考察

1）单孔抽放量效果

由前述可知，冲孔后单孔抽采量是冲孔前的 1.13～7.1 倍，平均 4.68 倍，瓦斯纯流量增长最多的是第 22 组 6 号孔，由冲孔前的 0.58 L/min 增至冲孔后的 4.1 L/min，增加了 6.1 倍；没有进行水力冲孔的穿层钻孔抽放 10 d 内的流量一般为 10～20 L/min，10～30 d 一般为 4～8 L/min；单孔 30 d 瓦斯抽放量为 389 m^3，水力冲孔钻孔在经过冲孔后连接管路抽放，其抽放流量在 10 d 内一般为 50～65 L/min（图 7－25），10～30 d

之间一般在 15 ~ 25 L/min 之间，流量均比未采取水力冲孔的穿层抽放孔有大幅提高，单孔 30 d 瓦斯抽放量为 1566 m^3，相同时间内抽出瓦斯量是没冲孔钻孔的 4 倍。

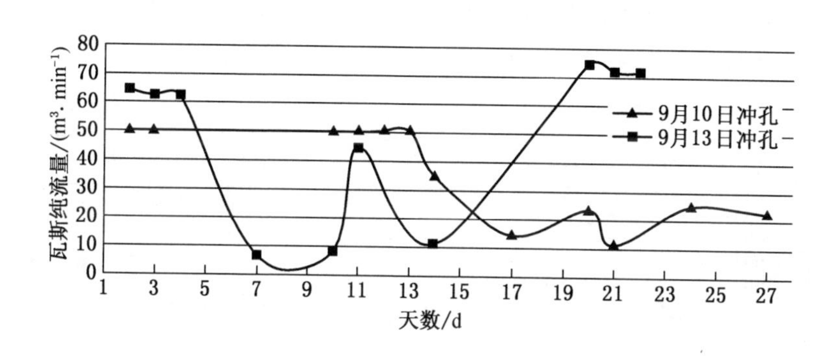

图 7－25　冲孔钻孔流量变化图

由以上数据和图表可知，穿层钻孔在施工后进行水力冲孔对抽采量有很大的提高作用，效果明显，缩短了抽放时间。

2）巷道抽采总量效果考察

为了掩护 11041 机巷和风巷掘进安全，首山一矿先行在 11041 机抽巷和风抽巷施工穿层钻孔对煤巷掘进两帮 15 m 范围内进行瓦斯抽放，最初钻孔布置每 5 m 一排，每排 7 个孔，后补充措施，排间距仍为 5 m，每排 9 个孔。机抽巷共施工钻孔 1890 个，施工钻孔累计 56150 m；风巷累计施工钻孔 1768 个，钻孔长度累计 49170 m，但穿层钻孔抽放效果不理想，被掩护的机巷预测值仍频频超标，工作面施工局部顺层钻孔时经常出现夹钻、顶钻、喷孔等动力现象。

从 2011 年 8 月 29 日开始，对 11041 机抽巷每间隔 10 m 进行一次水力冲孔，冲孔超前距 100 m，通过水力冲孔，11041

机巷单条巷道的瓦斯日抽放纯量、月抽放纯量明显提高，抽采量同比是没有进行水力冲孔的 11041 风抽巷的 3.58 倍，如图 7－26 所示，9 月风抽巷月累计抽采瓦斯总量 29492 m^3，机抽巷累计抽采瓦斯总量 105526 m^3，可见 9 月 11041 机抽巷水力冲孔日抽采瓦斯纯量远大于风抽巷日抽采瓦斯纯量。

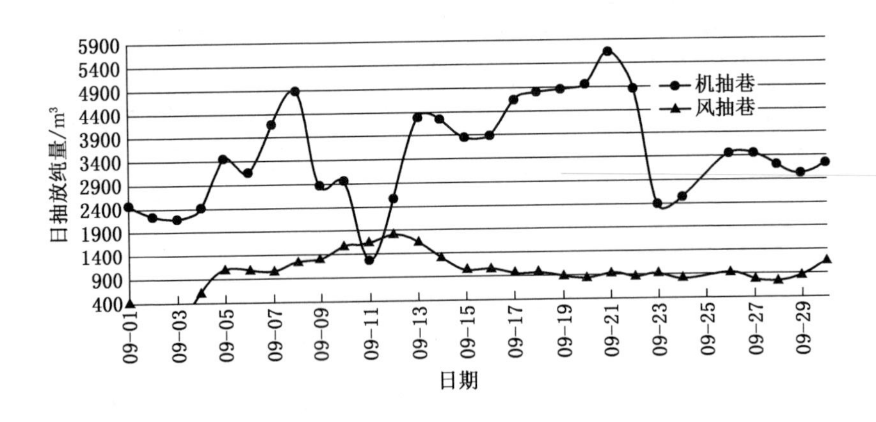

图 7－26　11041 机抽巷与风抽巷瓦斯日抽放纯量对比图

通过水力冲孔钻孔与穿层钻孔的单孔抽采量以及总量考察对比，不难发现，水力冲孔在抽采量上效果显著，抽采总量提高了 2 倍，也说明了水力冲孔通过冲出大量煤体和瓦斯使冲孔范围内的煤体得到不同程度的卸压，瓦斯释放范围更大，抽放流量衰减变缓。

3. 冲孔前后瓦斯含量考察

由于在 11041 机抽巷水力冲孔地点已施工大量穿层抽放钻孔，受老钻孔影响原始含量和压力不容易测准，且未实施水力冲孔技术前，沈阳研究院及平煤集团瓦斯所已经在 11041 机抽巷对己$_{16-17}$煤层实测过煤层瓦斯含量和压力，其数据显示

己$_{16-17}$煤层瓦斯含量为19.6 m^3/t，瓦斯压力为3.6 MPa，见表7-3。编号1瓦斯含量19.6 m^3/t和瓦斯压力3.6 MPa的测试点位于机抽巷距回风口500 m，与9月21日水力冲孔第25组4号孔的距离为30 m，附近没有大的地质构造，可视为同一瓦斯地质单元。

表7-3 11041机抽巷未实施水力冲孔前瓦斯含量

编号	水分 M_{ad}/%	灰分 A_{ad}/%	挥发分 V_f/%	瓦斯含量/($m^3 \cdot t^{-1}$)	间接瓦斯压力/MPa	备注
1	0.55	6.91	19.84	19.6	3.6	原始，实测
2	1.18	11.84	20.35	6.12	0.67	抽放后冲孔前
3	0.91	21.26	21.46	7.64	0.99	抽放后冲孔前

为了更准确地把握水力冲孔半径内抽放效果，对经过水力冲孔后连续抽放32 d的第22组4号孔和20 d的第25组4号孔进行了瓦斯残余含量测定，测定结果见表7-4，第22组残余瓦斯含量考察半径为6.4 m，第25组残余瓦斯含量考察半径为8.7 m。

表7-4 11041机抽巷水力冲孔后残余瓦斯含量

冲孔组号	抽放天数/d	水分 M_{ad}/%	灰分 A_{ad}/%	挥发分 V_f/%	残余瓦斯含量/($m^3 \cdot t^{-1}$)	反算瓦斯压力/MPa
22	32	0.82	17.92	22.80	3.78	0.35
25	20	0.70	12.21	20.56	5.83	0.53
7	55	1.02	12.36	25.10	4.05	0.37
5	66	0.86	10.07	19.78	2.54	0.21

由表7-3、表7-4数据可知，由于利用水力冲孔措施冲出一定量的煤炭和排放部分瓦斯，使钻孔周围煤体的应力降低，周围煤体得到不同程度的卸压，使煤体的透气性系数提高，增大了瓦斯的自然排放和抽采量，由于水射流湿润煤体，使得煤体塑性发生改变，提高了防止煤与瓦斯突出的能力。瓦斯残存量均在含量临界值以下，间接计算煤层瓦斯压力也分别降至0.35 MPa和0.53 MPa，均低于临界值0.74 MPa，降幅分别为90%和85.3%。可以看出，在水力冲孔影响半径6.4~8.7 m范围内经过20~30 d抽放煤层瓦斯含量大幅度降低至临界值以下，为11041机巷掘进提供了安全保障。

7.2.3 平顶山矿区瓦斯动力灾害主要防治措施及效果

7.2.3.1 开采保护层条件及实施效果

平顶山矿区各矿井一般为多煤层联合开采，不但组内具备保护层开采条件，而且组间也具备保护层开采条件。

1. 煤组间保护层开采

目前多数矿井采用煤组下行开采顺序，而部分矿井开采实践证明，采用组间上行开采的方式，对上组煤具有良好的保护作用。由于历史形成的采掘部署时空关系的限制，使部分矿井组间保护层开采条件受限。

四矿戊组煤层作为丁$_{5-6}$煤层的下保护层，八矿己四下山和戊四采区的戊-己煤层以及二水平的戊-己煤层、十矿的东区丁-戊组煤层和三水平戊-己煤层、首山一矿所有戊-己组煤层等都具备组间下保护层开采条件。其中，四矿优先开采戊组煤层，作为突出煤层丁$_{5-6}$远距离保护层的开采实验，已取得良好效果。其他具备组间开采条件的矿井也在逐步调整采掘接替关系，拟实现组间保护层开采。

2. 组内保护层开采

组内可先行开采无突出危险煤层或邻近煤层，作为组内突出危险煤层的保护层。对于戊组，戊$_8$煤层作为戊$_{9-10}$煤层的保护层；对于己组煤层，己$_{14}$可作为己$_{15}$、己$_{16-17}$的保护层，或己$_{15}$作为己$_{16-17}$的保护层。

对于戊组，四矿戊$_8$和戊$_{9-10}$煤层间距2～12 m；八矿戊$_8$和戊$_{9-10}$煤层间距6～10 m，局部3 m左右；十矿戊$_8$煤层薄且与戊$_{9-10}$的层间距变化大，局部层间距1 m以下；首山一矿戊$_8$和戊$_{9-10}$煤层间距0.2～8 m。四矿已将无突出危险的戊$_8$煤层作为戊$_{9-10}$煤层的上保护层；八矿正实施戊$_8$煤层作为戊$_{9-10}$煤层保护层工程。

对于己组煤层，四矿己$_{15}$和己$_{16-17}$煤层间距5～18 m；八矿己$_{15}$和己$_{16-17}$煤层间距0～23.27 m，平均7.05 m；十矿己$_{14}$煤层较薄，厚度在0.7 m以下，西部多数地点尖灭，己$_{15}$常与己$_{16}$合并，间距在1～3 m之间；十二矿己$_{14}$煤层局部可采，厚度为0～1.4 m，平均0.6～0.8 m，与己$_{15}$煤层的层间距12～15 m，己$_{15}$煤层距己$_{16-17}$煤层0～20 m，一般为7 m左右；十三矿己$_{15}$和己$_{16-17}$煤层分叉或合并；首山一矿己组煤层在矿井西北部为合层，中部和东部部分地段为分层区,间距0.6～12 m。

四矿和八矿已将己$_{15}$煤层作为己$_{16-17}$煤层的上保护层开采，起到很好的效果；十二矿已开始实施己$_{14}$煤层作为己$_{15}$和己$_{16-17}$煤层保护层的措施；十矿已计划优先开采己$_{14}$煤层，解放己$_{15}$和己$_{16-17}$煤层；十三矿和首山一矿也准备在己$_{15}$和己$_{16-17}$煤层分叉实施保护层开采方案。

7.2.3.2 掘进工作面防突措施

在没有保护层开采条件下，各矿井突出煤巷掘进工作面优先采用沿空送巷技术，沿空掘偏Y巷，在偏Y巷内实施本煤层抽放措施，保护相邻突出煤层巷道掘进。

突出掘进工作面采取了多种突出防治措施，归纳起来包括：高（低）位巷穿层预抽、高（低）位巷穿层松动爆破、边掘边抽（巷帮挂耳）、迎头深孔前探、迎头抽（排）钻孔、煤层注水和高压磨料射流割缝防突措施等。

1. 高（低）位巷穿层预抽措施

该措施一般先超前突出掘进工作面在煤层顶板（高位）或底板（低位）施工高（低）位巷道，高（低）位巷一般平行掘进工作面水平外错或内错 15 ~ 30 m 布置，与掘进工作面垂直距离 5 ~ 10 m，或沿薄煤层半煤岩巷施工。从高（低）位巷向掘进工作面设计位置施工穿层钻孔，进行煤层瓦斯预抽放。该措施在八矿、十矿、十二矿、十三矿和首山一矿实施。图 7 – 27 所示为十二矿己$_{15}$ – 31010 进风巷高位巷穿层预抽钻孔布置示意图。

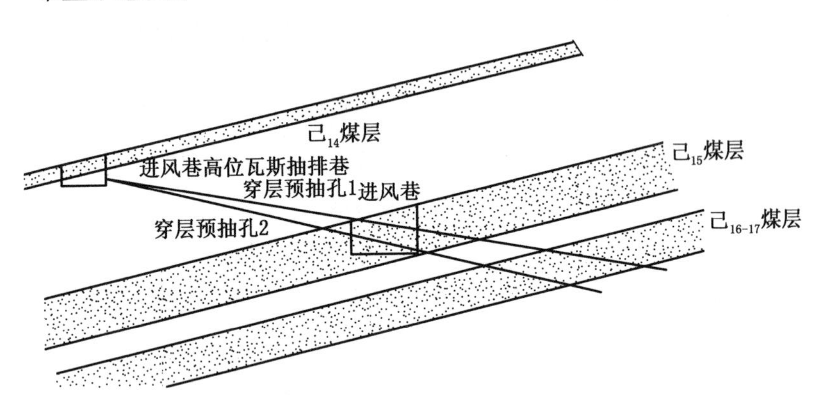

图 7 – 27　十二矿己$_{15}$ – 31010 进风巷高位巷穿层预抽钻孔剖面示意图

高（低）位巷一般超前掘进工作面 200 m，在高（低）位巷内布置钻场施工扇形穿层抽放钻孔（如十矿），也可直接在巷道帮施工平行穿层抽放钻孔（八矿、十二矿、十三矿和首山

一矿）。钻孔直径为 75 mm，孔间距 2 ~ 4 m，倾向钻孔数为 2 ~ 3 个，控制在掘进工作面设计巷道轮廓线附近，孔底进入到被抽放煤层顶（底）板 0.5 m 左右。

该措施作为超前区域消突措施，超前释放掘进工作面前方的瓦斯和应力。但措施在倾斜方向上钻孔数只有 2 ~ 3 个，孔底间距大，没有完全控制巷道轮廓线外 8 m（或下帮 5 m），难以实现消突。可利用高（低）位巷实施穿层松动爆破，或在掘进工作面迎头采取其他防突措施。

2. 高（低）位巷穿层松动爆破

为增加高（低）位巷穿层预抽钻孔抽放效果，降低煤体应力、提高煤体强度，各矿往往配套高（低）位巷穿层预抽措施，实施高（低）位巷穿层松动爆破。爆破孔可利用抽放钻孔先爆破后抽放，也可布置在抽放措施孔附近。爆破钻孔布置及爆破参数根据各矿不同煤层条件和巷道空间位置进行设计。图 7 – 28 所示为八矿高位巷穿层松动爆破示意图。

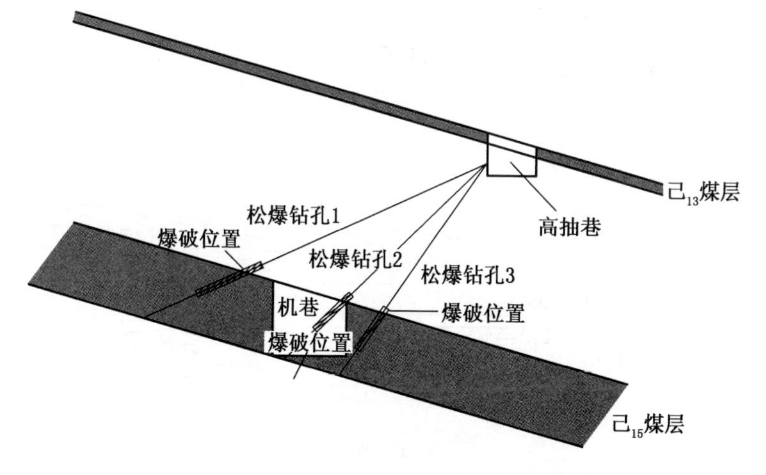

图 7 – 28　八矿高位巷穿层松动爆破示意图

3. 边掘边抽（巷帮挂耳）措施

边掘边抽（巷帮挂耳）措施除了起到对巷道四周卸压和减少巷道内的瓦斯涌出以外，还可以通过边掘边抽钻孔对巷道轮廓线外实体煤进行卸压、抽放。

该措施在巷道两帮交替做钻场，同帮钻场间距一般为40 m，异帮钻场间距为20 m。该措施现在十二矿和十三矿使用。图7－29所示为十二矿边掘边抽（巷帮挂耳）钻孔布置示意图。

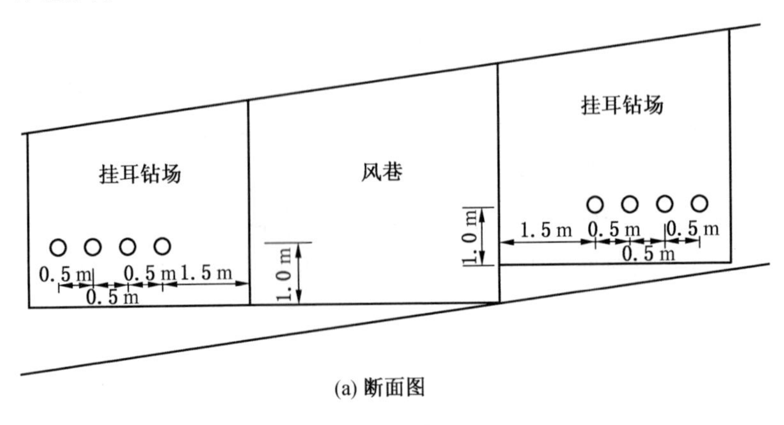

(a) 断面图

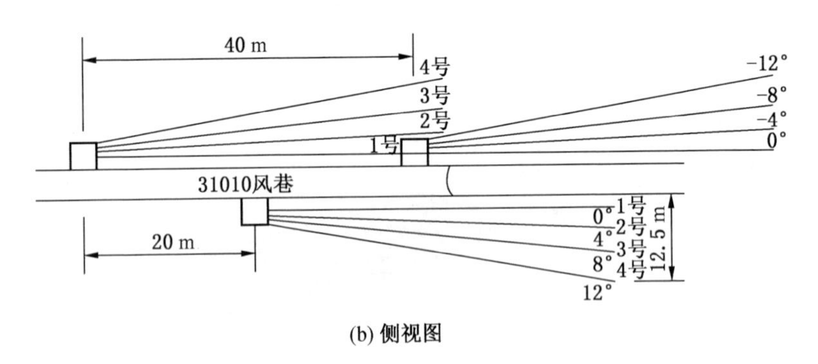

(b) 侧视图

图7－29　十二矿边掘边抽（巷帮挂耳）钻孔布置示意图

每个钻场内布置钻孔数量根据具体条件确定，一般为4～8个（十二矿布孔4个，控制到巷道轮廓线外12.5 m；十三矿布孔2排，每排4个，共8个，控制到巷道轮廓线外10 m），钻孔要控制到巷道轮廓线10 m以外，巷道轮廓线1 m范围内不布置抽放钻孔。

4. 迎头深孔前探措施

为探明掘进工作面前方地质及瓦斯情况，并释放前方瓦斯和应力，八矿和首山一矿等在掘进工作面迎头采取深孔前探措施。

八矿在迎头设计前探钻孔8个,孔径75 mm,孔间距0.5 m，帮孔距离巷帮0.25 m，钻孔距巷道底1.2 m，设计孔深不低于60 m，帮孔的终孔位置控制到巷道轮廓线外20 m，施工时预留40 m前探孔的超前距，如图7－30所示。

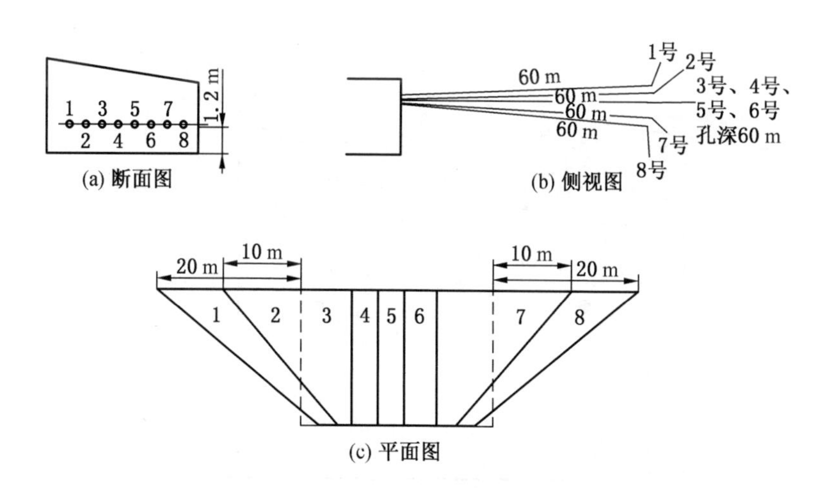

注：孔间距0.5 m；帮孔距帮0.25 m

图7－30 八矿深孔前探钻孔布置示意图

首山一矿距离巷道底板1 m处布置一排3个孔,孔径75 mm,投影孔深35 m。钻孔开孔距离巷道两帮1 m,孔间距1.25~1.3 m。中间孔垂角0°、水平角0°;上帮孔垂角2°,下帮孔垂角-2°,水平角均为13°,终孔控制到巷道轮廓线外8 m。

5. 迎头抽(排)钻孔

通过在掘进工作面迎头打抽(排)钻孔抽放,起到前探、卸压、释放瓦斯作用,消除掘进工作面前方突出危险。

该措施已在各矿井掘进工作面实施,图7-31所示为十二矿迎头抽(排)钻孔布置示意图。

该措施钻孔直径89 mm,由于各矿条件不同,钻孔数量和深度布置不同,根据煤层厚度和控制范围,钻孔一般呈1~3排布置,钻孔数不少于30个,投影长度不小于13 m,其中,四矿15 m、八矿13 m、十矿30 m、十二矿15 m、十三矿18~20 m、首山一矿13.2 m,终孔控制到巷道轮廓线外8 m(下帮5 m)外。

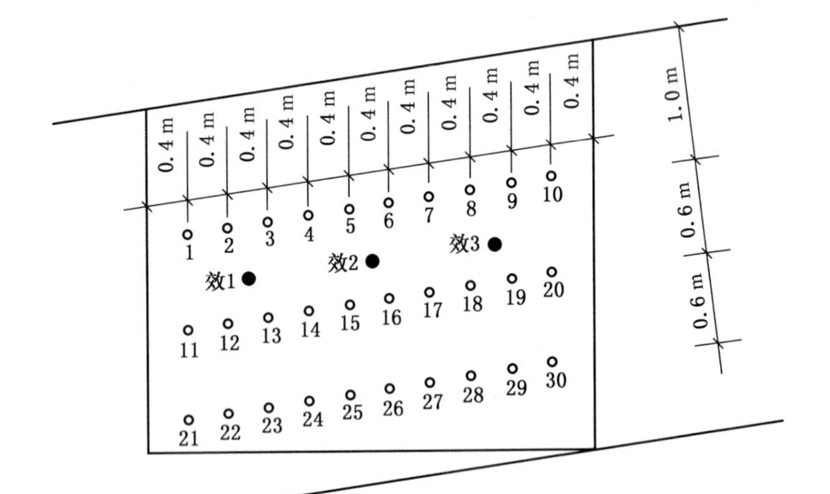

(a) 断面图

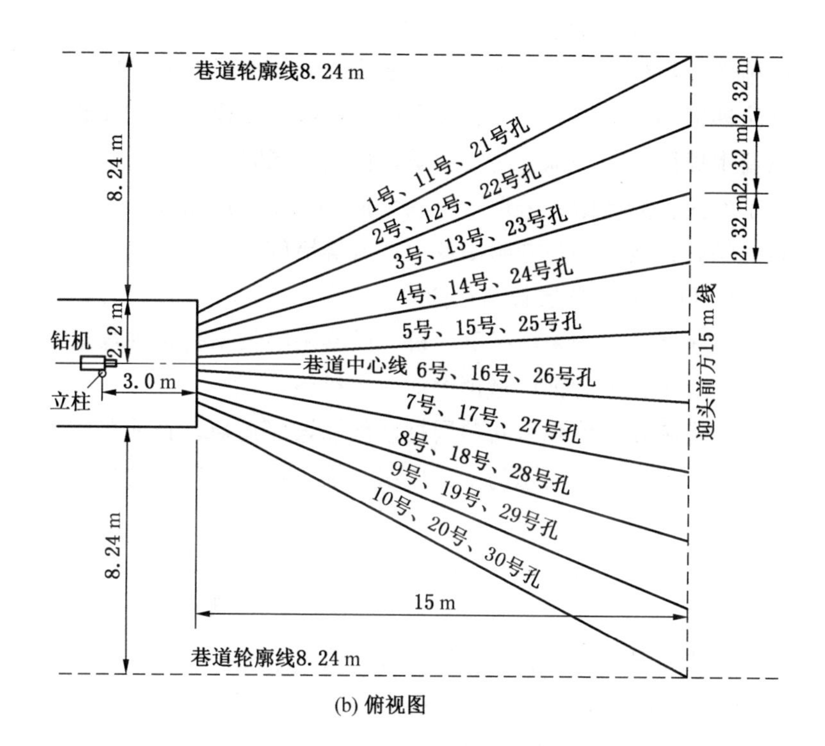

(b) 俯视图

图7－31　十二矿迎头抽（排）钻孔布置示意图

钻孔施工完毕后，一般联网进行抽放。抽放结束后，利用抽（排）钻孔进行煤层注水，若效检超标，补打措施孔，直至效检不超标。

十二矿利用迎头钻孔，配套高压磨料射流进行割缝防突。在排放孔打完后进行水力割缝，影响半径达 4～5 m，收到了较好的防突效果。

7.2.3.3　采煤工作面防突措施

突出煤层采煤工作面普遍采用机、风巷顺层长钻孔抽放、

工作面浅孔抽放和高（低）位巷穿层钻孔抽放的防突措施，措施效检超标后，对超标区域采取浅孔卸压抽放补充措施。配合防冲措施，采取风巷深孔穿顶松动爆破、工作面卸压爆破和风巷本煤层注水等综合防突、防冲措施。同时，为防止回采过程工作面瓦斯超限，采取了上隅角抽放、高位钻场抽放、迎面斜交钻孔抽放、高位巷封闭巷道抽放等措施。

1. 机、风巷顺层长钻孔抽放

在无保护层开采情况下，机、风巷顺层长钻孔预抽煤层瓦斯是采煤工作面超前区域消突的主要措施。

该措施在机巷和风巷顺层打钻预抽煤层瓦斯，目前各矿均在使用。图 7－32 所示为十矿戊组采煤工作面瓦斯抽放钻孔布置示意图。

钻孔间距一般为 2 m，孔径 89 mm 或 75 mm，顺煤层倾斜方向布孔。

由于打钻技术装备、煤层条件和施工地点不同，顺层长钻孔的深度具有较大差异。原有开采工作面钻孔长度一般为 50 m 左右。经改进钻进装备和技术，目前钻孔长度已经达到 100 m 左右。

机、风巷顺层长钻孔对煤层瓦斯抽放、卸压，对工作面前方起到一定的超前防突、防冲作用。但由于钻孔长度有限、工作面长度过大，钻孔不能控制整个回采区域，留下较大的空白带；同时，本煤层透气性较差，有效抽放时间短、抽放效果不太明显，难以实现工作面超前区域消突。

2. 高（低）位巷穿层钻孔抽放

为消除工作面中部空白带，具有高（低）位巷条件的工作面，可在高（低）位巷向空白带处施工穿层抽放钻孔，该措施在八矿等矿井应用实施。但目前高（低）位巷穿层钻孔的数

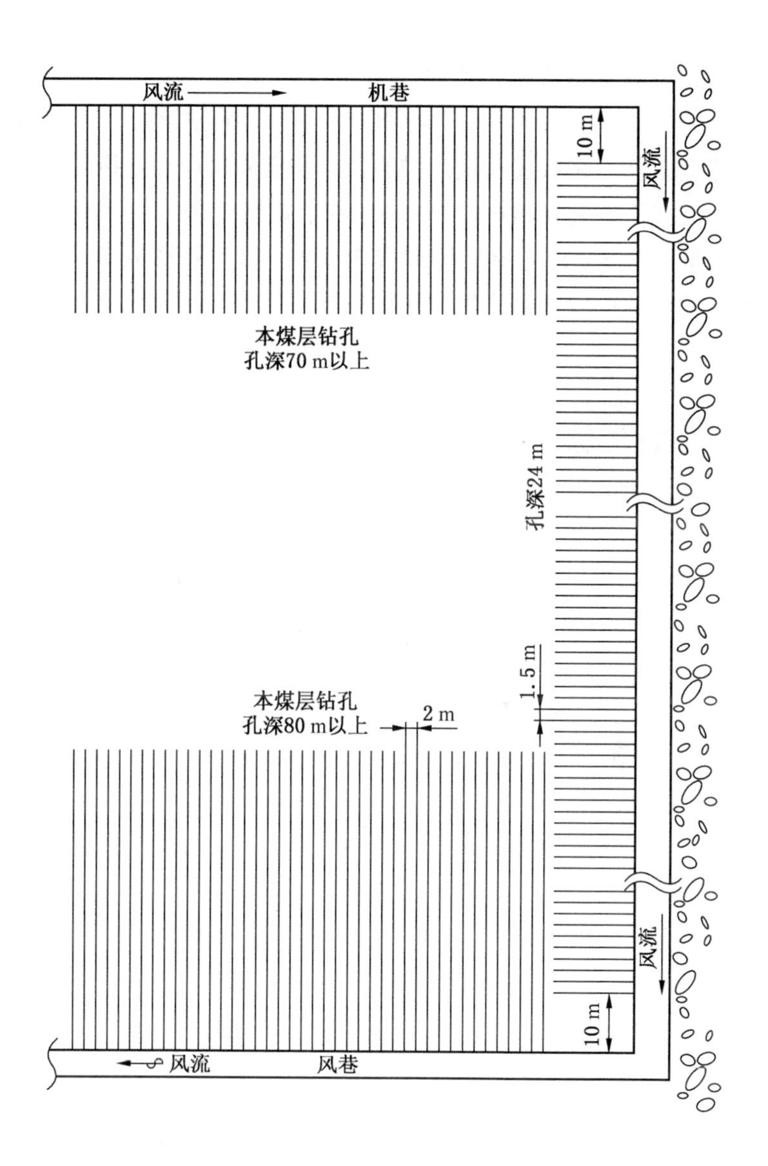

图 7-32　十矿戊组采煤工作面瓦斯抽放钻孔布置示意图

量有限、煤层透气性差，抽放效果不太理想。

3. 工作面浅孔抽放措施

为消除工作面前方煤体突出和冲击危险性，各矿井在采煤工作面正前方采取浅孔抽放措施，配套实施煤层注水措施。

措施从距风巷和机巷 10 m 左右沿煤层走向布孔，钻孔间距一般为 1.5 m，孔径 89 mm 或 75 mm，措施孔形成后立即抽放。抽放结束后可实施煤层注水措施。

钻孔深度一般大于 20 m，如四矿孔深 20 m、八矿孔深 23 m、十矿孔深 24 m、十三矿孔深 20 m。

若效检超标，在超标点 30 m 范围内补打措施孔，直至效检不超标或实施新一轮措施。

参 考 文 献

[1] 于不凡. 煤与瓦斯突出机理 [M]. 北京：煤炭工业出版社，1985.

[2] 国家安全生产监督管理总局. 国家安全生产监督管理总局事故查询系统 [CP/DK]. http://media.chinasafety.gov.cn:8090/iSystem/shigumain.jsp.

[3] 国家安全生产监督管理总局，国家煤矿安全监察局. 煤矿安全规程 [M]. 北京：煤炭工业出版社，2010.2.

[4] 国家安全生产监督管理总局，国家煤矿安全监察局. 防治煤与瓦斯突出规定 [M]. 北京：煤炭工业出版社，2009.

[5] 李世愚，和雪松，潘科. 矿山地震、瓦斯突出、煤岩体破裂——煤矿安全中的科学问题 [J]. 物理，2007，36 (2)：136-145.

[6] 哈廖夫 A A. 矿井通风 [M]. 辽宁：东北工学院出版社，1956.

[7] 中国矿业学院瓦斯组. 煤和瓦斯突出的防治 [M]. 北京：煤炭工业出版社，1979.

[8] 于不凡. 煤矿瓦斯灾害防治及利用技术手册 [M]. 北京：煤炭工业出版社，2005.

[9] 王省身，俞启香. 矿井灾害防治理论与技术 [M]. 徐州：中国矿业大学出版社，1994.

[10] 霍多特 B B. 煤与瓦斯突出 [M]. 宋士钊，王佑安，译. 北京：中国工业出版社，1966.

[11] 周世宁，孙辑正. 煤层瓦斯流动理论及其应用 [J]. 煤炭学报，1965，2 (1)：23-36.

[12] 周世宁. 电子计算机在研究煤层瓦斯流动理论中的应用 [J]. 煤炭学报，1983，8 (2).

[13] 周世宁. 瓦斯在煤层流动的机理 [J]. 煤炭学报，1990，15 (1)：61-67.

[14] 周世宁，林柏泉. 煤层瓦斯赋存及流动规律 [M]. 北京：煤炭工业出版社，1998：13-16，69.

[15] Karev V I, Kovalenko Y F. Theoretical model of gas filtration in gassy coal seams [J]. Soviet Mining Science, 1989, 24 (6): 528 -536.

[16] 郑哲敏. 从数量级和量纲分析看煤与瓦斯突出的机理 [J]. 煤与瓦斯突出机理和预测预报第三次科研工作及学术交流会议论文集 [C]. 1983: 3 -11.

[17] 谈庆明，俞善炳，朱怀球，等. 含瓦斯煤在突然卸压下的开裂破坏 [J]. 煤炭学报，1997，22 (5): 513 -518.

[18] 余善炳. 恒稳推进的煤与瓦斯突出 [J]. 力学学报，1988，20 (2): 97 -105.

[19] 余楚新，鲜学福. 煤层瓦斯渗流有限元分析中的几个问题 [J]. 重庆大学学报，1994，4.

[20] 张广洋，谭学术，鲜学福，等. 煤层瓦斯运移的数学模型 [J]. 重庆大学学报，1994，4.

[21] Gray I. The mechanism of, and energy release associated with outbursts. Symposium on occurrence, prediction and control of outbursts in coal mines [J]. Aust. Inst. Min. Metall., Melbourne, 1980: 111 - 125.

[22] Paterson L. A model for outburst in coal [J]. Int. J. Rock Mech. Min. Sci. Geomech. Abstr. 1986, 23: 327 -332.

[23] Litwiniszyn J. A model for the initiation of coal - gas outbursts [J]. Int. J. Rock Mech. Min. Sci. Geomech. Abstr. 1985, 22: 39 -46.

[24] 佩图霍夫 И M. 预防冲击地压的理论与实践 [J]. 第 22 届国际采矿安全会议论文集 [C]. 北京：煤炭工业出版社.

[25] 章梦涛，徐曾和，潘一山. 冲击地压与突出的统一失稳理论 [J]. 煤炭学报，1991，16 (4): 48 -53.

[26] 章梦涛，潘一山，梁冰，等. 煤岩流体力学 [M]. 北京：科学出版社，1995.

[27] 周世宁，何学秋. 煤和瓦斯突出机理的流变假说 [J]. 中国矿业大学学报，1990，2.

[28] 何学秋．含瓦斯煤的流变特性及其对煤与瓦斯突出的影响［D］．徐州：中国矿业大学，1990.

[29] 何学秋．含瓦斯煤岩流变动力学［M］．徐州：中国矿业大学出版社，1995.

[30] 蒋承林，俞启香．煤与瓦斯突出的球壳失稳假说［J］．煤矿安全，1995，2：17－25.

[31] 蒋承林，俞启香．煤与瓦斯突出的球壳失稳机理及防治技术［M］．徐州：中国矿业大学出版社，1998.

[32] 吕绍林，何继善．关键层—应力墙瓦斯突出机理［J］．重庆大学学报，1999，22（6）：80－84.

[33] 孙培德，鲜学福．煤层瓦斯渗流力学的研究进展［J］．焦作工学院学报，2001，20（3）：161－167.

[34] 孙培德，鲜学福，茹宝麒．煤层瓦斯渗流力学研究现状与展望［J］．煤炭工程师，1996，3：23－30，33 .

[35] 徐曾和，徐小荷．论矿业工程中的流—固耦合渗流问题［J］．中国矿业，1996，5（3）：53－60.

[36] 董平川，徐小荷，何顺利．流固耦合问题及研究进展［J］．地质力学学报，1999，5（1）：17－26.

[37] 薛世峰，仝兴华，岳伯谦，等．地下流固耦合理论的研究进展及应用［J］．石油大学学报，2000，24（2）：109－115.

[38] 梁冰，孙可明，薛强．地下工程中的流—固耦合问题的探讨［J］．辽宁工程技术大学学报，2001，20（2）：129－135.

[39] Zhao Y S，Qing H Z，B Q. Mathematical model for solid－gas coupled problems on the methane flowing in coal scam［J］．Acta Mechanica Solida Sinica，1993，6（4）：459.

[40] 赵阳升．煤体—瓦斯耦合数学模型与数值解法［J］．岩石力学与工程学报，1994，（3）：229－239.

[41] 赵阳升，胡耀青，赵宝虎，等．块裂介质岩体变形与气体渗流的耦合数学模型及其应用［J］．煤炭学报，2003，28（1）：41－45.

[42] 梁冰，章梦涛，王泳嘉．煤层瓦斯渗流与煤体变形的耦合数学模型及数值解法［J］．岩石力学与工程学报，1996，15（2）：134－142.

[43] 刘建军，刘先贵．煤储层流固耦合渗流的数学模型［J］．焦作工学院学报，1999，18（6）：397－401.

[44] 刘建军，张盛宗，刘先贵，等．裂缝性低渗透油藏流—固耦合理论与数值模拟［J］．力学学报，2002，34（5）：779－784.

[45] Liu J J. Simulation of coal－bed methane and water two－phase fluid－solid coupling flow［J］. In：Frontiers of Rock Mechanics and sustainable development in the 21st century. Sijing, Binjun and Zhongkui (eds.). Swets & Zeitlinger B V., Lisse, The Netherlands, 2001：347－349.

[46] 赵国景，步道远．煤与瓦斯突出的固—流两相介质力学理论及数值分析［J］．工程力学，1995，12（2）：1－7.

[47] 丁继辉，麻玉鹏，赵国景，等．煤与瓦斯突出的固—流耦合失稳理论及数值分析［J］．工程力学，1999，16（4）：47－56.

[48] 孙培德．Sun 模型及其应用——煤层气越流固气耦合模型及可视化模拟［M］．杭州：浙江大学出版社，2002.

[49] Valliappan S, Zhang W H. Numerical modeling of methane gas migration in dry coal seams［J］. Geomechanics Abstracts, 1997, 1：10.

[50] Dziurzynski W, Krach A. Mathematical model of methane emission caused by a collapse of rock mass crump［J］. Archives of Mining Sciences, 2001, 46（4）：433－449.

[51] Price H S, McCulloch R C, Edwards J C, et al. Computer model study of methane migration in coal beds［J］. Can Min Metall Bull, 1973, 66（737）：103－112.

[52] Zhao C B, Valliappan S. Finite element modeling of methane gas migration in coal seams［J］. Computers & Structures, 1995, 55（40）：624－629.

[53] Vylegzhanin V N. Structural model of rock mass in the mechanism of sudden (rock) outbursts and intensive gas emission [J]. Int. symp. cum Workshop on Management & control of High Gas Emission & Outbursts Wollongng, 20 - 24, March, 1995, 74 - 81.

[54] 徐涛. 煤岩破裂过程固气耦合数值实验 [D]. 沈阳: 东北大学, 2004.

[55] 曹树刚, 刘延保, 李勇, 等. 煤岩固—气耦合细观力学实验装置的研制 [J]. 岩石力学与工程学报, 2009, 28 (8): 1681 - 1690.

[56] 许江, 彭守建, 尹光志, 等. 含瓦斯煤热流固耦合三轴伺服渗流装置的研制及应用 [J]. 岩石力学与工程学报, 2010, 29 (5): 907 - 914.

[57] 尹光志, 李广治, 赵洪宝, 等. 煤岩全应力—应变过程中瓦斯流动特性实验研究 [J]. 岩石力学与工程学报, 2010, 29 (1): 170 - 175.

[58] Beamish B B, Crosdale P J. Instantaneous outbursts in underground coal mines: An overview and association with coal type [J]. International Journal of Coal Geology, 1998 (35): 27 - 55.

[59] Obert L, Duvall W I. Rock Mechanics and the Design of Structures in Rock [J]. 1967, John Wiley & Sons: 650.

[60] Blake W, Hedley D G F. Rockbursts: Case Studies from North American Hard - Rock Mines [J]. Society for Mining Metallurgy and Exploration, 2003. Inc. , Littleton, CO.

[61] Cook N G W. The seismic location of rockbursts [J]. Proc. 5th Rock Mechanics Symposium. Pergamon Press, Oxford, 1963: 493 - 518.

[62] Cook N G W. The application of seismic techniques to problems in rock mechanics [J]. Int Journ Rock Mesh and Min Science 1964, 1: 169 - 179.

[63] Cook N G W. A note on rockbursts considered as a problem of stability [J]. Journal SA Inst Min and Met 1965: 437 - 446.

[64] 窦林名，何学秋．冲击矿压防治理论与技术［M］．徐州：中国矿业大学出版社，2001.

[65] Li T，Cai M F M. A review of mining – induced seismicity in China [J]．International Journal of Rock Mechanics & Mining Sciences，2007 (44)：1149 – 1171.

[66] 潘一山，李忠华，章梦涛．我国冲击地压分布、类型、机理及防治研究［J］．岩石力学与工程学报，2003，22（11)：1844 – 1851.

[67] Vesela V. The investigation of roekburst focal mechanisms at lazy coal mine [J]．Czech RepubLic. International Journal of Rock Mechanics and Mining Science & Geomechanics Abstracts,1996,33(8):380A.

[68] Beck D A，Brady B H G. Evaluation and application of controlling parameters for seismic events in hard – rock mines [J]．International Journal of Rock Mechanics and Mining Sciences，2002，39（5)：633 – 642.

[69] Lippmann H. Mechanics of "bumps" in coal mines：A discussion of violent deformations in the sides of roadways in coal seams [J]．Applied Mechanics Reviews，1987，40（8)：1033 – 1043.

[70] Lippmann H. Mechanical considerations of bumps in coal mines// Fairhurst C. Rockburstsind Seismicity in Mines [J]．Rotterdam：Balkema，1990：279 – 284.

[71] Lippmann H. 煤矿中“突出”的力学：关于煤层中通道两侧剧烈变形的讨论［J］．力学进展，1989，(19)：100 – 113.

[72] Lippmann H，张江，寇绍全．关于煤矿中“突出”的理论［J］．力学进展，1990，20（4)：452 – 466.

[73] 谢和平，Pariseau W G. 岩爆的分形特征及机理［J］．岩石力学与工程学报，1993，12（1)：28 – 37.

[74] Xie H P. Fractal character and mechanism of rock bursts [J]．International Journal of Rock Mechanics and Mining Sciences & Geomechanics Abstract，1993，30（40)：343 – 350.

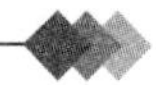

[75] 缪协兴，翟明华，张晓春，等．岩（煤）壁中滑移裂纹扩展的冲击地压模型［J］．中国矿业大学学报，1999，28（1）：23－26.

[76] 缪协兴，孙海，吴志刚，徐州东部软岩矿区冲击地压机理分析［J］．岩石力学与工程学报，1999，18（4）：428－431.

[77] 黄庆享，高召宁．巷道冲击地压的损伤断裂力学模型［J］．煤炭学报，2001：22（2）：156－159.

[78] 冯涛，潘长良．洞室岩爆机理的层裂屈曲模型［J］．中国有色金属学报，2000，10（2）：287－290.

[79] Vardoulakis I. Rock bursting as a surface instability phenomenon [J]. International Journal of Rock Mechanics and Mining Sciences 8, c Geomechanics Abstract, 1984, 21: 137 - 144.

[80] 章梦涛．冲击地压失稳理论与数值模拟计算［J］．岩石力学与工程学报，1987，6（3）：197－204.

[81] 章梦涛，徐曾和，潘一山，等．冲击地压和突出的统一失稳理论［J］．煤炭学报，1991，16（4）：48－53.

[82] 章梦涛．我国冲击地压预测和防治［J］．辽宁工程技术大学学报，2001，（8）：433－435.

[83] 齐庆新，刘天泉，史元伟．冲击地压的摩擦滑动失稳机理［J］．矿山压力与顶板管理，1995，3（4）：173－177.

[84] 齐庆新．岩层煤岩体结构破坏的冲击地压理论与实践研究［D］．北京：煤炭科学研究总院，1996.

[85] 齐庆新，史元伟，刘天泉．冲击地压粘滑失稳机理的实验研究［J］．煤炭学报，1997，（2）：144－148.

[86] 齐庆新，高作志，王升．层状煤岩体结构破坏的冲击地压理论［J］．煤矿开采，1998，（2）：14－17.

[87] 唐春安．脆性材料破坏过程分析的数值实验方法［J］．力学与实践，1999，21（2）：21－24.

[88] Tang C A, Kaiser P K. Numerical simulation of cumulative damage and seismic energy re - lease during brittle rock failure - part 1: fundamen-

tals [J]. International Journal of Rock Me - chanics and Mining Sciences, 1998, 35 (2): 123 - 134.

[89] Tang C A. Numerical simulation of rock failure and associated seismicity [J]. International Journal of Rock Mechanics and Mining Sciences, 1997, 34 (20): 249 - 262.

[90] Wang J A, Park H D. Comprehensive prediction of rockburst based on analysis of strain energy in rocks [J]. Tunnelling and Underground Space Technology, 2001, 16 (1): 49 - 57.

[91] Brauner G. Rock bursts in coal mines and their prevention [J]. Rotterdam: Balkema, 1994.

[92] 张晓春，杨挺青，缪协兴. 冲击地压的模拟实验研究 [J]. 岩土工程学报，1992，21 (1): 66 - 70.

[93] 张晓春，翟明华，缪明华. 三河尖煤矿冲击地压发生机制分析 [J]. 岩石力学与工程学报，1998，17 (5): 508 - 513.

[94] 费鸿禄. 岩爆动力失稳研究 [D]. 沈阳：东北大学，1993.

[95] Burgert W, Lippmann H. Models of translatory rock bursting in coal [J]. International Journal of Rock Mechanics and Mining Sciences & Geomechanics Abstract, 1981, 18: 194 - 285.

[96] 潘一山，张永利，徐颖，等. 矿井冲击地压模拟实验研究及应用 [J]. 辽宁工程技术大学学报，1998，23 (6): 590 - 595.

[97] 何满潮，苗金丽，李德建，等. 深部花岗岩试样岩爆过程实验研究 [J]. 岩石力学与工程学报，2007，26 (5): 885 - 876.

[98] 李新元. "围岩—煤体"系统失稳破坏及冲击地压预测的探讨 [J]. 中国矿业大学学报，2000，29 (6): 633 - 636.

[99] 姜福兴，王平，冯增强，等. 复合型厚煤层"震—冲"型动力灾害机理、预测与控制 [J]. 2009，34 (12): 1065 - 1069.

[100] 李新元，马念杰，钟亚平，等. 坚硬顶板断裂过程中弹性能量积聚与释放的分布规律 [J]. 岩石力学与工程学报，2007，26 (Supp. 1): 2786 - 2793.

[101] 陈国祥，窦林名，高明仕，等. 动力挠动对回采巷道冲击危险的数值模拟［J］. 采矿与安全工程学报，2009，26（2）：153－157.

[102] Zhu W C，Li Z H，Zhu L，et al. Numerical simulation on rockburst of underground opening triggered by dynamic disturbance［J］. Tunnelling and Underground Space Technology，2010，25：587－599.

[103] 陆菜平，窦林名，郭晓强，等. 顶板岩层破断诱发矿震的频谱特征［J］. 岩石力学与工程学报，2010，29（5）：1017－1022.

[104] 姜耀东，赵毅鑫，宋彦琦，等. 放炮震动诱发煤矿巷道动力失稳机理分析［J］. 岩石力学与工程学报，2005，24（17）：3131－3136.

[105] 李忠华. 高瓦斯煤层冲击地压发生理论研究及应用［D］. 阜新：辽宁工程技术大学，2007.

[106] 胡千庭，周世宁，周心权. 煤与瓦斯突出过程的力学作用机理［J］. 煤炭学院，2008，33（12）：1367－1372.

[107] 胡千庭，孟贤正，张永将，等. 深部矿井综掘面煤的突然压出机理及其预测［J］. 岩土工程学报，2009，31（10）：1487－1492.

[108] 孟贤正，汪长明，唐兵. 具有突出和冲击地压双重危险煤层工作面的动力灾害预测理论与实践［J］. 矿业安全与环保，2007，34（3）：1－5.

[109] 李鸿昌. 矿山压力的相似模拟实验［M］. 徐州：中国矿业大学出版社，1988.

[110] 苏承东，翟新献，李永明. 煤样三轴压缩下变形和强度分析［J］. 岩石力学与工程学报，2006，25（Supp. 1）：2963－2968.

[111] 氏平增之. 煤与瓦斯突出机理的模型研究及其理论探讨［J］. 第21届国际煤矿安全研究会议论文集，1985.

[112] 王佑安，杨思敬. 煤和瓦斯突出危险煤层的某些特征［J］. 煤炭学报，1980，5（1）：47－53.

[113] 丁晓良，俞善炳，丁雁生，等. 煤在瓦斯一维渗流作用下的初次

破坏 [J]. 中国科学 (A 辑), 1989 (6): 600 - 607.

[114] 孟祥跃, 丁雁生, 陈力, 等. 煤与瓦斯突出的二维模拟实验研究 [J]. 煤炭学报, 1996, 21 (1): 57 - 62.

[115] 蔡成功. 煤与瓦斯突出三维模拟实验研究 [J]. 煤炭学报, 2004, 19 (1): 66 - 69.

[116] 许江, 陶云奇, 尹光志, 等. 煤与瓦斯突出模拟试验台的研制与应用 [J]. 岩石力学与工程学报, 2008, 27 (11): 2353 - 2362.

[117] 许江, 陶云奇, 尹光志, 等. 煤与瓦斯突出模拟试验台的改进及应用 [J]. 岩石力学与工程学报, 2009, 28 (9): 1083 - 1089.

[118] 尹光志, 赵洪宝, 许江, 等. 煤与瓦斯突出模拟试验研究 [J]. 岩石力学与工程学报, 2009, 28 (8): 1673 - 1680.

[119] 颜爱华, 徐涛. 煤与瓦斯突出的物理模拟和数值模拟研究 [J]. 中国安全科学学报, 2008, 18 (9): 37 - 42.

[120] 赵志刚, 胡千庭, 耿延辉. 煤与瓦斯突出模拟试验系统的设计 [J]. 矿业安全与环保 2009, 36 (5): 9 - 12.

[121] 赵选民. 试验设计方法 [M]. 北京: 科学出版社, 2006.

[122] 徐涛, 唐春安, 杨天鸿. 含瓦斯煤岩破裂过程与突出机理——理论、模型与数值试验 [M]. 北京: 煤炭工业出版社, 2009.

[123] Langmuir I. The constitution and fundamental properties of solids and liquids [J]. J. Amer. Chem. Sot., 1916, 38: 2221 - 2295.

[124] Langmuir I. The adsorption of gases on plane surfaces of glass, mica and platinum [J]. J. Amer. Chem. Sot., 1918, 40: 1361 - 1403.

[125] Paterson S. Experimental deformation of rocks: the brittle field [M]. Berlin: Springer, 1978.

[126] Zhang J C, Bai M, Roegiers J C, et al. Experimental determination of stress - permeability relationship [A]. Paciffic Rock 2000, Girard, Liebman, Breeds&Doe, Balkema, Rotterdam, 2000: 817 - 822.

[127] 韩宝平, 冯启言, 等. 全应力应变过程中碳酸盐岩渗透性研究 [J]. 工程地质学报, 2008 (2): 127 - 128.

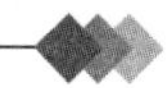

[128] 李树刚，徐精彩．软煤样渗透特性的电液伺服试验研究［J］．岩土工程学报，2001，23（1）：68－70.

[129] 姜振泉，季梁军．岩石全应力应变过程渗透性试验研究［J］．岩土工程学报，2001，23（2）：153－156.

[130] 杨天鸿．岩石破裂过程渗透特性及其与应力耦合作用的研究［D］．沈阳：东北大学，2001.

[131] 杨天鸿，徐涛，唐春安，等．脆性岩石破裂过程渗透性演化试验研究［J］．东北大学学报，2003，24（10）：973－977.

[132] 陈永强，郑小平，姚振汉．三维非均匀脆性材料破坏过程的数值模拟［J］．力学学报，2002，34（3）：351－359.

[133] 张忠亭，罗居剑．分级加载下岩石蠕变特性研究［J］．岩石力学与工程学报，2004，23（2）：218－222 .

[134] 许宏发．软岩强度和弹模的时间效应研究［J］．岩石力学与工程学报，1997，16（3）：246－251.

[135] 佩图霍夫 И М. 冲击地压和突出的力学计算方法［M］．段克信，译．北京：煤炭工业出版社，1994.

[136] 蔡美峰．岩石力学与工程［M］．北京：科学出版社，2002.

[137] 赵阳升．矿山岩石流体力学［M］．北京：煤炭工业出版社，1994：68～71.

[138] 孙培德．煤层气越流的固气耦合理论及其计算机模拟研究［J］．重庆大学学报，1998.

[139] 鲜学福，许江，王宏图．煤与瓦斯突出潜在危险区（带）预测［J］．中国工程科学，2001，3（2）：39－46，51.

[140] 尤明庆，苏承东．平台圆盘劈裂的理论和试验［J］．岩石力学与工程学报，2004，23（1）：170－174.

[141] Hudson J A，Harrison J P. Engineering Rock Mechanics：An introduction to the principles［M］. New York：Elsevier ScienceInc，1997：99.

[142] 尤明庆，周少统，苏承东．岩石试样在围压下直接拉伸试验［J］.

河南理工大学学报，2006，25（4）：254－261.

[143] Jaeger J C, Hoskins E R. Stresses and failure in rings of rock loaded in diametral tension or compression. Br. J. Appl. Phys., 1966, 17: 685－692.

[144] 崔希海，付志亮．岩石流变特性及长期强度的试验研究［J］．岩石力学与工程学报，2006，25（5）：1021－1024.

[145] 孙钧．岩土材料流变及工程应用［M］．北京：中国建筑工业出版社，1999.

[146] 何满潮，景海河，孙晓明．软岩工程力学［M］．北京：科学出版社，2002.

[147] 潘一山．冲击地压发生和破坏过程研究［D］．北京：清华大学，1999.

[148] 张梅英，袁建新，李延芥，等，单轴压缩过程中岩石变形破坏机理［J］．岩石力学与工程学报，1998，17（1）：1－8.

[149] 徐秉业，刘信声．应用弹塑性力学［M］．北京：清华大学出版社，1995.

[150] 赵阳升，胡耀青．孔隙瓦斯作用下煤体有效应力规律的实验研究［J］．岩土工程学报，1995，17（3）：26－31.

[151] 梁冰，章梦涛，潘一山，等．瓦斯对煤的力学性质及力学响应影响的试验研究［J］．岩石土工程学院，1995，17（5）：12－18.

图书在版编目（CIP）数据

含瓦斯煤动态破坏致灾机理及防治技术/袁瑞甫著. --北京：煤炭工业出版社，2016

ISBN 978-7-5020-5291-1

Ⅰ.①含… Ⅱ.①袁… Ⅲ.①瓦斯煤层—灾害防治 Ⅳ.①TD823.82

中国版本图书馆 CIP 数据核字（2016）第 121026 号

含瓦斯煤动态破坏致灾机理及防治技术

著　　者　袁瑞甫
责任编辑　尹忠昌
编　　辑　王　晨
责任校对　邢蕾严
封面设计　盛世华光

出版发行　煤炭工业出版社（北京市朝阳区芍药居 35 号　100029）
电　　话　010-84657898（总编室）
　　　　　　010-64018321（发行部）　010-84657880（读者服务部）
电子信箱　cciph612@126.com
网　　址　www.cciph.com.cn
印　　刷　北京市郑庄宏伟印刷厂
经　　销　全国新华书店

开　　本　880mm×1230mm 1/32　**印张**　10 5/8　**字数**　251 千字
版　　次　2016 年 7 月第 1 版　2016 年 7 月第 1 次印刷
社内编号　8148　　　**定价**　30.00 元